面向仿真推演的网格地图建模原理与应用

张锦明 张 欣 王 勋 蒋秉川 著

科学出版社

北 京

内 容 简 介

本书是一本介绍网格地图模型核心技术原理及其应用的专著。全书共分 8 章，包括推演网格模型的基本构成，平面网格模型、球面网格模型和球体网格模型的建模方法，以及推演网格模型在兵棋推演系统和移动机器人系统中的应用。本书不仅全面介绍了网格模型的基本概念和建模原理，还关注网格模型的应用，力求涵盖各相关领域的前沿应用。

本书既可以作为高等院校计算机科学、测绘科学与技术等专业本科生或研究生的参考书，也适合广大从事仿真推演技术、网格模型技术的研发人员与工程技术人员阅读。

图书在版编目（CIP）数据

面向仿真推演的网格地图建模原理与应用/张锦明等著. —北京：科学出版社，2022.6

ISBN 978-7-03-072468-7

Ⅰ. ①面… Ⅱ. ①张… Ⅲ. ①网格–地图学–系统建模–研究 Ⅳ. ①P282

中国版本图书馆 CIP 数据核字 (2022) 第 098968 号

责任编辑：彭胜潮　籍利平/责任校对：杨　赛
责任印制：吴兆东/封面设计：图阅社

科 学 出 版 社 出版
北京东黄城根北街 16 号
邮政编码：100717
http://www.sciencep.com
北京建宏印刷有限公司 印刷
科学出版社发行　各地新华书店经销

＊

2022 年 6 月第 一 版　开本：787×1092　1/16
2023 年 1 月第二次印刷　印张：17 1/2
字数：414 000
定价：168.00 元
（如有印装质量问题，我社负责调换）

前　言

2007年，我参加了"兵棋推演系统"项目的研究，主要负责兵棋地图建模和可视化工作，涉及三项内容：一是构建平面区域的正六边形网格(即六角格)，将平面区域划分为一系列完整覆盖且无缝、无重叠的网格；二是使用地理环境数据重构每一个网格的格元属性和格边属性；三是六角格的可视化表达。

在系统研制过程中，先后阅读了大量"兵棋推演系统"资料，了解了兵棋地图的基础知识。按照胡晓峰教授等的观点：棋盘就是兵棋地图，是对战场地理范围、地物地貌的一种近似描述和表示。与地图不同的是，为了方便放置棋子和简化计算，兵棋通常将地图量化为六角格形式。每个格子都有编号，代表在地图中的相对位置，并用不同的颜色或图形表示不同的地形。每个六角格的大小，以兵棋的基本作战单位实际展开的空间范围为依据。他们认为，兵棋是概略化的地图模型；在实际的推演过程中，如果使用1∶1 000 000的地图数据参与六角格建模，那么网格尺寸是4 000 m，如果使用1∶250 000的地图数据参与六角格建模，那么网格尺寸是250 m。

显然，这样的网格模型比较粗糙！那么它对仿真推演有什么作用？精度如何？为什么采用这种粒度的网格？好像没有准确的说法。

网格存在多种不同的形式，包括计里画方网格、空间参考网格、栅格地图网格、空间信息多级网格，以及全球离散网格模型。特别是全球离散网格模型，每次大型会议都有专门的学术专题、固定的学术论坛，许多学者深耕其中。但是，他们的研究重点在于全球离散网格模型剖分算法、编码体系、剖分效率等，较少涉及网格的应用。

了解了兵棋地图、全球离散网格模型的不足之后，作者一直在思考：能否以兵棋地图为基础，将平面离散网格延伸至球面离散网格、球体离散网格，实现网格几何信息和属性信息的统一，拓展网格模型为数据模型。

2014年，作者进入中国科学院遥感与数字地球研究所博士后流动站从事研究工作，一直断断续续地思考这些问题，尝试提出了推演网格模型的概念，以及基于推演网格模型的体系框架。

推演网格模型是按照一定的规则，将地球空间及其近地空间划分为一系列网格单元，利用网格单元描述空间位置、要素属性、空间分布，实现空间数据的组织、管理、建模、分析与表达。根据研究对象的空间维度，推演网格模型可以分为平面离散网格、球面离散网格和球体离散网格三个类型，用于处理不同需求的应用。根据推演网格模型的组成，推演网格模型涉及网格几何结构、网格地形特征、网格属性特征等三方面。其中，网格几何结构确定了推演网格模型剖分空间环境的方式；网格地形特征描述了每一个网格的地形起伏，常用的描述变量包括高程、高差、平均坡度、地形起伏度等，它们确定了空间环境的地形、地势；网格属性特征描述了每一个网格的属性信息，它们确定了空间环境的属性构成。网格几何结构、网格地形特征、网格属性特征共同构成了完整的空间环境框架。

总之，推演网格模型是一种数据模型，一种拓展的栅格地图数据模型；推演网格模型是一种棋盘模型，一种拓展的兵棋地图模型；推演网格模型是一种应用模型，一种面向仿真推演的应用模型。

经过多年的思考、整理和撰写，终于完成了《面向仿真推演的网格地图建模原理与应用》一书。全书共分 8 章，其中，第 1～5 章描述网格模型的基本理论，包括推演网格模型的基本构成、平面网格模型、球面网格模型、球体网格模型的建模方法等；第 6～7 章描述推演网格模型在兵棋推演系统和移动机器人系统的应用。第 8 章是总结与展望。本书的撰写力求紧跟网格模型建模领域的发展步伐，做到理论脉络清晰、模型方法严谨、实验数据可靠。

写作是一项工作量巨大的工程，得到了老师、同学、朋友、家人的无私帮助，正是这些帮助，使得工作得以有条不紊地进行。感谢张欣、王勋、蒋秉川三位合作者，正是由于他们的辛勤付出与鼎力配合，本书才能付诸出版。具体写作分工如下。张锦明负责第 1、2、6、8 章的撰写工作，张锦明、张欣负责第 3 章的撰写工作，张欣负责第 4 章的撰写工作，蒋秉川负责第 5 章的撰写工作，张锦明、王勋负责第 7 章的撰写工作，张锦明、王勋负责全书的统稿和审校工作。感谢龚建华研究员、乔彦友研究员、沈占峰研究员、杨玉彬高工、陈波教授、李毅副研究员、杨邦会副研究员、曹雪峰副教授的热情支持和帮助，他们对研究内容、研究方法等方面提出的开放性、建设性意见，使我不再拘泥于自己狭窄的思路框架之内。感谢汤奋同学、徐连瑞同学、何泓宇同学的付出，他们提供的部分研究成果，使得本书的架构更加完善、更加丰富。感谢信息工程大学地理空间信息学院的王志坚参谋，为本书的出版提供了鼎力支持。感谢我的爱人和我的儿子，2017～2020 年是非常特殊、非常困难的四年，正是他们无私包容和理解，使我有勇气、有信心、有毅力完成了本书的写作。

本书的出版同时得到了国家自然科学基金项目"基于生成式对抗网络的交通场景目标检测"（61976188）、"基于全景模型的室内虚拟环境建模方法"（41371383）、"信息工程大学地理空间信息学院双重建设经费"的资助。

由于作者水平有限，书中难免存在不足和疏漏，恳请各位学术前辈和同行专家见谅，同时希望大家不吝赐教；如果有任何有益的意见和建议，欢迎发送邮件至 zhangjm@zjgsu.edu.cn，在此致以深深的谢意！

张锦明
2022 年 1 月

目 录

第 1 章　计算机仿真与兵棋地图模型

计算机仿真是运用计算机对系统的模型进行试验研究的活动，这个系统既可以是存在的实际系统，也可以是不存在的设想系统。它可以在实验室环境模拟系统的演变过程，因而在辅助决策、军事训练、设计优化、管理调度、规划制定等一系列领域都有着巨大的应用潜力。仿真推演常用于解决实验室环境模拟系统的演变过程；随着计算机仿真技术的成熟，又被称为基于计算机的仿真推演，本质是在仿真技术的支撑下，根据预先制订的推演方案，对模型(或计划)进行全过程的模拟，检验它们的可行性、可用性和成熟度。

作战仿真作为计算机仿真在军事领域的应用，主要研究两种形式的仿真。第一种是战场环境仿真，它研究如何逼真地、精确地描述战场环境。战场环境仿真的研究对象是客观存在的战场环境，包括地形、海洋、天空、太空、电磁、气象等要素的建模与可视化表达。这其中用于人脑认知战场环境的仿真，称为感知仿真；用于电脑认知战场环境的仿真，称为数据仿真(游雄，2002)。第二种是作战推演仿真，它研究如何在某一固定的战场环境范围之内，研究战场环境对于被动式或主动式传感器、武器系统与装备、作战单位或平台产生直接影响的战场环境效应模型(environment effect model)，以及研究主动式传感器、武器系统和装备、作战单位或平台对战场环境产生直接影响的军事系统效应模型(environment impact model)(刘卫华等，2004)。由于作战行动的时空特性，作战推演仿真通常基于逼真的、精确的战场环境，然后实现作战环境如何影响作战单元、武器装备，进而实现作战计划评估、武器效能测试和作战单元训练等工作，如兵棋推演。

兵棋推演是作战仿真的主要手段之一。它运用代表兵力的棋子，基于兵棋棋盘，按照推演方案，实现作战计划评估、武器效能测试和作战单元训练等工作。其中兵棋棋盘也称为兵棋地图模型，它作为空间单元和功能单元的统一体，有机地实现了社会实体和自然实体的衔接。兵棋地图模型本质上是以某种形式的网格剖分战场环境，每一网格存储相应的环境数据，最终实现战场环境的仿真。

本章按照计算机仿真—仿真推演—兵棋推演—兵棋地图模型—网格模型的顺序，详细梳理网格模型的发展脉络。

1.1　计算机仿真

仿真是指通过系统模型的试验去研究一个已经存在或者正在研究设计中的系统的具体过程。实现仿真首先需要寻找一个实际系统的"替身"，这个"替身"被称为模型。它不是系统原型的复现，而是按照研究的侧重面或实际需求对系统进行了简化提炼，以利于研究者抓住问题的本质或主要矛盾。计算机出现之前，物理仿真是人们经常采用的仿真技术，它附属于其他相关学科。随着计算机技术的发展，仿真领域提出了大量共性的理论、方法和技术, 计算机仿真逐渐成为一门独立的学科。

1. 系统

1) 系统的概念

System 意为系统, 它源于希腊语 systèma。美国传统词典(双解)解释为: 组成一个复杂、整体的一组互相作用、互相关联或互相依存的元素(a group of interacting, interrelated, or interdependent elements forming a complex whole)。"系统"一词最早见于古希腊原子论创始人德谟克利特(公元前 460—公元前 370 年)的《世界大系统》一书。它明确地论述了系统的含义, 即"任何事物都是在联系中显现出来的, 都是在系统中存在的, 系统联系规定每一事物, 而每一联系又能反映系统的总貌"。

戈登(1982)在总结前人思想的基础上, 将系统定义为"按照某些规律结合起来, 相互作用、相互依存的所有实体的集合或总和"。郭齐胜和徐亨忠(2011)指出, 很难用简明扼要的文字准确定义"系统"的含义, 但是可以普遍认为: "系统是由互相联系、互相制约、互相依存的若干部分(要素)结合在一起形成的, 具有特定功能和运动规律的有机整体。"

2) 系统的特性

系统之所以能够称为系统, 总是表现出一定的共性特征。第一, 系统是实体的集合, 它们组成了系统的具体对象; 系统中的各个实体既具有一定的相对独立性, 又相互构成一个整体。第二, 系统的实体具有一定的属性; 系统的实体都具有有效的特性描述, 例如状态、参数等。 第三, 系统时时刻刻处于变化之中; 由于组成系统的实体之间的相互作用而引起的属性变化, 使得不同时刻的系统中的实体与属性都可能发生变化, 这种变化通常使用状态概念描述。第四, 系统具有开放性; 系统并不孤立存在, 总是工作于某一环境当中, 环境的变化可能影响系统的性能, 系统也会产生一些作用, 使得系统之外的物体发生变化。定义一个系统时, 需要明确系统的边界和环境。系统的边界包含研究对象的所有部件, 确定系统的范围; 边界以外的对象和一些能对系统产生重要影响的因素构成系统的环境。

因此, 任何系统都存在三方面需要研究的内容, 即实体、属性和活动。实体确定了系统的构成, 明确了系统的边界; 属性也称为描述变量, 描述了每一实体的特征; 活动定义了系统内部实体之间的相互作用, 从而确定了系统内部发生变化的过程。

2. 模型

1) 模型的概念

根据系统论的观点, 模型是对真实系统的描述、模仿或抽象, 即将真实系统的本质用适当的表现形式(例如文字、符号、图表、实物、数学公式等)加以描述。从不同角度出发, 模型存在不同的定义形式。例如, 模型是对系统某一方面本质属性的描述, 它用某种精确定义的语言反映了系统某一方面的知识。模型是对研究对象及其包含的实体、现象、过程和环境的数学、物理、逻辑和语义等的抽象描述。模型是对相应的真实对象和真实关系中那些有用的和令人感兴趣特性的抽象, 是对系统某些本质方面的描述, 它以各种可用的形式提供被研究系统的描述信息。

　　详细分析上述模型定义，可以认为，模型是具体存在的东西，既可以是有形的、静态的、物理的物品，也可以是无形的、动态的、语言描述的、软件形式的"物品"；模型必然存在与之对应的建模对象；模型具有表征和解释功能，即表征和解释应用环境中的原型。

　　开发模型的目的是用模型作为替代，帮助人们对真实系统进行假设、定义、探究、理解、预测、设计，或者与真实系统某一部分进行通信。试验是研究、分析、设计和实现一个系统的必由之路。在模型上而不是直接在真实系统上进行试验日益为人们所青睐，主要原因在于：系统还处于设计阶段，真实的系统尚未建立，人们需要更为准确地了解未来系统的性能，这只能通过对模型的试验来了解，因为在真实系统上进行试验可能引起系统破坏或发生故障。例如，对一个处于运行状态的化工系统或电力系统进行没有把握的试验将冒巨大的风险。需要进行多次试验时，难以保证每次试验的条件相同，因而无法准确判断试验结果的优劣；试验后，系统难以复原；试验时间太长或费用昂贵。

　　通过模型试验可以很好地解决这些问题。与通过真实系统试验相比，模型更加容易理解，模型结构的变化更加容易实现，模型的行为特性更加容易掌握。因此，在模型上进行试验已经成为人们科学研究与工程实践中不可缺少的手段之一。

　　2) 模型的分类

　　根据分类标准的差异，模型可以划分为不同的类型。例如，根据模型的存在形式，可以将模型划分为物理模型、概念模型、数学模型、计算机模型。

　　物理模型(physical model)是一类具有某种实物物理特征的模型(例如，用于风洞试验的各种缩比实物模型)，以及各种物理效应设备(例如，各种转台、负载模拟器、各种人感系统等)。实物物理特征模型采用几何外观相似的原理，通过缩小的物理模型在流场中进行实验，获得物理模型的各种性能参数。物理效应设备可以反映某种物理模型的特性，可以接入仿真系统，参与动态计算。

　　概念模型(conceptual model)是为了某一特定目的，运用语言、符号和图形等非数学形式对真实世界及其活动的概念抽象与描述，它是对现实世界中各类实体和过程的第一次抽象，是现实世界到机器世界的中间层次。通常情况下，概念模型可以分为面向实体的概念模型和面向过程的概念模型两大类。其中，面向实体的概念模型是以实体为中心对现实世界进行的概念建模；面向过程的概念模型是围绕过程进行的概念建模，它描述了某种动态关系。

　　数学模型(mathematical model)可以描述为基于现实世界的特定对象，为了某一特定目的，根据对象特有的内在规律，在必要的简化假设基础之上，运用适当的数学工具，得到一个数学结构。它通常由数学方程式、关系表达式、逻辑框图等组成，本质是概念模型的数学逻辑化表达。一般说来，根据计算类型的不同，数学逻辑类模型又可以分为数学计算类模型和逻辑运算类模型。其中，数学计算类模型以数学计算为主，表现为代数运算符号连接而成的数学方程式；逻辑运算类模型以逻辑运算为主，表现为由逻辑运算符号连接而成的关系表达式或由基本逻辑图符组成的逻辑框图。

　　计算机模型又称为仿真模型(simulation model)，是通过某种数字仿真算法将数学模型转化为可以在计算机上运行的数学模型,它是一类面向仿真应用的专用软件。计算机模型与计算机操作系统、编程语言、计算机算法有着密切的关系。

3. 仿真

1)仿真概念

按照《牛津英语词典》的定义,仿真是用相似的模型、环境和设备模仿某个环境或系统的行为的技术,或者是为更方便地获取信息,或者是为培训人(The technique of imitating the behavior of some situation or system by means of an analogous model, situation, or apparatus, either to gain information more conveniently or to train personnel.);仿真是一组广泛的方法,用于研究和分析实际的或理论的系统的行为和性能(A broad collection of methods, used to study and analyze the behavior and performance of actual or theoretical systems.)。

1961年,摩根扎特(Morgenthater)首次对"仿真"进行了技术性定义,认为"它是在实际系统尚不存在的情况下对于系统或活动本质的实现"。1978年,科恩(Korn)在《连续系统仿真》一书中将其定义为"利用能够代表所研究的系统的模型做实验"。1982年,斯普瑞特(Spriet)进一步扩充了"仿真"的内涵,认为它是"所有支持模型建立与摸型分析的活动,即为仿真活动"。1984年,奥伦(Orën)在仿真的基本概念框架"建模—实验—分析"的基础上,提出"仿真是一种基于模型的活动",这被认为是现代仿真技术的一个重要概念。实际上,随着科学技术的进步,特别是信息技术的迅速发展,仿真的技术含义不断地得到发展和完善,从艾伦(Alan)和普利茨克(Pritsker)撰写的《仿真定义汇编》可以清楚地观察到仿真概念的演变过程。但是,无论定义怎么描述,仿真基于模型的活动是共同特点。

综合国内外仿真界学者的描述,仿真可以定义为:以相似理论、控制理论、计算机技术、信息技术及其应用领域的专业技术为基础,以计算机和各种物理效应设备为工具,利用数学模型或部分实物对实际的或设想的系统进行动态实验研究的综合性技术。

2)仿真的分类

通常可以根据系统的特性、仿真时钟与实时时钟的比例关系、参与仿真的模型种类等,将仿真划分为不同的类型。

根据被研究系统的特征,仿真划分为连续系统仿真和离散系统仿真。连续系统仿真是指对那些系统状态量随时间连续变化的系统的仿真研究;这类系统的数学模型包括连续模型(微分方程等)、离散模型(差分方程等)和连续-离散混合模型。离散系统仿真是指对那些系统状态只在一些时间点上,由于随机事件的驱动而发生变化的系统的仿真研究。系统状态变化发生在随机时间点上是离散系统与连续系统的主要区别。通常,这种引起状态变化的行为称为"事件",故这类系统由"事件"驱动;"事件"往往发生在随机时间点上,也称为随机事件,因此离散系统一般具有随机性;系统的变量通常离散变化。离散系统的特性很难用数学方程描述,而是常用流程图或网络图描述。

实际动态系统的时间基称为实际时钟,系统仿真时模型所采用的时间基称为仿真时钟,根据仿真时钟与实际时钟的比例关系，仿真分为实时仿真和非实时仿真。实时仿真是指仿真时钟与实际时钟完全一致，即模型仿真的速度与实际系统运行的速度相同。当被仿真的系统中存在物理模型或实物时，必须进行实时仿真，例如，各种训练模拟器就属于实时仿真。非实时仿真是指仿真时钟与实际时钟不相等。非实时仿真又可以分为亚实时仿真(仿真时钟慢于实际时钟，即模型仿真的速度慢于实际系统运行的速度)和超实时仿真(仿真时钟快于实际时钟，即模型仿真的速度快于实际系统运行的速度)。

根据参与仿真的模型种类不同，仿真分为物理仿真、数学仿真和物理-数学仿真。物理仿真又称物理效应仿真，是按照实际系统的物理性质构造系统的物理模型，并且在物理模型上进行试验研究。物理仿真具有直观形象、逼真度高的优点，但是同时具有模型改变困难、实验限制多、投资较大和周期较长等缺点。数学仿真是指首先建立系统的数学模型，并且将数学模型转化成仿真模型，通过仿真模型的运行达到研究系统的目的。现代数学仿真由仿真系统的软件/硬件环境、动画与图形显示、输入/输出等设备组成。数学仿真具有经济性、灵活性和仿真模型通用性等特点。随着并行处理技术、集成化技术、图形技术、人工智能技术和先进的交互式建模仿真软硬件技术的发展，数学仿真获得了飞速发展。物理-数学仿真又称为半实物仿真，准确的称谓是硬件(实物)在回路中的仿真。这种仿真将系统的一部分以数学模型描述，并把它转化为仿真模型；另一部分以实物(或物理模型)方式引入仿真回路。

3) 仿真运行的基本过程

系统建模、仿真建模和仿真试验是仿真的三个基本活动，三者构成仿真运行过程的基本回环；连接三活动的是计算机仿真的三要素，即系统、模型、计算机(包括硬件和软件)。三活动和三要素的关系如图 1.1 所示。

图 1.1　计算机仿真三要素和三活动

从技术划分来看，"系统建模"属于系统辨识技术范畴，就是如何从纷繁复杂的现实系统中抽象、提取出系统的主要部分，忽略次要部分；"仿真建模"侧重于仿真技术，即研究不同形式的系统模型的求解算法，确保在计算机上的实现；"仿真试验"注重于仿真程序的校核(verification)、验证(validation)和确认(accreditation)，即研究保证仿真精度和仿真置信度的理论与方法。

根据前面的描述，仿真是基于模型的活动(图 1.2)。系统建模是仿真运行过程的第一步，也就是针对实际系统建立系统模型。系统建模是根据研究和分析的目的，确定模型的边界，因为任何一个模型都只能反映实际系统的某一部分或某一方面，只是实际系统的有限映像。另一方面，为使模型具有可信性，必须具备对系统的先验知识以及必要的试验数据。同时，还必须对模型进行形式化处理，得到计算机仿真所要求的数学描述，即数学模型。模型可信性检验是建模阶段的最后一步，也是必不可少的一步。只有可信的模型才能作为仿真的基础。

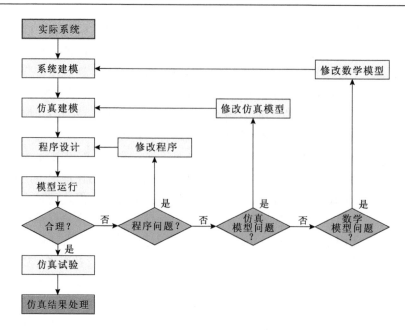

图 1.2　仿真运行的基本过程

仿真建模是仿真运行过程的第二步。它的主要任务是根据系统的特点和仿真的要求选择合适的算法，当采用选定算法建立仿真模型时，计算的稳定性、精度、速度应能满足仿真的需要。

程序设计是仿真运行过程的第三步，即仿真模型使用计算机能执行的程序来描述。程序中还应当包括仿真实验的要求，例如，仿真运行参数、控制参数、输出要求等。

程序检验一般是不可缺少的。一方面是程序调试，更重要的是要检验所选仿真算法的合理性。这是仿真运行过程的第四步。

有了正确的仿真模型，就可以对模型进行试验，这是实实在在的仿真活动。它根据仿真的目的，对模型进行多方面的实验，相应地得到模型的输出。这是仿真运行过程的第五步。

仿真运行过程的第六步是对仿真输出进行分析。输出分析在仿真活动中占据十分重要的地位，特别是对于离散系统来说，输出分析甚至决定着仿真的有效性。输出分析既是对模型数据的处理（以便对系统性能做出评价），同时也是对模型的可信性检验。

1.2　仿 真 推 演

1. 基本概念

"推演"，可以理解为推论演绎。例如，汉陆贾(约公元前 240 年～前 170 年)在《新语·明诚》中写道："观天之化，推演万事之类，散之于弥漫之闲，调之以寒暑之节，养之以四时之气，同之以风雨之化，故绝国殊俗"，大致意思是"观察天象日月星辰的变化，推论演绎万物的美善本质，遍播于天地之间，调和冷暖的节令，培植春夏秋冬四时的精气，逆而不同的风俗得以同化"。《三国志·蜀志·诸葛亮传》同样提及"推演兵法，作八陈图，咸得其要云"，这其中的意思更加简洁明了，说明诸葛亮善于推论演绎兵法，创设了八阵图，每一阵图都相当的精妙。

"推演"，也可以理解为推移演变。例如，清梅曾亮(公元 1786 年～1856 年)在《答朱丹木书》提及"夫古今之理势，固有大同者矣；其为运会所移，人事所推演，而变异日新者，不可穷极也"，意为古往今来事理的发展趋势，本来就大致相同；其中运势会发生转移，人事也会发生推移演变，而变化日新月异的人，是不可穷尽的。又如李大钊在《新旧思想之激战》中同样提及"宇宙的进化，全仗新旧两种思潮，互相挽进，互相推演，仿佛像两个轮子运着一辆车一样"。

仿真推演中的"推演"更加符合"推移演变"的含义。仿真推演是在计算机仿真技术的支撑下，建立各类计算机仿真模型，根据预先制定的推演方案，采用人在回路或规则判断的方式驱动仿真模型，完成仿真模型的过程演化，分析仿真模型的可行性、可用性和成熟度。如果仿真模型为实物、半实物或模拟实物，那么需要将它们置于仿真环境中，根据预先制定的推演方案，逐步考察仿真模型对于仿真模型、仿真环境对于仿真模型的影响；如果仿真模型为各种算法，那么需要依托于承载算法的具体模型，根据预先制定的推演方案，逐步运行具体模型，从而研究算法的性能；如果仿真模型为计划或方案，同样需要部署具体模型，根据预先制定的推演方案，研究计划或方案的可行性、合理性。因此，仿真推演中的"仿真"，既是仿真技术，也是仿真模型，仿真推演中的"推演"是指过程的推移演化。

2. 基本过程

仿真推演经常应用于作战仿真领域。胡红云和郑世明(2016)提出了推演的基本过程，如图 1.3 所示。它的基本过程由三部分组成，分别是仿真推演设计、仿真推演运行和仿真推演分析。

1)仿真推演设计

设计是仿真推演的首要步骤和基本环节。在对行动方案进行深入分析的基础上，根据仿真目的，对推演的步骤和方法进行的预先制定。仿真推演设计的合理性与科学性，直接关系到行动方案评估与优化的效果。它涉及三个步骤，分别是：

(1)问题设计。涉及推演问题的设计和规划，包括仿真对象的分析，提出命题与假设，建立行动方案评估与优化的指标体系、自变量与干扰变量。

(2)方案的形式化描述。将传统的行动方案转换为可供计算机进行自动仿真运行的行动方案数据。

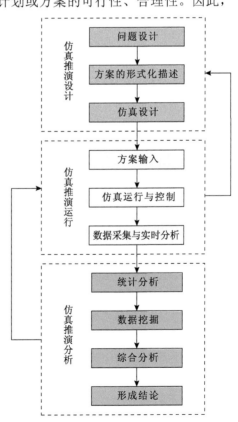

图 1.3　仿真推演的基本过程

（3）仿真设计。在问题设计和方案形式化描述基础上，对仿真运行进行具体规划，包括仿真运行控制参数、运行方式、仿真时长等内容的设计，以确保方案仿真推演的高效运行。

2) 仿真推演运行

仿真推演运行是指行动方案输入系统开始仿真运行，并且在仿真人员控制下产生相应数据的过程。在这个过程中，行动方案在仿真人员控制下进行反复的仿真推演，产生不同的样本数据，为评估和优化行动方案提供参考。

这个过程包括方案输入、方案仿真运行与控制、数据采集与实时分析三个步骤，这是一个循环反复的过程。仿真人员根据不断分析产生的数据，对仿真运行过程进行控制，修改方案，以观察在不同条件下不同方案内容仿真运行的效果。

3) 仿真推演分析

从层次上来看，仿真推演分析可以区分为统计分析、挖掘分析和综合分析三种。统计分析主要是通过数理统计方法获得各类统计数据。挖掘分析是以基础数据和统计数据为基础，采用智能化、推理化方法探索性分析隐藏在这些数据背后的知识和规律，增强对各种不确定因素的关联性和整体性的认识，从知识层面认识和把握规律。综合分析是以定量与定性相结合、计算机与人相结合的方式，对各类数据进行评估、分析与预测。

1.3　兵　棋　推　演

兵棋推演是仿真推演的典型应用。从古至今，庙堂之上的庙算推演，脱离实际战争演化而来的棋类游戏，以及莱斯维茨父子发明的手工兵棋，都可以认为是广义的兵棋推演。

1. 庙算推演

几千年前，古人已经懂得使用石块和木条等在地上对弈，以演示阵法、研究战争。凡兴师出征，决策者们必先集合于庙堂之上，比较和分析影响战争的各种因素，从而制定用兵方略与作战计划。计算越精确、计划越周详，取胜的把握就越大。人们几乎用尽了一切当时可能想到的办法：从祭祀、占卜、庙算，到列阵、操练、演习。《论衡·卜筮篇》和《史记·齐太公世家》都记载了武王伐纣占卜的历史典故（图1.4）。武王伐纣之前，依成例在太庙占卜凶吉。龟甲就火，龟纹正显之时，太公骤然冲入太庙，踩碎龟甲，大声疾呼："吊民伐罪，天下大道！当为则为，当不为则不为，何祈于一方朽物？！"正当此时，天空雷电交加，大雨倾盆，群臣惊恐。太史令请治太公亵渎神明之罪。武王却对天一拜，长呼："天下大道，当为则为，虽上天不能阻我也！"随即发兵东进，一举灭商。这个例子，虽然被许多人用来解释人定胜天、占卜无理的证据，但是却清楚地显示了古代帝王很早就有使用占卜预测战争走势的先例。

图 1.4 武王伐纣阵前占卜图(李茜 绘)

《孙子兵法·计篇》就有这样的论述:"夫未战而庙算胜者,得算多也;未战而庙算不胜者,得算少也;多算胜,少算不胜,况于无算乎!"意思是说,拉开战争序幕之前,古代君主就已经"庙算",也就是在宗庙里举行仪式,商讨作战计划。如果充分估量了有利条件和不利条件,往往可能取得战争的胜利;如果没有周密的"庙算",很少分析战争的有利和不利条件,往往可能导致更多的失败,更何况是开战之前没有"庙算"。这里的"算"是一种长约 1.2 尺[①]、代表胜负条件的模拟器材。由此可见,"庙算"更像是一种摆脱了迷信的茫然之后顿悟的虚拟推演方法,可以认为是作战推演的雏形,但是此时的作战推演,更多的属于意识形态领域内形而上学的祈祷,更多的是希望从虚无缥缈的形式中寻找精神的寄托,进而鼓舞士气,保证作战行动的顺利进行。

"解带为城,以牒为械"和"聚米为山"是我国古代使用简易工具模拟作战行动的典型案例。

大约公元前 444 年,楚国在公输盘帮助下,制造了云梯等攻城器械,于是准备大举攻打宋国。墨子得知消息后,为了贯彻"兼爱非攻"的政治主张,从鲁国来到楚国,以其惊人的勇气和机智说服了公输盘和楚王,制止了这场战争。在整个说理过程中,双方当着楚王的面,采用了虚拟演兵的方法。史料《墨子》记载:"子墨子解带为城,以牒为械。公输盘九设攻城之机变,子墨子九距之。公输盘之攻械尽,子墨子之守圉有余。公输盘诎。"翻译成现代汉语的意思是:"墨子解下衣带模拟城墙,拿木片当作攻城的云梯和各种器械。两人进行了守城与攻城的模拟对阵,(推演过程中)公输盘多次改变攻城的战术,均被墨子挫败。直到公输盘攻城的招术使尽了,墨子仍有防守的办法,其守城器械还有剩余。公输盘不得不承认失败。"公输盘认为自己下棋输了,在战场上必然也会打败仗(图 1.5)。于是,楚王被迫放弃了攻打宋国的计划,一场灾难性的战争就这样被阻止了。推演过程中,双方已经使用了简单的模拟器材,可以推演攻防的各种战术,能够判定攻防双方的得失和胜负,推演已经成为一种战争论证的有力工具,具有强大的说服力。这一切表明,我国古代不仅具有悠久的兵棋发展历史,而且人们已经意识到"棋盘上的胜利往往意味着战场上的胜利"。

---

① 尺为非法定计量单位,1 尺≈0.333 m。

图 1.5 解带为城,以楪为械(李茜 绘)

东汉建武八年(公元 32 年)闰四月,光武帝刘秀亲率大军征讨割据陇西的隗嚣。当汉军进至漆县(今陕西彬县)时,众将"多以王师之重,不宜远入险阻"为由,极力主张立即驻兵不进。就在刘秀惑于众议而迟疑不决之际,他连夜召来马援"具以群议质之",以期作出战守决策。马援依据对敌我双方实际情况的深刻分析,指出:"隗嚣将帅有土崩之势,兵进有必破之状。"为了促使刘秀定下迅速进兵的正确决定,马援又在刘秀和众将面前"聚米为山"(图 1.6),指画山川道路、陈述两军态势。经过周密分析、准确判断,终于坚定了刘秀迅速进兵的决心和夺取作战胜利的信心。刘秀十分高兴并且确有把握地对大家说:"虏在吾目中矣!"次日拂晓,刘秀挥军迅速进抵高平(今宁夏固原),一战而大败隗嚣军,迫使隗嚣只身携妻逃往西县(今甘肃天水西南)。刘秀乘胜追歼溃散的敌人,不久便完全收复了陇西地区。马援在与光武帝刘秀和众将研究进击隗嚣的作战方案时,所采用的"聚米为山"的方法,实质上就是近现代军队为了作战需要而运用沙盘模型进行想定作业的训练方法,即"沙盘作业"。根据史料记载,在世界军事史上,直到 19 世纪,欧洲国家的军队才开始利用沙盘模型进行类似想定作业的训练,这比马援的"聚米为山"的沙盘作业法晚了整整 1 800多年。显然,马援是世界作战训练史上实施沙盘想定作业的第一人(张文才,2010)。

图 1.6 聚米为山(李茜 绘)

这两个案例反映了古代人们推演用兵的缩影。事实上，他们的出现绝非偶然，而是连续数百年频繁战争实践的战果，也是他们在军事方面非凡创造力的表现。军事将领们经常使用小石块或其他标记表示地形和军队，把作战态势在地面或极原始的地图上摆放出来；然后设想敌人可能的对抗行动，以及己方的应对方法。如此一来，一边摆、一边思考，最后往往能够推断出交战的可能结果。

2. 棋类游戏

由于"庙算"轻视推演的定量分析，用于研究作战问题的资料逐渐失传，早期的作战模拟器材也随之演化成为脱离战争实际的纯娱乐用品，例如，象棋、国际象棋、围棋等。

1) 象棋

象棋，有人认为起源于古代传说中的神农氏，有人认为起源于传说中的黄帝，也有人认为起源于武王伐纣时期。"象棋，武王所造，其进退攻守之法，日月星辰之象，乃争国用兵战斗之术。以象牙饰旗，故曰象棋"（图 1.7）。更多的认为是秦末楚汉相争时的产物。韩信发明了象棋，用以锻炼将士的攻杀能力，直接证据便是后世棋盘上刻有"楚河汉界"的字样。无论起源于何时，象棋在发展过程中不断受到了当时战争模式和人文社会的影响，象棋的棋盘、棋子和规则也得到了不断地创新。

象棋棋盘由 10 行 9 列 90 个交叉点组成，棋子在这些交叉点上活动；中间以"楚河汉界"相隔，形象地再现了当时两军对垒的场景。如果移除"楚河汉界"，象棋棋盘正好是一张 8×8 方格的棋盘。"9"是最大个数，象征着多与广的意思；"8"更有无限延伸、四面八方的喻意。古代战争的目的是争取更多土地、占领更多地盘，同样，象棋中充当战场的棋盘也体现了古人的这种意识。

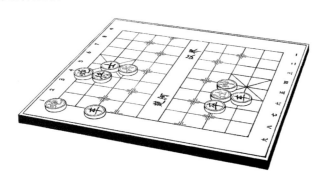

图 1.7　中国象棋(李茜 绘)

2) 国际象棋

据史料记载，国际象棋的发展历史已将近 2 000 年。关于它的起源，至今说法不一，其中比较可靠的说法认为，它最早出现在古代印度。18 世纪，威廉·琼斯指出，古印度是国际象棋诞生的摇篮。大约公元 2～4 世纪时，古印度有一种被称为"恰图郎加"（chaturanga）

的棋戏，其中有步兵、骑兵、战车、大象 4 种棋子，象征组成古印度军队的兵种。印度叙事史诗《摩诃婆罗多》记载有"四军将士已安排"的诗句。因此，"恰图郎加"也被称为"四方棋"。但是，作为国际象棋前身的"四方棋"，在当时是以投掷骰子的方法来进行的，游戏目的也并不是将死对方的王，而是吃掉对方的全部棋子。公元 6 世纪，"恰图郎加"由印度传入波斯，被阿拉伯人改称为"沙特兰兹"(shatranj)，在棋子和规则上都有大规模的改进，开始在中亚和阿拉伯国家广泛流传。国际象棋大约在公元 10 世纪以后，经中亚和阿拉伯国家首先传到意大利，到 11 世纪末期，已经遍及欧洲各个地区。

国际象棋的棋盘由 8 行 8 列 64 个格子组成，棋子在这些格子内移动；64 个格子形成了国际象棋的战场(图1.8)。国际象棋包含王(KING)、后(QUEEN)、车(ROOK)、马(KNIGHT)、象(BISHIP)、兵(PAWN)6 类 32 个棋子，其中王、后各 1 个，车、马、象各 2 个，兵 8 个。

图 1.8　国际象棋(李茜 绘)

3) 围棋

围棋，也称为"弈"，起源于古代中国。帝王尧(约公元前 2337～公元前 2259 年)发明围棋的说法最早记载于先秦史官修撰的典籍《世本·作篇》："尧造围棋，丹朱善之。"东晋张华在《博物志》中记载："尧造围棋，以教子丹朱。或云：舜以子商均愚，故作围棋以教之。"有史以来第一位有记载的专业棋手是春秋时期(公元前 770～公元前 481 年)鲁国的弈秋。汉朝时期的围棋棋盘大小为 17×17，南北朝时期玄学兴盛，文人学士崇尚清淡，围棋更加流行，下围棋也被称为"手谈"，统治者也设立棋官，建立"棋品"制度，用以划分棋艺等级。到了隋朝时期，棋盘大小转变为 19×19(图 1.9)，至此 19 道棋盘成为围棋的主流棋盘(邓超，2013)。

围棋棋盘由一些经纬线组成，通常为 19×19，称为 19 道棋盘。棋子分黑白亮色，黑棋先行，对弈双方轮流落子，棋子就下在网格交叉点上。行棋间，遵循"气尽提取"和"禁止全盘同行"的规则，最后占据交叉点多的一方为胜者(谷蓉，2003)。围棋的"围、占、断、杀"等规则与战争中的相应概念十分相似。黑白子的对阵体现了包围、声东击西、突入敌阵、追击、撤退、弃子等全局思想和作战原理，历来为素养较高的将领所喜爱。

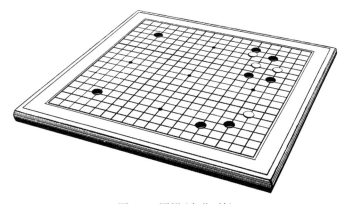

图 1.9　围棋(李茜 绘)

3. 兵棋

兵棋的出现，很好地融合了"庙算"和"棋类游戏"的优点，使得兵棋可以用于真正意义上的作战推演和计划筹划。

追溯现代兵棋的渊源，"兵棋"一词来源于英语"wargame"，兵棋推演对应于"wargaming"。而"wargame"直译于德文 kriegeepiel，即"用作沙盘上战术指挥训练的军旗游戏"。"游戏"一词的娱乐性显然与战争的残酷性背道而驰，因此，西方使用诸如"图上机动""演习"或者"模型与模拟"表示相似的含义；国内也采用"战争模拟""作战模拟""对抗模拟""作战仿真"等类似的词语。虽然用词存在差异，但是本质大同小异，都是采用模拟战争的方法研究战争。

从兵棋的发展历程来看，兵棋经历了不同认识过程，对兵棋的概念也存在不同的理解。

美国兵棋专家邓尼根在《完全兵棋手册》(*Wargames Handbook*)一书中认为，兵棋，是通过对历史更为深入的理解，尝试推断未来；是游戏、历史和科学的混合体；是纸制的时间机器。如果您以前从未见过兵棋，最简单的方式是把它想象为象棋，但是它有着更为复杂的棋盘、更为复杂的移动棋子和战胜对手的方法。邓尼根简明扼要地指出了兵棋推演的作用，以及相关的使用方法。他认为，一款兵棋通常包括一张地图、一盒棋子和一套规则，通过回合制进行一场真实或者虚拟战争的模拟(图 1.10)。

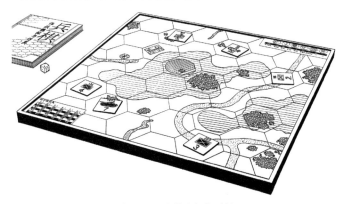

图 1.10　兵棋(李茜 绘)

彼特·波拉作为美国著名的兵棋研究专家,他在 1990 年出版的《兵棋推演艺术》(*The Art of Wargaming*)一书中认为,兵棋是一种不包括实际力量的、连续产生事件影响的、以两个对立面的推演者的决策来表现军事行动的作战模型或模拟。最后,兵棋是人类相互作用的演练,人类决定的相互作用以及这些决定的模拟结果,使得任何两次推演都不可能完全一致。对于"兵棋"一词,他更强调人的作用。

美国国防部更多的是强调兵棋的预测功能。美国国防部词典认为,兵棋是一种军事行动的模拟方法,无论采用何种手段,涉及两个或者两个以上的对抗部队,采用预先设计的规则、数据和过程预测实际或者假定实际的状况。

彭希文(2010)在《兵棋——从实验室走向战场》一书中认为,兵棋是指运用表示地理环境和军事力量的地图和棋子,依据从战争和训练实践经验中抽象的规则,运用概率原理,采用回合制,模拟作战双方或多方决策对抗活动的工具。彭希文指出,这个定义明确了关于兵棋的四个基本要点:一是明确了兵棋由地图、棋子和规则等基本要素构成;二是明确了兵棋模拟战争复杂性的基本思路和方法,即充分运用统计分析和经验抽象等方法,结合概率和随机原理,体现战争的不确定性和偶然性;三是明确了兵棋推演的方式,主要采取回合制方式进行推演,一个回合代表一定的指挥周期和交战时间;四是明确了兵棋的功能与适用范围,主要用于双方或多方指挥员和指挥机关参谋人员,进行指挥决策对抗训练、完善作战方案和研究创新理论,等等。

不同时期的兵棋虽然各有侧重,各有不同的理解。但是现代意义的兵棋还是体现出许多的一致性。它们以军事规则为核心,以实践数据为基础,以对抗推演为形式。通过兵棋推演,对各作战行动进行近实时的动态裁决,为指挥员提供连续、动态的战场态势和信息,锻炼和提高指挥员定量与定性相结合分析战场情况、快速定下决心的专业素养;通过兵棋推演,模拟演绎对方谋略决策活动,检验己方行动方案在实施过程中可能出现的情况和问题,为评估、完善作战方案提供实验平台和依据;通过兵棋推演,融入新型武器装备的作战应用,模拟和论证其作战效能,不断探索和创新军事理论与作战方法。

1.4　兵棋地图模型

1. 兵棋地图

对于计算机仿真而言,系统、模型和计算机构成仿真的三个基本要素,计算机是仿真的研究工具,系统是仿真的研究对象,模型是系统的简化抽象。在利用计算机进行仿真的过程中,模型处于环境当中,需要与环境发生交互作用,最终确定模型的可行性和可用性。

对于庙算、棋游、兵棋而言,它们的环境就是战场,区别在于表达程度的差异。

对于庙算推演而言,它没有精确的战场环境,有的只是写意形式的战场环境,只能进行大致的表达。

对于中国象棋、国际象棋、围棋等棋类游戏而言,它们与战争密不可分,典型的组成包括推演人员、各种棋子,以及标识战场环境的棋盘。游戏棋盘大大简化了战场环境的概念,将其抽象为横平竖直的网格线,虽然棋盘有了类似网格的划分,但更多的是考虑行军的走向、阵型的布置，相较于"庙算"的"解带为城""聚米为山"，对于环境的描述甚至出现了倒退。但是，棋类游戏的棋盘同样明白无误地传达了另一层意思，可以在简化的战场环境中进行仿真推演，这是棋类游戏的棋盘所展示的重要含义。

对于兵棋而言，无论是"严格式兵棋"，还是"自由式兵棋"，都明确无误地提出了"兵棋棋盘"的概念。

胡晓峰和范嘉宾（2012）认为，棋盘就是兵棋地图，是对战场地理范围、地物地貌的一种近似描述和表示。与地图不同的是，为了方便放置棋子和简化计算，兵棋通常将地图量化为六角格形式。每个格子都有编号，代表在地图中的相对位置，并且使用不同的颜色或图形表示不同的地形。每个六角格的大小，以兵棋的基本作战单位实际展开的空间范围为依据。例如，美军的战术网格面积约为 28 km²，其依据就是 1 个旅的火力控制范围；红方 1 个团的展开范围大约为 15 km²，所以六角格对边之间距离大约为 4 km。基本作战单位越小，六角格也越小。

彭希文（2010）认为，棋盘是量化的、表示战场地理环境的地图。推演双方的棋子在兵棋地图上展开角逐，模拟真实战场上的厮杀。它是兵棋推演的虚拟行动空间，实际战场地理环境的概括体现。彭希文还将兵棋棋盘划分为沙盘棋盘、纸质棋盘和电子棋盘。其中，纸质棋盘是通常使用的军用地形图，它广泛存在于各种手工兵棋之中。无论采用什么形式的军用地形图作为兵棋棋盘，都需要让推演者随时知道棋子所在的位置、地形以及棋子的机动情况。为了达到这个目的，通常需要在地图上叠置网格，作为走棋的棋格。推演双方的棋子位于一定的棋格当中。兵棋地图的比例尺概念使它区别于其他所有的棋类游戏，它一般取决于所模拟的作战行动的规模。一般而言，作战级别越高的兵棋推演，对地形的模拟越概略，兵棋地图的棋格所代表的实地范围越大；作战级别越低的兵棋推演，对地形的模拟越精细，兵棋地图的棋格所代表的实地范围就越小。模拟分队行动的兵棋，棋格的大小可以设计为代表实地 10 m；模拟战役行动的兵棋，棋格的大小可以设计为代表实地 1 000 m；模拟战略行动的兵棋，棋格的大小可以设计为代表实地 20 km，甚至更大。

闫科和蔡亚（2012）认为，棋盘是兵棋推演的虚拟战场地理环境。六角格棋盘是最常用的兵棋棋盘。但是，六角格棋盘并不是唯一的兵棋棋盘，早期的兵棋直接使用平面直角坐标地图，也有些战略级别兵棋使用类似于国境线的战略区划地图作为棋盘。兵棋地图是对战场地理环境要素的格式化表达，格式化的内容主要是对指挥员分析判断战场条件有意义的内容，诸如地形起伏变化、道路、河流、丛林地、居民地等。

另外，邓刚和李伟（2008）认为："棋盘也叫做作战板，是经过概略量化并且能够反映地理状态标识的六角格地形图"。王志闻和任邵东（2011）认为："棋盘是兵棋推演的虚拟行动空间，通常是按照真实地形依比例尺专门绘制的地图"。

因此可以认为，兵棋地图本质上属于地图。定位空间位置和确定空间属性是兵棋地图的两大主要作用，即让对阵各方了解本方所处的位置、地形特征以及下一步走势等信息。兵棋地图通常是对地理环境的概略量化或描述；从数据精度角度来说，这种概略量化势必造成兵棋地图描述地理环境的偏差，甚至对行动结果产生重大影响。兵棋地图的服务对象不仅包括用户或者指挥员，而且包括计算机生成兵力或者作战模型；也就是说，认知兵棋地图的对象除了人还包括计算机。为了实现上述目的，通常需要在地理环境上覆盖一层网格，包括正三边形网格、正四边形网格和正六边形网格，类似于国际象棋中的棋格。如此一来，对阵各方便处于一定的棋格当中，每个棋格都明确地表示了它的属性（张锦明，2016）。

兵棋地图具有比例尺信息，这是它区别于其他任何棋类游戏的显著特点。兵棋地图的比例尺可以依照所模拟作战行动的规模而定。例如，模拟分队作战行动的兵棋，网格的大小可以设计为每格代表实地 10 m；模拟部队行动的兵棋，网格的大小可以设计为每格代表实地 200 m；模拟战役行动的兵棋，网格的大小可以设计为每格代表实地 1 km；模拟战略行动的兵棋，网格的大小可以设计为每格代表实地 20 km，等等。

兵棋地图上的每个棋格里都有一组 4 位数字，这就是网格的坐标值（图 1.11）。每款兵棋都有自己的直角坐标系。坐标原点一般取自兵棋地图的左上角，坐标值按向右、向下递增。通常一个棋格的坐标值由 4 位正整数构成；前两位是横坐标值，后两位是纵坐标值。例如，标有"1105"的棋格，表明其地理位置是横坐标值 11、纵坐标值 05。每个棋格使用一种颜色或符号标示，分别代表不同的地形。例如，山地六角格使用深棕色绘制，平原六角格使用草绿色绘制（图 1.12）。

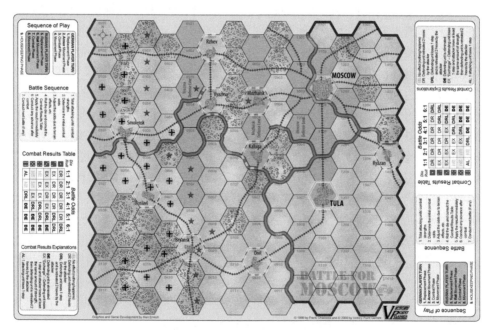

图 1.11　Battle for Moscow 兵棋地图

由于棋子定位的需要，兵棋地图并不完全是地形图的翻版，而是需要对地图要素的水平位置略加调整。例如，河流、边界线通常沿棋格的边缘绘制，以便确定棋子从这一格进入另一格时是否跨越了河流和边界。道路沿棋格中心绘制，因为代表作战部队的棋子放置在棋格中央。当棋子在两个公路或铁路格之间移动时，被认为是沿公路或乘火车开进。如此一来，作战级别越高的兵棋，对地形的模拟越概略；而作战级别越低的兵棋，对地形的模拟越精确。这就是"大则略、小则精"的作战模拟原则。

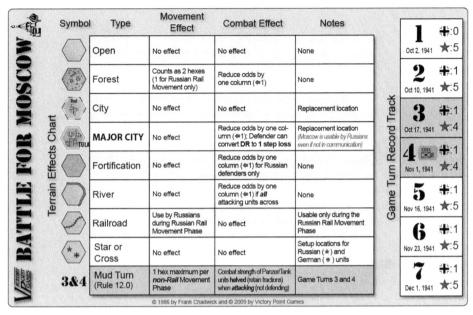

图 1.12　Battle for Moscow 棋格属性

2. 兵棋地图的本源认知

那么，兵棋地图到底是什么网格？其实，它有着深刻的应用背景。

模型是对现实世界或虚拟世界中各种事物或现象的抽象化表达，用以反映事物或现象的固有特征及其相互联系的规律。

正如前面的描述，兵棋地图是对战场环境的概略描述。本质上，兵棋地图来源于地图，是面向不同应用的特殊地图(图 1.13)。首先，人们根据认知现实世界的经验和知识，形成了现实世界的概念模型；其次，依据概念模型抽象化描述现实世界中具有空间位置的对象，诸如居民地、道路、河流、土质、山脉等，建模形成以点、线、面形式组成的数字地图模型；然后，根据不同的表达介质，转换为以点符、线符、面符表示的数字制图模型，最后融入人们的空间思维。地理空间数据作为数字地图模型的载体，表现为按照一定的地理框架组合的，带有确定坐标和属性标志的，描述地理要素和现象的离散数据；它通常可以分为几何数据、属性数据和时间数据。几何数据从位置和维度方面描述地理要素或现象的几何信息；属性数据从非几何方面描述地理要素或现象的特征信息；时间数据描述几何数据和属性数据的时间有效性信息。这是现实世界的传统认知模式，以数字地图模型或数字制图模型作为人们认知地理环境的最终结果。

当人作为地理环境的认知主体时，以点、线、面等形式表达地理环境的时空特征；但是，当认知主体是作战模型或者机器时，这种表达地理环境的地图模型显然存在一定的缺陷，必须改变相关的地图模型以适应认知主体的变化。举例来说，坦克或者坦克模型是地理环境的认知主体。假设坦克或坦克模型的认知功能类似于人，那么坦克或坦克模型进行"郑州(绿城广场)至登封(嵩山国家风景名胜区)"的机动路线规划时，可以采用类似于 Dijsktra 的最优路径分析算法。Dijsktra 最优路径分析算法是基于道路点链拓扑关系的最优路径分析算法，首先

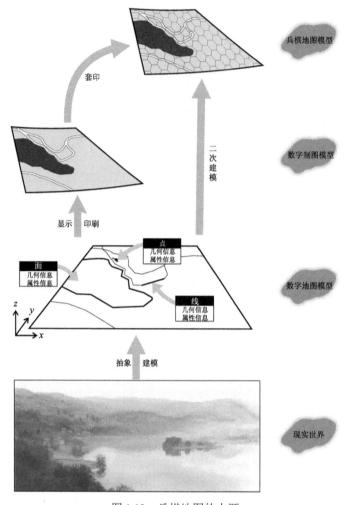

图 1.13　兵棋地图的本源

资料来源：Kraak and Ormeling, 2014

建立道路链之间的拓扑关系，诸如道路 l_1 与道路 l_2 相连，道路 l_2 与道路 l_3 不相连，形成道路拓扑网络；然后赋予每一道路不同的权重值（长度、宽度、时间、流量等）；最后根据不同的权重值，运用相应的搜索规则，查找最优、次优等不同程度的机动路线(图 1.14)。

假设扩展坦克或坦克模型的认知功能，它们不仅可以沿着道路进行机动，而且可以根据实际地理环境的特征，沿着田野、山丘机动。随着可供计算因子的增加，Dijsktra 最优路径算法显然不再满足要求。因此，在地图上覆盖正方形网格，依据每一网格压盖的区域确定网格的属性信息是可行的解决方案之一(图 1.15，图 1.16)。对于正方形网格而言，它可以沿着四个不同的方向机动到相邻的四个网格当中，而机动条件是相邻四个网格的属性信息是否满足坦克或坦克模型的机动要求。例如，坡度是否符合坦克的爬坡能力，土质的坚硬程度是否可以承载坦克的重量，等等。当某一网格的属性信息满足坦克的所有需求之后，可以确定为坦克下一步运动的可选网格；如果不存在可供选择的网格，必须回退到上一步骤，如此反复循环，直到到达目的地。

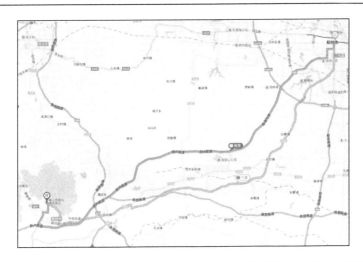

图 1.14　认知主体为人时的最优路径(绿色线)、次优路径(灰色线)分析结果

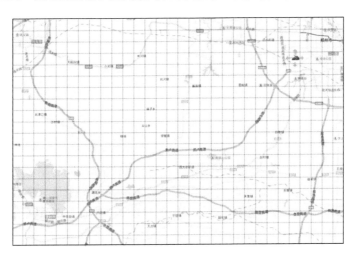

图 1.15　认知主体为作战模型时的机动路径分析

　　与此相似的另一个例子是 Isometric Game 中的菱形网格地图。Isometric Game 直译为等轴视图游戏，它基于等轴测投影原理，把所有游戏界面元素沿坐标轴旋转一定角度制作并且绘制到平面(屏幕)上，让玩家能够看到物体的多个侧面，从而产生三维效果的一种游戏。游戏业内的人士更多的称之为"斜 45°视角""2.5D"或"伪 3D"游戏，其中最著名的当属微软公司研制的"帝国时代"(AGE of EMPIRES)，如图 1.17 所示。

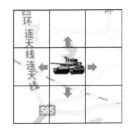

图 1.16　认知主体为作战模型时的机动路径分析(局部放大)

　　Isometric Game 的地图由一系列菱形形状的网格图片组成，称为"瓷砖"(title)，所有的瓷砖按照一定的规则"铺"成一张完整的地图，如图 1.18 所示。每一个菱形网格包括图像层、地表单元层、物体层和物体效果层。图像层分别显示代表不同地表的图像，例如居民地、道路、河流等的图像。由于菱形网格之间存在相

图 1.17　Isometric Game：帝国时代 II

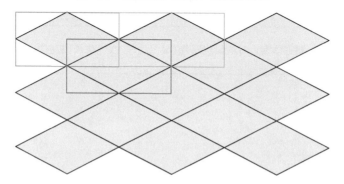

图 1.18　Isometric Game 地图的网格压盖关系

互重叠，因此需要对每一网格图像的压盖部分进行透明处理，同时需要处理相邻图像的接边问题，处理的结果直接影响游戏的精美程度。地表单元层记录地表的要素信息，诸如居民地、道路、河流等，它是图像层的本质，决定了图像层显示哪类图像；同时地表单元层还记录了单元的"碰撞"信息，用以表示网格的通行性，一般分为"可通行"和"不可通行"两类。物体层用于放置地表之上的物体；物体效果层放置物体的效果，如阴影。

　　"精灵"（游戏术语，泛指游戏中可以运动的人或对象）在地图上行走时，需要随时访问"精灵"周边六个相邻网格的地表单元层和物体层，判断周边瓷砖的通行性，以便计算出下一步的行走路线(图 1.19)。

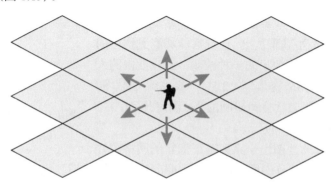

图 1.19　"精灵"在 Isometric Game 地图上的移动

本质上，菱形网格地图与坦克越野机动分析使用的地图类似，只不过是为了提供逼真的效果，使用了一种带有倾斜的观察者视角，在游戏用户的心理感觉上建立了立体效果。

兵棋推演使用代表军力的棋子，依据相应的规则，基于兵棋地图，推演行动方案、行动计划的可行性、可信度，最终辅助人类进行决策。兵棋地图作为空间坐标系和环境地图，为兵棋推演提供了数据基础。从更加宽广的视角来看，这种应用模式具有深刻的应用背景，甚至在即时战略游戏当中都广泛存在。无论是兵棋推演、坦克越野机动，还是帝国时代，棋子（仿真模型或计算机生成兵力）、坦克、精灵，都可以想象为具有一定程度"智能"的实体，它们需要在经过特殊处理的地图之上，自主（或者依据方案，在给定目标时）决定各自的行动路线。显然，这种用于智能体活动支撑的基础地图，它有别于传统的矢量地图、栅格地图，本书将其称为面向仿真推演的网格地图，这是本书的核心内容，尝试从实际应用出发，拓展网格地图模型的内涵，描述面向仿真推演的网格地图模型的建模原理和方法。

1.5　本　章　小　结

作战仿真是计算机仿真技术在军事领域的应用。对于作战仿真而言，环境是开展仿真推演的基础，是空间基准，是定位依据，是环境地图。本章从计算机仿真角度出发，梳理了"计算机仿真—仿真推演—兵棋推演—兵棋地图模型"的发展脉络，兵棋地图模型是作战仿真实现的环境基础，这是作战仿真领域的共识。研究兵棋地图模型应当从更广阔的视野入手，挖掘基本内涵，这样有助于从广泛的研究领域提炼与兵棋地图模型更为通用的概念模型。

第 2 章　面向仿真推演的网格模型

面向仿真推演的网格模型源于兵棋地图模型的深化认知。网格源远流长,从计里画方网格、空间参考网格、栅格地图数据模型,直到空间信息多级网格、球面离散网格、球体离散网格,不一而足。

本章描述各类网格的基本概念和特点,归类为控制网格、参考网格、检索网格和要素网格;在网格再认知的基础之上,提出了面向仿真推演的网格模型的体系框架,详细描述了推演网格模型的几何结构、地形特征、属性信息等内容,确定了推演网格模型建模的基本范围和主要内容。

2.1　网　　格

1. 网格与网格计算

计算机领域的网格(grid)是建筑在互联网之上的一组新兴技术,它将高速互联网、高性能计算机、大型数据库、传感器、远程设备融为一体,为用户提供更多的资源、功能和交互性(Foster and Carl,2003),本质上,它是为用户提供全面共享的,包括软件、硬件、数据在内的各种资源的基础设施(王家耀等,2006a、b)。

网格被认为是继传统因特网、Web 之后的第三次互联网浪潮,它尝试全面联通互联网上的所有资源,包括计算、存储、通信资源以及软件、信息、知识资源等。网格的最终目的是整合整个互联网为巨大的超级计算机,实现多源资源共享,消除资源孤岛,用以支持科学计算和知识发现(李国杰,2001)。

与网格相关的技术主要涉及网格计算、信息网格等。

网格计算(grid computing)通过网络连接地理上分布的各类计算机、数据库、各类设备等,形成对用户相对透明的、虚拟的高性能计算环境,使得信息资源像电力资源那样即开即用,因此,网格计算也被定义为广域范围的"无缝集成和协同计算环境"。

信息网格是利用现有的网络基础设施、协议规范、Web 和数据库技术,为用户提供一体化的智能信息平台,其目标是创建一种架构在 OS 和 Web 之上的、基于 Internet 的新一代信息平台和软件基础设施。在这个平台上,信息的处理是分布式、协作和智能化的,用户可以通过单一入口访问所有信息。信息网格追求的最终目标是能够做到服务点播(service on demand)和一步到位的服务(one click is enough)。

同时,伊安•福斯特也指出,网格必须同时满足 3 个条件,即在非集中控制的环境中协同使用资源,使用标准的、开放的和通用的协议和接口,提供非平凡的服务。他的这种观点被认为是狭义的网格观。广义的网格观认为,巨大的全球网格(great global grid,GGG)包括计算网格、数据网格、仪器网格、虚拟现实网格、服务网格、信息网格、知识网格、商业网格等。

因此，无论是狭义的网格观还是广义的网格观，就本质而言，其目的总是利用高速互联网把分布在不同地理位置的计算机组织成为一台"虚拟的超级计算机"，实现所有网格结点上的计算资源、存储资源、数据资源、信息资源、软件资源、通信资源、知识资源、专家资源的全面共享和协同工作。

但是网格计算过于理想化，信息资源构成十分复杂，非电力资源可比；在跨平台、跨组织、跨信任域的复杂异构环境中共享资源和解答问题，也存在极大的难度，这些因素使得网格计算在普适领域中逐渐被云计算所替代(万刚等，2016)。

自网格概念提出之后，不同的专业领域都尝试从自身特点出发理解网格，投入网格建设的大潮，希望在高速互联网上构建实现本领域资源共享和协同工作的计算环境。正是在这种背景下，地理信息科学领域提出了"空间信息网格"的概念，本质上它是网格技术与空间信息技术的融合与集成。

但是，地理信息科学中的网格概念一直存在，从古代地图到现代地图、从 GIS 到虚拟地理环境的发展过程中，地理信息科学的网格呈现不同的表现形式，包括计里画方网格、空间参考网格、栅格地图数据模型、空间信息多级网格、球面离散网格、球体离散网格等。

2. 计里画方网格

地图学中的计里画方网格主要作为一种坐标控制系统而得到广泛应用。

"计里画方"思想体现在西晋地图学家裴秀(公元 224 年~271 年)提出的"制图六体"理论当中，它赋予了网格二级坐标和方位的含义(周成虎等，2009)。制图六体，即分率、准望、道里、高下、方邪、迂直。裴秀在《禹贡地域图》(十八篇)序言中对它进行了详细描述："制图之体有六焉：一曰分率，所以辨广轮之度也；二曰准望，所以正彼此之体也；三曰道里，所以定所由之数也；四曰高下；五曰方邪；六曰迂直，此三者各因地而制宜，所以校险夷之异也。有图像而无分率，则无以审远近之差；有分率而无准望，虽得之于一隅，必失之于他方；有准望而无道里，则施于山海绝隔之地，不能以相通；有道里而无高下、方邪、迂直之校，则径路之数必与远近之实相违，失准望之正矣，故以此六者参而考之。"其中，"分率"即为比例尺，用以反映面积、长宽之比例，它构成了"计里画方"的基础(高俊，2012)；"准望"即为方位，用以确定地貌、地物彼此间的相互方位关系；"道里"为距离，用以确定两地之间道路的长短；"高下"即相对高程；"方邪"即地面坡度的起伏；"迂直"即实地高低起伏与图上距离的换算关系。

"计里画方"是一种按照比例尺绘制地图的方法。绘制地图时，首先在地图上布满方格，方格中边长代表实地里数，相当于现代地形图上的方里网格；然后按照方格绘制地图内容，用以保证一定的准确性。据史料记载，裴秀曾以"一分为十里，一寸为百里"的"计里画方"网格缩编旧天下大图，完成了《地形方丈图》。《地形方丈图》的里程网格形式早已佚失，但是，南宋石刻的《禹迹图》(图 2.1)却提供了可供借鉴的样例，图上有"计里画方"的网格形式和"每方折地百里"的注记，图面上纵横等距、直线交叉地划满了正方形小格。《禹迹图》明确运用网格帮助快速量测和分析，比例尺是每格相当于百里。禹迹图长宽各一米多，图中采用"计里画方"的绘制方法，每方折地百里，横方七十一，竖方七十三，总共五千一百一十方。元代朱思本(公元 1273 年～1333 年)，同样使用"计里画方"方法绘制了全国地图——《舆地总图》(图 2.2)，其精确性超过前人。

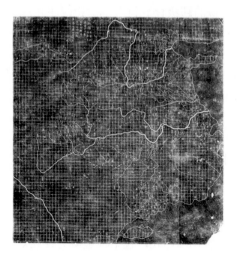

图 2.1　禹迹图

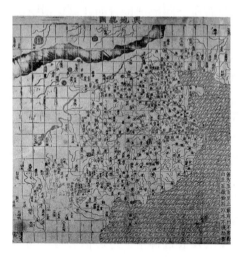

图 2.2　舆地总图

　　因此，古代地图上的"计里画方"方法，原本就是为了适应于定位精度不高的粗略的地理分布现象，它把空间的不确定性因素控制在相应尺度范围之内的一种可靠方法(陈述彭，2002)；因此，计里画方网格是一种控制网格。

3. 空间参考网格

　　位置作为地理空间数据的唯一特征，使得它区别于所有的其他数据。地图学与地理信息系统当中，用于描述位置的方法包括定名、顺序、拓扑、全球坐标、局部坐标等方法(Kraak and Ormeling，2014)。地理要素的名称可以用于位置的表示，将一个地理要素区别于另一个地理要素；但是，地名的使用并不能保证所描述的地理要素成为唯一的结果。例如，对于"普陀区"，它既可以是浙江省舟山市的普陀区，也可以是上海市普陀区(图 2.3)。地址

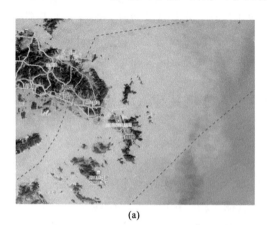

(a)

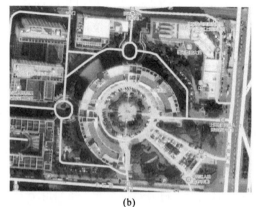

(b)

图 2.3　普陀区：(a)浙江省舟山市普陀区(局部)；(b)上海市普陀区(局部)

或者邮政编码是更为实用的方法，它隐含着顺序信息，例如，10 站路靠近或者位于 8 站路旁；但是，它仅适用于建筑物要素，并不适用于河流、湖泊或山脉等自然要素。拓扑关系也是位置表达的一个选择，它是常用的地理信息系统术语。例如，黄河位于郑州市的北部；但是，它并不包括任何信息和真实的距离。

坐标系统的使用更加普遍。它既可以是全球坐标系统，位置由经度和纬度定义，也可以是国家坐标系统。国家坐标系统提供了位置的唯一表示，但是和经纬线系统相比，在使用过程中缺少天然性。无论是全球坐标系统还是国家坐标系统，都需要在地球表面覆盖一层空间参考网格，用以确定地理对象的空间位置。

地球是一个近乎完美的球体，因此基本的全球参考系统都基于球面坐标，称之为地理坐标系统。它通过经度和纬度定义坐标，如图 2.4 所示。球面系统的原点位于赤道和格林尼治本初子午线的交叉点处。对于纬度而言，赤道定义为 0°，北极定义为+90°，南极定义为–90°。平行于赤道且处于某一纬度的平面和球面的交线叫作纬线。从南极到北极的所有半圆都称为经线。格林尼治本初子午线定义为 0°，向东的子午线逐渐增加到+180°，向西的子午线逐渐减小到–180°。纬线和经线构成了全球经纬网格。

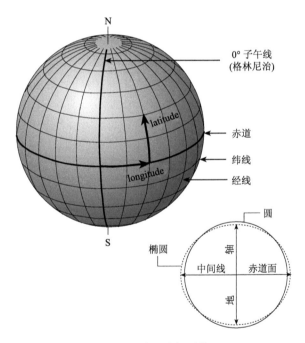

图 2.4　地理坐标系统

资料来源：Kraak and Ormeling, 2014

定义一个空间位置，必须测量从地球中心到地球表面该位置的纬度(φ)和经度(λ)。从图 2.5 可以看出，一个点的地理纬度(φ)定义为子午线平面内球面上该点与地球球心的连线和地球赤道面所成的线面角。地理经度(λ)定义为赤道面内该点所在的子午线和格林尼治子午线的夹角。地球上的位置确定了地理坐标和球面距离之间的关系。

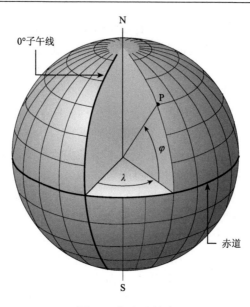

图 2.5　经度和纬度

资料来源：Kraak and Ormeling, 2014

全球坐标系统定义了全球唯一的球面地理坐标。但是，对于大多数国家而言，人们更擅长使用平面直角坐标系统，因此引入了本国的国家坐标系统，用以保证唯一且统一的参照系。国家坐标系统本质上是投影基础上的网格划分。图 2.6 为英国国家坐标系，它是遵循笛卡儿直角坐标系的国家格网参考系统。图 2.6(b) 表现了横轴墨卡托系统和国家格网系统之间的关系，其中横轴墨卡托系统用灰色加粗的经纬网线表示，国家格网系统用黑色的格网线表示。图 2.6(a) 中的地图显示了覆盖整个英国的 100 km 的网格。这些网格是边长为 500 km 的方形网格的细化。对于地理坐标系统而言，这些网格的坐标原点位于东经 2°和北纬 49°的交叉点处。在国家格网系统中定义位置时，为了避免正、负坐标的混淆，引入了伪坐标原点。坐标原点分别向北偏移 100 km 和向西偏移 400 km，这样就可以保证任一方向上的坐标值始终为正值。为了更加简单地使用国家格网系统，一般使用字母表示坐标信息。第一个字母表示 500 km 格网(例如，坎布里亚郡的 Keswick 所在格网的字母为 N)；第二个字母表示组成 500 km 格网的 25 个 100 km 子格网中的任意一个格网号(例如，Keswick 的第二个字母为 Y)。图 2.6(b) 给出了以 N 为例时增加其他字母的情况。在国家格网系统中，100 km 格网可以进一步细化，如图 2.6(c) 所示。这样 Keswick 的位置可以准确表示为 NY268 232。这种细分方法确保了英国地形测量局生产的所有比例尺地图都可以被相同的国家网格覆盖。

　　空间参考系统作为一种参考网格，用于确定地理对象的空间位置，使得每一个地理对象都具有明确的坐标信息。军事地形学当中，人们甚至在网格的基础之上，再次细分网格，形成九宫格，如此一来，指挥人员将能够更加精确地描述地理对象的位置，提供简便、高效的坐标信息服务。

4. 栅格地图数据模型

在地图学与地理信息系统当中，网格被看作为是一种与矢量数据结构相对应的另一种空间数据组织形式，通常也被称为栅格数据结构。

空间数据作为一种具有空间相关性的数据，表示地理要素的空间位置。Jensen 等（2016）将空间数据划分为离散型数据、连续型数据和面域型数据。

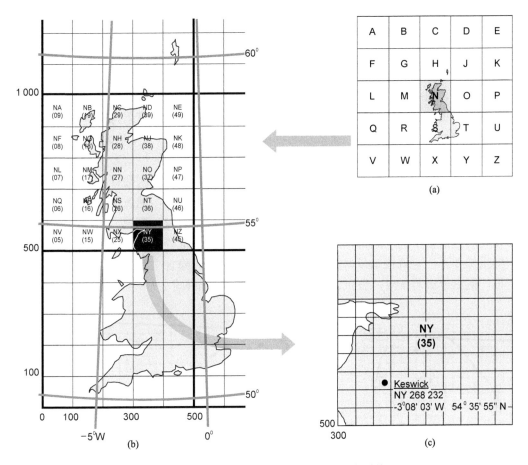

图 2.6   国家坐标系统：英国国家格网参考系统

资料来源：Kraak and Ormeling, 2014

离散型数据表示离散型地理要素，包括点、线、面。离散点要素描述地图上不依比例尺表示且具有唯一定位点的显著性地理对象，例如，烟囱、水塔等，它们通常使用点状符号表示。离散线要素描述地图上长度依比例尺表示而宽度不依比例尺表示的地理对象，它们通常使用具有起点、中间点和终点的线状符号表示。离散面要素描述地图上依比例尺表示的具有地理区域特征的地理对象，它们通常由一系列闭合线段组成的面状符号表示。

连续型数据表达现实环境中连续存在的现象，例如，高程、温度、相对湿度、风速、重力等。科学家、测量人员以及其他工作者收集位于离散点位的相关变量的数值，同时利用插值算法将它们填充到栅格数据结构当中，形成栅格地图。因此，栅格数据结构是存储连续空间信息的理想模型。

　　面域型数据是指在某一地理区域内进行一定数量的离散点测量，然后使用与区域相关的变量对数据进行汇总处理。本质上，面域型数据是以地理区域变量为基础表达区域内的离散点数据，实现区域等值的概念，从而描述离散点数据的分布状况。人口、社会、经济数据按地理区域汇总就是典型的面域型数据。

　　矢量数据结构和栅格数据结构是空间数据常用的数字组织形式。

　　矢量数据是基于矢量模型，利用欧几里得几何学中的点、线、面及其组合表示地理实体的空间分布。对象的空间特征信息连同属性特征一起存储，根据属性特征的不同，点可以使用不同的符号，表示那些实体太小而无法用按比例描绘的地理要素。线可以使用不同的颜色、线型、粗细描绘，表示那些线状或网络状的地理要素。多边形可以填充不同的色彩，表示那些由一个封闭的多边形包围的区域状的地理要素。点表示为一对坐标点，线表示为一系列坐标点，面表示为一条或多条首尾相连的封闭线段(刘晓洁, 2005)。栅格数据模型是指将空间分割为规则的网格，在每个网格上给出相应的属性值表示空间实体的数据组织形式。对于空间数据而言，栅格数据包括各种遥感数据、航测数据、航空雷达数据、各种摄影的图像数据，以及通过网格化的地图图像数据，例如，地质图、地形图和其他专业图像数据。栅格数据中的点是一个像元，线由彼此连接的像元构成。栅格模型中的每个栅格像元层记录着不同的属性，这些像元大小一致，像元位置由纵横坐标决定，每个像元的空间坐标并不一定直接记录，因为像元记录的顺序已经隐含了空间坐标，根据地图的某些特征，把它分成若干层，整张地图是所有层叠加的结果(图 2.7)。

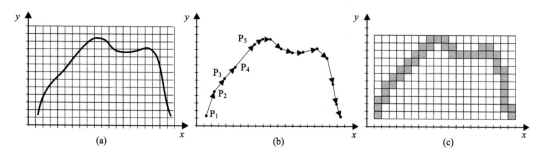

图 2.7　线的表示：(a)线；(b)矢量格式；(c)栅格格式

资料来源：Kraak and Ormeling, 2014

　　因此，陈述彭等(2002)认为，虽然以栅格数据结构为基础的网格地图是一种比较简单的地图类型，因为它将制图区域按平面坐标或按地球经纬线划分网格，以网格为单元，描述或表达其中属性分类、统计分级以及变化参数和虚拟现实，相当于在二维空间上表达动态时空变化的规律，但是它具有很强的适应性和多样化的功能。在网格技术广泛应用的情境下，新的技术赋予了网格地图新的生命活力。

　　(1)遥感像元为现代网格地图提供了科学数据基础。无论是全数字化的航空遥感，还是卫星对地观测，大都是以行扫描获取的像元作为空间对应的基本单元。像元实质是空间分辨率很高的网格地图的基础。卫星遥感像元为现代网格地图提供了全新的数据来源，赋予了格网地图无穷的生命力，使之具有很高的定位精度和丰富多样的实时信息源。

(2) 现代网格地图为地理综合分析提供了理想平台。社会经济数据大多以行政单元进行统计，而自然条件数据大多以自然单位为基础。通过地理数据的栅格化处理，可以将自然数据与人文数据转换到统一的网格体系当中，实现自然数据与人文数据的综合分析。通过现代网格地图的表达，比较容易获得一种"等面积对比"的可视化效应。

(3) 现代网格地图为多尺度地理空间数据融合提供了有效方法。不同空间分辨率的网格地图之间具有严格的变换关系，为分布不均匀、尺度不等的地理现象的数据融合提供了统一的方法基础，进而为多要素的空间叠加分析和复合空间分析提供了基础。

(4) 现代网格地图实现了动态现象的巧妙表达。面对瞬息万变的地球动力学现象，网格地图是经常被采用的、最简单易行的表达方式。利用网格地图，无损于动态现象本来就比较粗放的空间定位精度，适用于采样观测非严格同步，采样点分布不匀的特点，成功地反映相对的动态规律。

相对于计里画方的控制网格、国家坐标系统的参考网格，栅格数据模型与网格模型的内容更为相近。许妙忠(2002)认为，栅格地图既保留了现有模拟地形图的全部内容与视觉效果，又能被计算机处理为数字产品；经过图幅的定向和几何校正处理，不仅能保留原始模拟地图的精度，而且能在定位及长度、面积测量中提高数字精度。因此，它作为地理信息系统的空间背景数据而得到了广泛应用。从这个角度来看，栅格数据模型是要素网格。

5. 空间信息多级网格

自网格概念提出之后，不同的专业领域都尝试从自身特点出发理解网格，投入网格建设的大潮，希望在高速互联网上构建实现本领域资源共享和协同工作的计算环境。正是在这种背景下，地理信息科学领域提出了"空间信息网格"的概念，本质上是网格技术与空间信息技术的融合与集成。

李德仁等(2003)提出了"空间信息多级网格"的概念。它的核心思想是：按不同大小的经纬网格将全球、全国范围划分为不同粗细层次的网格，每个层次的网格在范围上具有上下层涵盖关系；每个网格以其中心点的经纬度坐标(网格中心点)确定其地理位置，同时记录与此网格密切相关的基本数据项(例如，经纬度、全球地心坐标、各类投影参数下的坐标)；落在每个网格内的地物对象(细部地物)记录与网格中心点的相对位置，以高斯坐标系或其他投影坐标系为基准；根据实际地物的密集程度确定所需要的网格尺度(分层密度)，例如，地物稀疏的地方使用粗网格，地物密集的地方按照细网格存贮空间与非空间数据。

李德仁(2005)进一步从广义和狭义两个层面理解和推进空间信息多级网格的建设。

广义空间信息网格是指在网格技术支持下，在信息网格上运行的天、空、地一体化的地球空间数据获取、信息处理、知识发现和智能信息服务的新一代整体集成的实时/准实时空间信息系统。建设广义空间信息网格面临以下四大主要任务。

(1) 借助天、空、地各类传感器，实现全天候、全天时、全方位的全球空间数据获取；

(2) 借助由卫星通信、数据中继网、地面有线与无线计算机通信网络组成的天地一体化信息网格，实现从传感器直到应用服务端的无缝连接；

(3)在广义空间信息网格上实现定量化、自动化、智能化和实时化的网格计算，实现从数据到信息和知识的升华；

(4)通过广义空间信息网格对各类不同用户提供空间信息灵性服务，将最有用的信息，以最快的速度和最便捷的方式传输给最需要的用户。

狭义空间信息网格是指在网格技术支持下的新一代地理信息系统，是广义空间信息网格的一部分。它的核心思想是李德仁等(2003)所描述的空间信息多级网格。建立空间信息多级网格的体系结构，需要明确以下内容。

(1)空间信息多级网格的划分。确定多级网格的层数，各级网格的大小，不同地域网格粗细程度的确定原则等；

(2)每个网格点属性项的确定。包括具备哪些基本属性、自然属性、经济属性、文化属性等；

(3)行政区划与空间信息多级网格对应关系的确定。这为以行政区划为目标的信息统计、宏观分析与决策提供基础；

(4)基于网格计算技术的空间信息多级网格结构。研究空间信息多级网格结构与网格计算技术结合，提供空间信息服务的体系与服务模式。

自"空间信息多级网格"概念提出之后，袁修孝等(2005)、李德仁等(2006)、章永志(2014)、蔡列飞等(2016)分别从精度分析、网格剖分、编码设计、数据检索、调度策略、地理国情应用等角度深入研究了空间信息多级网格的基本原理和应用模式。

空间信息网格的发展需要适合于网格的空间信息表示、空间数据组织等方面的技术支持(李德仁等，2003)。为此，地学领域的许多学者深入研究了面向全球的离散空间网格的剖分算法。

6. 球面离散网格

传统的地理空间数据组织形式，无论是矢量数据结构，还是栅格数据结构，本质上都属于平面数据模型。在平面数据模型中，地球展开到一个平面之上。这种球面数据到平面数据的变换技术，被称为地图投影。在过去的 5 个世纪中，复杂且精密的地图投影技术已经逐步成型，但是，为了实现特定目标，每种投影方法都不可避免地在某些方面(长度、角度、面积)做出让步。例如，墨卡托投影是等角投影，这就意味着小区域的形状不会变形，但这样做必定导致相应的面积变形，从而使高纬度地区，诸如格陵兰岛，不成比例地变大，甚至完全无法显示南北两极(图2.8)。为了控制投影误差，经常采用分带投影的方法，又导致边界处出现空间数据的断裂或重叠，最终导致空间数据实体的几何关系不连续和拓扑关系不一致。

同时，面向全球的地理信息的理论研究和应用实践的逐渐深入，需要更为有效的多尺度数据的管理机制，以实现海量全球数据的多层次管理和调用。传统平面数据基于地图投影的思路，分块管理空间数据，且不论不同尺度之间的数据可能存在投影模型不相同、转换参数不一致的情况，即使投影模型相同、转换参数一致，不同尺度之间的空间数据仍然需要转换处理。因此，现有的数据结构和表达模式本质上仍然是单一尺度的空间数据管理机制(赵学胜，2004)。

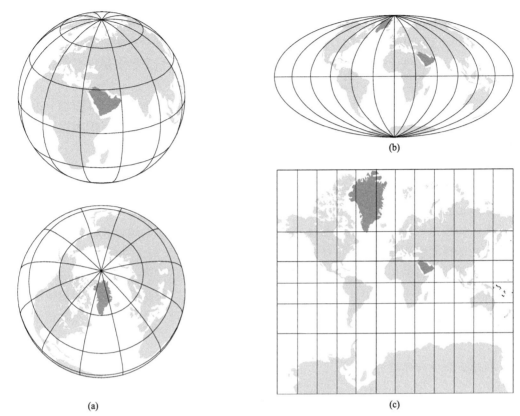

图 2.8　地图投影特性：(a)阿拉伯半岛和格陵兰岛；(b)等面积投影中的相同区域，摩尔魏特投影；
(c)正形投影中的相同区域，墨卡托投影

　　20 世纪 90 年代计算机图形技术的发展使得三维物体的表达变得简单直接，以地球仪为参照模板的虚拟地球(virtual globe)将整个地球作为研究对象，研究地图投影变形的避免和全球地理信息的多层次组织(图 2.9)。Goodchild(2012)认为，图像仍然必须要被投影到数字显示的平面屏幕上，认为虚拟地球可以避免地图投影变形的想法有点荒谬。它使用了

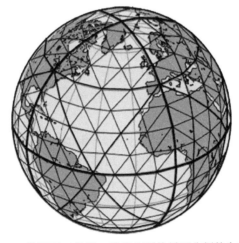

图 2.9　Dutton 的四元三角网，基于八面体循环分割的全球离散格网

一种单一的地图投影，即透视正射投影(perspective orthographic projection)，这也是人类视觉系统(human visual system)固有的投影类型。同时，基于循环分割的理念，将地球的大块区域划分为逐渐精细、相互嵌套的小区域，为实现全球地理信息的多层次组织提供了基本思路，这就是球面离散网格(global discrete grid)。

球面离散网格将地球表面抽象为(椭)球面，按照一定的规则将(椭)球面划分为一系列网格单元，利用网格单元描述空间位置、形态、分布，进行空间数据组织和管理，实现空间对象建模、分析与表达。

球面离散网格的空间剖分方法不同，形成网格系统的特征也不相同。按照网格剖分的特点，球面离散网格可以分为经纬网格、正多面体网格、Voronoi 网格和球面等分网格。

球面正多面体网格是利用正四面体、正六面体、正八面体、正十二面体、正二十面体等正多面体模拟地球，通过正多面体表面的细分逐步逼近真实的地球表面。球面正多面体网格将地球球面层次细分为形状(面积)近似相等的网格单元，每个网格单元具有唯一编码。球面正多面体网格的构建一般通过直接剖分法和投影变换法实现。直接剖分法利用正多面体将球面划分为基本网格单元，然后在球面网格单元上进行层次细分；投影变换法先在正多面体表面进行细分，再将表面细分单元投影为地球(椭)球面上的网格单元。相比之下，投影变换法更加灵活，因而广为采用。

1)球面正多面体投影

球面正多面体投影的基本思路是：以地球(椭)球面为原面，以正多面体表面为投影面，建立原面到投影面的映射关系(曹雪峰，2014)。

早期的球面正多面体投影方法是构造地球(椭)球的外切正多面体或者去顶多面体，同时应用球心投影计算正多面体的各个面。这种方法使得经纬网在正多面体的各个面上连续，但是在正多面体的顶点和边上的变形较大。为了获得等积特性，使用兰伯特投影代替球心投影，但是又不适用于去顶多面体。因此，出现了球面到正多面体的 Gnomonic 投影、Fuller-Gray 投影等方法。Gnomonic 投影方法可以保证等角变形，但是面积变形太大。Fuller-Gray 投影能保证等角和等面积特性，但投影计算过程极复杂，只能通过数值逼近求解。

目前施奈德等积多面体投影(Snyder equal-area polyhedral projection，SEA projection)是应用较多的球面正多面体投影变换。贲进(2005)研究了施奈德投影在正四面体、正六面体、正八面体、正十二面体、正二十面体上的应用(图 2.10)。施奈德投影方法(图 2.11)可以得到形状近似、面积相等的网格单元，但是存在网格单元边界扭曲、投影计算复杂、投影和逆投影变换只能求取数值解等不足。

袁文(2004)提出了等角比例投影(equal angle ratio projection，EARP)，支持正八面体、正二十面体等多种正多面体，用于生成球面三角形网格(图 2.12)。相比施奈德投影，等角比例投影的优点是：几何意义明确，网格边界相对平滑，较好地满足了等边、等面积、近似规则等要求，投影变换中存在线性关系，计算方便。

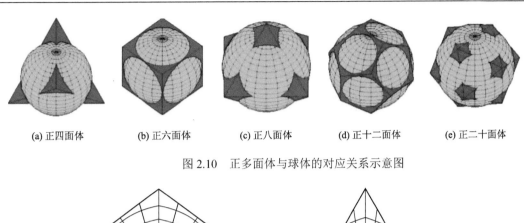

(a) 正四面体   (b) 正六面体   (c) 正八面体   (d) 正十二面体   (e) 正二十面体

图 2.10 正多面体与球体的对应关系示意图

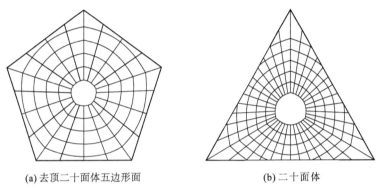

(a) 去顶二十面体五边形面   (b) 二十面体

图 2.11 正多面体施奈德投影示意图

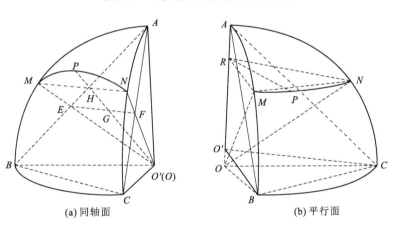

(a) 同轴面   (b) 平行面

图 2.12 等角比例投影透视图

2) 球面三角形网格

球面正多面体网格的网格单元形状主要有三角形、四边形和六边形。球面三角形网格一般通过正四面体、正八面体、正二十面体的剖分来构建。Dutton(1998)基于正八面体构建了四元三角网格(quaternary triangular mesh,QTM),Fekete 和 Treinish(1990)基于正二十面体构建了椭球四叉树网格(sphere quad tree,SQT),Sahr 等(2003)基于正二十面体构建了球面三角形网格。正多面体的阶数越高,网格剖分相对越均匀。球面三角形的层次细分有四分和九分两种。球面三角形不断四分形成的网格可以通过球面三角四叉树进行组织(图2.13)。

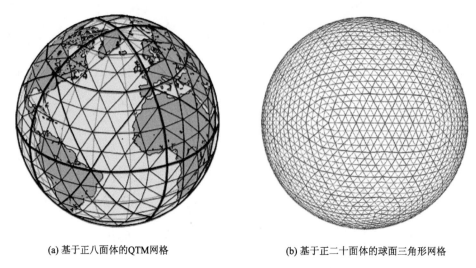

(a) 基于正八面体的QTM网格　　　　(b) 基于正二十面体的球面三角形网格

图2.13　球面三角形网格

　　根据球面的几何特性,球面三角形网格不可避免地存在一定变形,即不存在一种网格剖分方法使得球面三角形网格单元具有完全相等的几何特征(如面积、边长、形状),只能达到近似相等。球面三角形网格的几何结构较为复杂,每个三角形网格单元到与其边相邻、角相邻的网格单元距离不等,三角形的朝向在层次细分过程中不断变化,造成相关算法设计复杂、实现困难。

3)球面四边形网格

　　赵学胜和白建军(2007)提出了基于正八面体的球面菱形块网格,它将地球球面剖分为4个菱形块,按照四叉树方式对每个菱形块进行层次细分(图2.14)。球面菱形块网格与QTM网格的网格是一致的,两个上下相邻的QTM三角形网格单元合并形成一个菱形网格单元,

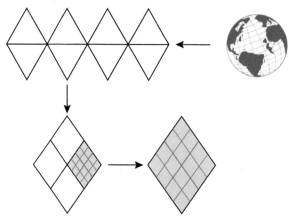

图2.14　基于正八面体的球面菱形网格

二者的区别在于，菱形网格单元不会出现 QTM 三角形网格单元那样的朝向变化，为网格单元邻域操作带来便利。

菱形块的网格剖分使得球面四边形网格与球面三角形网格可以建立一种关联关系，基于正二十面体也可以构建球面四边形网格(图 2.15)。相比三角形网格，球面四边形网格一般采用四叉树规则，而且邻近关系较简单，这有助于数据结构、空间操作算法的设计和实现。

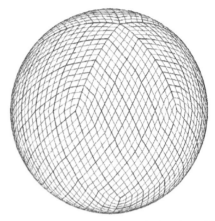

4)球面六边形网格

相比三角形网格和四边形网格，六边形网格具有邻近关系一致性、平面覆盖效率高、角度分辨率高等优点。Sahr等(2003)利用正二十面体构建

图 2.15　基于正二十面体的球面四边形网格

了球面六边形网格。贲进(2005)、贲进等(2006)研究了基于正二十面体、正八面体的球面六边形网格构建。

但是，仅仅使用正六边形不能无缝覆盖整个地球表面，还需要借助正五边形。六边形网格不具有自相似性，使得一个六边形网格单元不能剖分为更小的六边形网格单元，同样也无法直接从多个六边形网格单元合并得到同样形状的网格单元，这不利于多分辨率网格的构建；六边形网格单元的邻近方向性的判定更加复杂(图 2.16)。

球面离散网格既符合计算机对数据离散化处理的要求，又摆脱了地图投影的束缚，有望从根本上解决传统平面模型在全球空间数据管理与多尺度操作上的数据断裂、几何变形和拓扑不一致性等问题。

球面离散网格的剖分，技术层面上更多地属于解决空间定位、空间检索机制的网格划分(李德仁等，2003)。

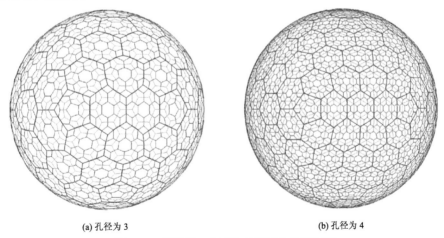

(a) 孔径为 3　　　　　　　　　　　　　　(b) 孔径为 4

图 2.16　基于正二十面体的球面六边形网格

7. 球体离散网格

球体离散网格以地球空间为研究对象，按照一定规则将地球空间剖分细化为一系列立

体网格单元,利用网格单元描述空间位置、形态、分布,进行空间数据组织和管理,实现空间对象建模、分析与表达。

球体离散网格不同于球面离散网格。球面离散网格为地球表面的地理对象与现象的研究提供了空间定位、空间检索的机制。但是,相对于大气环流、海洋环流、电离层、地球磁场、近地空间环境等问题,通常需要统筹考虑地下与地上、天空与太空等多尺度、立体式的空间环境。显然,传统 GIS 的局部直角坐标系统和球面离散网格已经不能满足需求,需要深入研究球体空间的离散网格。球体离散网格是目前网格研究的前沿问题之一。

球体空间网格系统包括球体经纬网格、立方体网格(cubed-sphere grid)、适应性细分网格(adaptive-mesh refinement)等,它们各具特色,都是面向各自领域问题的特点而提出的球体离散网格模型。

1)球体经纬网格

球体经纬网格是将地球球体划分为一系列同心的球面,然后在每个球面之上建立经纬网格,最后将相邻球面上对应的经纬网格沿地球径向连接形成以地心为顶点的、层叠累积的球体网格单元(图 2.17)。

球体经纬网格的大部分网格单元是由六个面封闭形成的球体空间区域,越靠近南、北极点和地心,网格单元的几何指标(边长、面积、体积)变形越大,导致这些网格单元出现形状上的收缩退化,进而导致网格单元粒度不均匀。这些变化特征与球面经纬网格类似。球体经纬网格的剖分过程相对简单,但是存在严重缺陷,造成基于网格单元的数据组织存在严重冗余,建模计算精度不稳定等问题,因此实际应用并不广泛。

2)球体立方体网格

Tsuboi 等(2008)基于立方体球面投影后四叉树层次细分及径向延伸的思路,提出了球体立方体网格,通过对立方体进行三轴递归等分,然后将立方体细分得到的一系列小立方体映射到地球球体中的空间单元(图 2.18)。

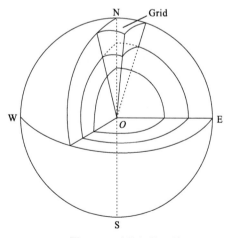

图 2.17　球体经纬网格

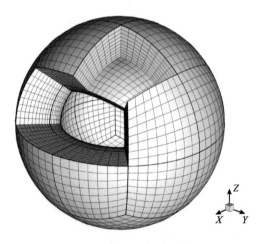

图 2.18　球体立方体网格

　　球体立方体网格具有粒度比较均匀、无缝覆盖整个地球球体、剖分编码形式简单、适用于超级计算机并行计算等特点，在地球系统科学研究中应用较多。但是，由于网格单元与地理坐标系统不一致，网格单元边界的地理意义模糊，不利于全球空间的数据组织管理与建模分析及表达。

3）球体退化八叉树网格

　　球体经纬网格存在网格粒度变化太大、两极地区收敛等不足，而球体立方体网格虽然适用于数值计算模拟，但是地理意义不明确。因此，为解决上述问题，吴立新和余接情（2009）提出了球体退化八叉树网格。球体退化八叉树网格是球体退化四叉树网格的三维扩展。以地心坐标系为基准，按照经向、纬向、径向等分的方式，对地球球体进行层次细分，形成的网格系统符合八叉树规则（图 2.19）。其中，存在纬线退化和球面退化两种网格退化类型。

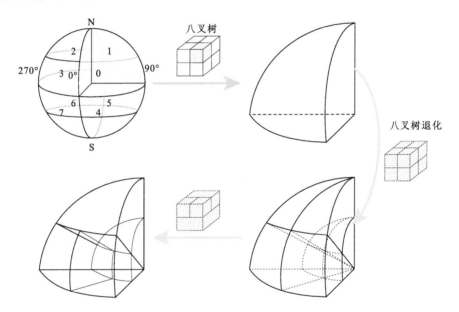

图 2.19　球体退化八叉树网格的剖分示意图

　　球体退化八叉树网格对地球表面的剖分实际上就是球面退化四叉树网格。在层次细分过程中，球体退化八叉树网格单元的最大最小面积比变化趋于稳定，接近于 2.22。球体退化八叉树网格单元的最大最小体积比随着网格剖分层次增加而趋于稳定，接近于 8.89。

　　从网格构建过程看，球体退化八叉树网格实现了地球球体的稳定剖分。相比现有的其他球体空间网格，球体退化八叉树网格单元的形状、粒度、分布更加均匀，更适于地球空间信息的集成组织，并且已经在地壳板块可视化等方面得到应用。

　　由于球体退化八叉树网格是球面退化四叉树网格的三维扩展，而球面退化四叉树是一种球面变间隔经纬网格，因此球体退化八叉树网格存在网格单元粒度变化仍然是一个较大的问题。

2.2　推演网格模型

1. 网格再认识

从网格的演进角度来看，人们似乎混用了网格的基本概念。从地理空间信息网格、空间信息多级网格，到球面离散网格、球体离散网格，再到 21 世纪初盛行的网格与网格计算。

从地图学与地理信息系统角度来看，网格及其类似的概念一直存在，只不过没有引起广大学者的重点关注，直到 1998 年伊安·福斯特提出了网格计算和网格的概念。不同领域的学者开始分别从不同的认知角度理解网格，网格研究热潮此起彼伏。但是，伊安·福斯特的网格与地图学、地理信息系统领域的网格概念并不相同。伊安·福斯特的网格，本质上是在网络环境中的计算机，通过建立网格系统，使信息资源像电力资源那样即开即用。不过，网格计算过于理想化，而信息资源构成十分复杂，远非电力资源可比；同时在跨平台、跨组织、跨信任域的复杂异构环境中共享资源和解决问题，也存在极大的技术难度，因此在普适领域中逐渐被云计算代替，在应用领域网格的概念也逐渐弱化(万刚等,2016)。

因此有必要从地图学、地理信息系统、虚拟地理环境等领域辩证地看待网格的概念。

1) 网格的分类

从空间维数来看，网格分为平面网格、球面网格和立体网格。

计里画方网格、国家坐标系统网格、地图栅格模型、空间信息多级网格、兵棋地图网格属于平面网格，它们描述某一有限范围区域内的对象与现象。球面离散网格和球体离散网格分别属于球面网格和立体网格。球面离散网格是从整个地球表面出发，剖分地球表面上的对象与现象，将它们共同置于统一的空间框架之下。球体离散网格的提出，主要是为了适应研究对象与现象的维数变化，它不再局限于地球表面的点、线、面等二维对象，还包括三维体对象。对于三维体对象而言，使用平面或球面网格显然已经不再适用，需要从真三维角度研究与之适用的网格模型。

从网格功能来看，网格分为控制网格、参考网格、检索网格、要素网格。

(1)控制网格，顾名思义是指控制空间对象相对位置的网格，它既控制空间对象的定位精度，又控制空间对象的不确定性因素。计里画方网格是典型的控制网格。古时候，人们缺少精确测量空间对象位置的工具，更多时候使用的是低精度的"准、规、矩"。司马迁的《史记》曾经记载着大禹治水的情形："(禹)陆行乘车，水行乘舟，泥行乘橇，山行乘撵。左准绳，右规矩，载四行，以开九州，通九道"，由此可见，"准、规、矩"就是古代常用的测量工具。古代的人们使用"准、规、矩"测量地形图；转绘地图时，为了保证精度不再受到人为降低，人们使用计里画方网格将精度控制在一定的范围之内。

(2)参考网格，也可以说是定位网格，几乎所有的网格都属于参考网格的范畴。网格是覆盖于地球表面或地球空间的剖分体系，人们按照一定的规则赋予每一网格确定的标识符，用以在网格体系之下确定不同网格所占据的空间位置。因此，无论是空间参考网格中的"网格编码"，还是栅格地图模型中的"行列号"，无论是球面离散网格中的"单元地址码"，还是球体离散网格中的"空间标识符",都可以依据这些"编码"完成空间位置和网格单元的转换,实现空间位置和网格单元的一一对应关系。

(3)参考网格的另一重要功能是空间检索,因此,从功能角度来看,参考网格也可以认为是检索网格。它的本质是根据空间位置和网格单元的计算模型,实现根据空间位置计算网格单元的"编码",或者根据网格单元的"编码"计算空间位置的范围。

(4)要素网格,是网格更进一步的功能,它使得网格成为地图学与地理信息系统的数据模型,实现以网格为基础的空间对象的建模、分析与存储。简单来说,所谓的要素网格是指,以网格单元为基础,每一网格单元分别存储相应的空间对象。类似于栅格地图,每一网格单元的空间位置通过"行列号"确定,而每一网格单元的灰度值(或者 RGB 值)描述了不同属性的地理空间对象;类似于空间信息多级网格,每一网格单元的中心点确定了空间位置,每一网格包含了基本属性、自然属性、经济属性和文化属性等属性项;类似于兵棋地图,每一网格单元的"行列号"确定了空间位置,每一网格单元的格元和格边分别表示不同的属性信息。从更为宽广的角度来看,无论是哪种网格只要赋予合适的存储结构,就可以存储不同的属性信息,差异在于网格结构的应用程度。例如,兵棋地图模型就很好地利用了网格的结构,按照格元和格边的形式充分表达空间信息。

从网格形状来看,网格可以分为规则网格(例如,正三边形、正四边形、正六边形、立方体)和不规则网格(例如,按照空间区域的范围进行剖分的多边形网格,以及多个面封闭形成的立体空间)。相对而言,组成平面规则网格的正三边形、正四边形、正六边形各具特点,其中,正六边形网格无疑具有先天优势,它的精度最高、等距边数最多,使它成为最广泛的网格模型。

2) 网格的特性

关于网格的基本特性,许多学者提出辩证性思考。

程承旗等(2012)认为,对于网格而言,网格的剖分组织是网格研究的基础,它构建于地球空间的网格剖分框架基础之上,通过应用剖分框架的空间可标识性、可定位性、可索引性、多尺度性和空间关联性等基本原理,建立空间区域网格单元与空间数据、信息、资源等的映射关系,实现多源空间信息的有序组织与高效整合,以及空间信息的"球面-平面"一体化表达。

因此,程承旗等(2012)总结了网格的基本特性。

(1)网格层次与空间尺度的一致性。基于地球的网格剖分框架具有分层嵌套结构,不同层次的网格单元代表空间上面积不同的区域,对应于不同的空间尺度。不同剖分等级的网格单元占据不同的空间区域,每一网格单元管理不同尺度的空间数据,如此一来,网格单元的层次性将和空间尺度保持一致性。

(2)空间位置标识的唯一性。网格剖分框架中的网格单元具有全球唯一性,基于空间标识体系,能够形成地球表面空间区域位置的全球唯一标识。因此,基于统一的全球位置标识体系,可以建立全球统一的空间信息表达数据模型,有助于解决空间数据的多源整合、尺度转换和快速检索等问题。

(3)空间数据组织与表达的统一性。基于地球的网格剖分框架定义了多层次的嵌套剖分结构，唯一表达了多尺度的地球空间位置。以网格剖分框架为基础，可以定义多尺度的空间信息表达数据模型，分割多尺度剖分数据。基于网格剖分框架，可以按照空间区域的空间特征，将网格单元映射到对应的存储、计算资源或设备上，形成全球空间信息的集群存储体系。总而言之，空间数据的存储、索引、表达和分发，实现空间数据组织与表达的统一。

万刚等(2016)同样总结了空间信息网格的基本特征。

(1)空间一致性。空间信息网格的建模过程是地球空间模型化的过程，保持了与地球空间本身的一致性。这表现为通过不同剖分等级的网格单元涵盖整个地球空间，通过网格单元编码实现对空间信息在不同空间尺度上的描述，通过网格空间分析实现对空间对象和现象的自适应表达。

(2)空间基准性。空间基准是建立空间信息网格的基础。基于空间基准，空间信息网格的每一个网格单元具有唯一的、确定的空间坐标，进而描述地球空间中的对象和现象。

(3)多尺度性。空间对象和现象都存在不同的尺度。空间对象和现象的多尺度特征要求空间信息网格同样具备多尺度特性，也就是说，需要实现地球空间的层次化剖分与编码，建立不同等级网格单元之间的嵌套隶属关系，组织多分辨率空间数据，支持多尺度空间对象和现象的描述与分析。

(4)唯一性。空间信息网格剖分要求每一剖分等级上所有网格单元能够完整覆盖整个地球空间，每一剖分等级上的网格单元与其他网格单元互不重叠，也就是说，用于标识每一网格单元的编码不能出现二义性。网格单元的这种唯一确定性，使得空间对象的描述都可以将空间信息网格单元作为参照物。

(5)连续性。空间对象和现象不间断地相互影响、相互作用，在空间和时间上呈现连续性。因此，空间信息网格需要连续地描述不同空间范围当中的空间对象，要求每一剖分等级上的所有网格单元能够完整地、不间断地覆盖地球空间，相邻网格单元之间不存在数据，即网格单元无缝且不重叠。

(6)近似性。空间信息网格的近似性表现为一系列几何结构相似的单元：同一剖分等级上的所有网格单元的形状、大小相近，网格单元之间的邻接关系相同；相邻剖分等级之间，上级网格单元与本级网格单元形状相同。这种同层接近、邻层相同的近似性特点，是空间信息网格描述多尺度对象和现象的基础。

根据上述描述，程承旗等(2012)、万刚等(2016)关于网格特性的描述，同样适用于空间信息多级网格、兵棋地图网格、球面离散网格和球体离散网格，这些网格正是面向仿真推演的网格模型的基础。

第一，它们必须是地球空间的全球剖分或者局部剖分，因此它们必须保持和地球空间的一致性，总之，地球空间是网格剖分的物质基础。

第二，它们必须具有相应的空间参考基准。平面网格参照投影之后的空间参考基准，而球面离散网格和球体离散网格需要从全局角度研究问题，更多的是采用全局参考系统。

第三，网格对于地球空间的剖分，每一个网格单元，无论是二维的，还是三维的，都占据唯一的空间范围，不存在重叠的情况，而且由网格组成的地球空间不存在遗漏的现象。因此，无缝且不重叠的网格单元构成了完整的、唯一的空间环境。

第四，它们所描述的地球空间对象或者现象可以是离散的，但是更多的是连续的。离散的对象或者现象以点要素形式表达，连续的对象或者现象以线要素、面要素或者体要素的形式呈现。

第五，使用它们描述网格包含的对象或者现象时，它们可以是连续的，也可以是离散的。如果是连续的，如空间信息多级网格，那么它仅仅记录与网格中心点的相对位置；如果是离散的，如栅格地图网格、兵棋地图网格，那么网格将表达概略的地球空间对象或现象。

第六，它们应当是多尺度的网格，后两者更是如此。

因此，一致性、唯一性、连续性、多尺度性和近似(概略)性是网格的基本特性。

3) 网格的应用

不同类型的网格适用于各自不同的应用目的和需求。

栅格地图数据模型本质上是一种数据结构，是地理空间对象的描述方式之一。它使用网格的位置表示对象的几何信息，使用格网的地址表示对象的属性信息。栅格地图数据模型的网格尺寸越小，表达的地理空间对象越详细。栅格地图数据模型的网格特征决定它可以很好地用于地理空间分析。荷兰"兰斯塔德"(Randstad)地区的高速铁路寻址问题就是一个很好的例子(Kraak and Ormeling，2014)。

1994 年，荷兰政府计划将巴黎到布鲁塞尔的高速铁路延长至阿姆斯特丹。由于现有铁路交通已经不堪重负，为了维持铁路的高速，必须构建额外的基础设施。因此有必要在兰斯塔德的"核心绿化带"区域建设一条新的铁路线。这条规划路线应尽可能减小对环境的影响(例如，尽可能少干扰筑巢鸟类，不会对地下水和植被产生污染，不能影响具有价值的地质遗迹)。因此，荷兰政府建立了一个用于咨询的环境信息系统。它不仅包括土壤、地下水、植被和动物种群等方面的数据，甚至包括罕见的地质遗迹数据，这些数据以规则网格的形式采集。每一规则网格(1 km×1 km)需要确定土壤类型、植被类型、每一网格单元内发现的不同植被类型的数量、植被类型单位总数、出现过的野生动物种类等。这些信息存储在环境信息系统中，因此很容易估计规划路线造成的影响。为了从几个备选方案中选择最佳的路线[图 2.20(a)]，必须确定所有网格单元中地下水位降低对土壤的影响程度[图 2.20(b)]，栖息地分割破碎对哺乳动物的影响程度[图 2.20(c)]，噪声和污染对于鸟类生活的影响程度[图 2.20(d)]。然后，计算机分析每一规划线路影响到多少网格单元和相应的影响程度。换句话说，可以运用计算机分别计算沿着不同路线建设高速公路时，可能对环境产生的影响总和，其中可能对环境造成了影响，而有些则未造成。这为选择造成最少损害的规划线路提供了依据。

详细分析"兰斯塔德"例子，网格地址不再是 RGB 值或者灰度值，而是面向应用的各类影响因子值，它更类似于兵棋地图网格的应用网格。

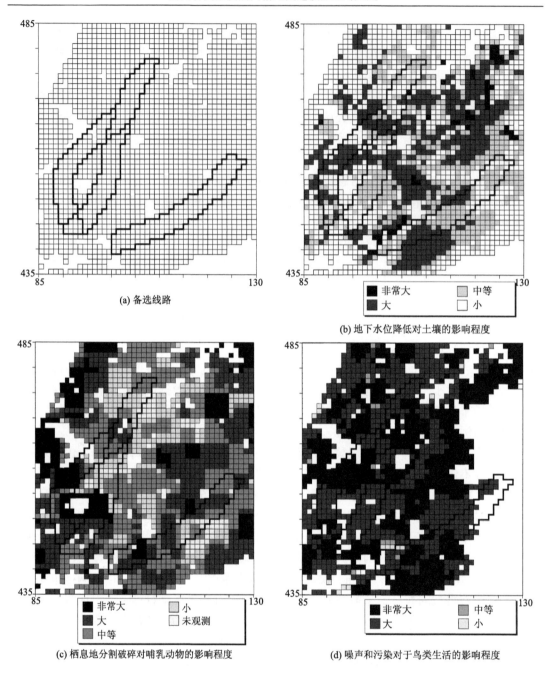

(a) 备选线路

(b) 地下水位降低对土壤的影响程度

非常大　　中等
大　　　　小

(c) 栖息地分割破碎对哺乳动物的影响程度

非常大　　小
大　　　　未观测
中等

(d) 噪声和污染对于鸟类生活的影响程度

非常大　　中等
大　　　　小

图 2.20　荷兰西部地区高速铁路选址

　　李德仁等(2003)提出的空间信息多级网格，它与栅格地图数据模型类似，通常用于空间对象或现象的管理。但是与栅格地图数据模型的差异在于它既可以是规则网格，也可以是不规则网格。空间信息多级网格的应用需求起源于城市管理，根据城市、社区、街道等多层次结构组成空间信息多级网格，实现网格内所有空间对象或现象的"发现-上报-处理-维修-反馈"的闭合流程(图 2.21)。

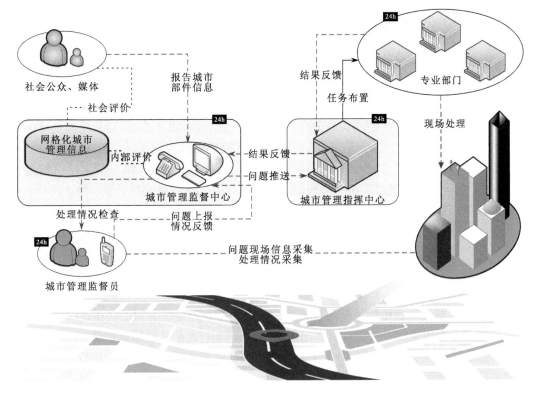

图 2.21　城市管理新模式的基本流程

其中,"网格"是为实现精确、敏捷管理而划分的基本管理单元。万米单元网格以大体相当于 10 000 m^2 的面积为一个独立的管理单元,各个单元互相连接,形成不规则边界的网格管理区域;整合、共享网格中的数据资源、信息资源、管理资源和服务资源;城市管理监督员对分管的网格实施全时段监控,同时明确各级地域负责人为该辖区城市管理责任人,从而在纵向上实现对管理空间的分层、分级、全区域管理。

由此可见,空间信息多级网格更多的是一种基础设施,一种有效管理数据、信息、管理与服务的载体。它具有明确的应用需求,在"网格"大环境下,拓展了地理空间数据应用的新方向。

兵棋地图网格的应用针对性更加明确,网格的描述也更加详细。兵棋地图网格是兵棋的棋盘,代表兵力的棋子需要在棋盘上根据预先制定的联合作战计划,推演战争的胜负。代表兵力的棋子下一步的走向直接影响着战局的发展。

面向兵棋应用的网格地图,数据的组织方式类似于栅格地图。但是,与栅格地图网格、空间信息多级网格不同的是,兵棋地图网格充分地利用了网格本身,它除了使用网格的地址表示空间对象的属性信息之外,更是利用了网格的格边信息,例如,正四边形网格有四条格边,正六边形网格有六条格边,每一条格边赋予相应的属性信息。格元(网格本身占据的区域,这里需要和格边进行区别,命名为格元)和格边共同组成了兵棋地图网格的属性基础。从实际应用角度出发,这种属性信息的表示方法具有一定的合理性。兵棋地图网格是战场环境的概略性表达,它使用格元表示战场环境中具有区域范围概念的地理对象(如图

1.12 中的 Forest），它使用格边表示战场环境中具有阻碍军事行动概念的地理对象（图 1.12
中的 River）。

兵棋地图网格的这种特性，使得它区别于其他任何形式的网格，在表达网格化的地理
空间数据方面具有较好的优势，而且更加适用于面向仿真推演的应用。

兵棋地图网格模型也存在缺陷。首先，它只是一种平面网格模型；它依据战场环境的
空间范围，制作适用于各种不同类型的网格模型，不能（或者说不需要）建立面向全球的、
多尺度的球面（体）离散网格。其次，兵棋地图网格模型的精度尚无法完全描述清晰；如
前所述，网格模型的尺寸根据仿真模型能够掌控的区域进行划分，最小的网格可能是占
据 10 000 m² 的区域，在如此广阔的空间范围内，包含的空间对象绝对不是一种、两种。如
果仿真模型自己提取数据进行行动方向的判断，那么情况稍好；但是，如果仿真模型需要
网格模型提供唯一性的属性，那么选择哪种空间对象，舍弃哪些空间对象，将显著地影响
仿真模拟的精度。遗憾的是，兵棋推演领域对于兵棋地图的研究几乎没有。

4）网格的拓展应用

兵棋地图网格模型适用于面向仿真推演的环境模型。但是，类似于兵棋地图网格模型
并不仅仅适用于兵棋推演，与仿真推演相关的领域（例如，人群疏散仿真领域、流域洪水仿
真领域、智能平台规划仿真领域等）或多或少存在类似的网格模型。它们之间的差异在于表
现形式、应用深度等方面。

A.人群疏散仿真

人群疏散仿真模型大致分为宏观和微观两类（图 2.22）。

　　　　　(a) 环境建模　　　　　　　　　　　　　　　　　(b) 疏散模拟

图 2.22　人群疏散仿真模型

早期的研究以宏观模型为主，它将疏散群体作为一个整体的研究对象，建立相应的动
力学模型，考察模拟结果的特征。宏观模型的优点是结构简单、容易实现；缺点是无法体
现个体之间的相互作用和差异，因此只适合大规模的疏散模拟。宏观模型包括回归模型
（Milazzo et al., 1998）、排队模型（Lovas et al., 1994）和流体动力学模型（Henderson, 1971）。
目前，模拟模型从宏观尺度向微观尺度发展，提出了一系列微观模型，包括社会力模型

(Helbing et al., 2000)、基于规则的模型(Reynolds, 1987)和元胞自动机模型(Wolfgram, 1983)。微观模型注重于具有自治行为方式的虚拟个体的建模,强调心理因素和外界环境运动行为的影响,相较于宏观模型,微观模型的模拟结果更加具有现实性。

影响疏散模拟效果的另一个要素是空间环境的建模,空间环境直接影响行人智能体的运动行为。另一方面,空间环境的描述形式也影响到模拟结果的可视化表达效果(陈鹏等, 2011)。当前,人群疏散模拟对于空间环境的描述借鉴了元胞自动机的形式,对于个体所处的空间以网格的形式表达。

B. 流域洪水仿真

流域洪水仿真模型主要分为水文学模型和水动力模型。

水文模型是用数学的方法描述和模拟水文循环的过程。SHE 模型作为典型的分布式水文模型,它研究整体分布的水循环模拟。这个模型以水动力学为基础,涉及植物截留、蒸散发、坡面水流、河道水流、土壤水运动、地下水流和融雪径流等物理过程,均由基于物质不灭和能量守恒定律的微分方程描写。为了求解这些微分方程式,以及考虑降雨和下垫面因子空间分布的影响,流域在水平方向上划分成网格;同时为了考虑不同土层中的土壤水运动,土层在垂直方向上划分为若干子土层。模型的地面水流和地下水流计算均采用二维差分格式,并且使用一维非饱和水流计算的差分格式进行连接(沈五伟, 2010)。

水动力模型是流体力学、计算数学和各种应用技术的综合体。它是将已知的水动力学的基本定律使用数学方程进行描述,然后在一定的初始条件和边界条件下求解这些数学方程,从而达到模拟某个水动力学的理论问题或工程问题。水动力学解决河道汇流的方法是应用一维非恒定流基本原理,建立圣维南方程组,通过河网概化,确定参数和边界条件,在河道节点处确定水位连续条件和流量连续条件。由于使用一维非恒定流基本原理,因此通常将河流分割为多个不规则的四边形组成的段格,存储河流的各种信息,包括段格的四个顶点坐标值、段格 ID、段格面积、段格长度、相邻段格、段格的水间标识、段格的交汇点标识等(图 2.23)。

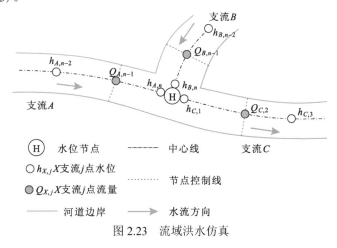

图 2.23 流域洪水仿真

5) 推演网格模型

随着兵棋地图模型所描述的对象维度的变化、所描述的空间范围的变化、所描述的对象层次的变化，都导致兵棋地图模型存在较大的完善改进余地。

相较于兵棋地图模型，网格模型需要描述的对象维度，不仅可以是点、线、面等 2 维形式存在地球表面的地理环境要素，也可以是 2.5 维的地形模型，甚至可以是体等 3 维形式存在的气象环境要素、电磁环境要素等，即网格模型的多维性。

相较于兵棋地图模型，网格模型需要描述的空间范围，不仅仅局限于局部的空间范围，不仅仅是时时刻刻需要考虑地图投影的平面网格，而是需要扩展空间范围至全球，甚至是面向近地空间范围，统一描述全球或者包含近地空间范围在内的空间对象，即网格模型的全球性。

相较于兵棋地图模型，网格模型需要描述的对象层次，不再仅仅局限于某一个单独的尺度，而是需要同时描述多个尺度下的空间对象，即网格模型的多尺度性。

因此，为了区别于兵棋地图模型，这里将类似于兵棋地图模型的、面向仿真推演的环境模型称为推演网格模型。

推演网格模型是指按照一定的规则将地球空间及其近地空间划分为一系列网格单元，利用网格单元描述空间位置、要素属性、空间分布，进而实现空间数据的组织、管理、建模、分析与表达。

面向仿真推演的网格模型，是扩展的类兵棋地图模型。根据对象的空间维度，推演网格模型分为平面离散网格、球面离散网格和球体离散网格层次，分别用于处理不同需求的应用。根据推演网格模型的组成，推演网格模型涉及网格几何结构、网格地形特征、网格属性特征等三方面(图 2.24)。根据推演网格模型的不同应用，涉及兵棋推演、人群疏散模拟、洪水演进模拟、智能平台规划仿真等领域。

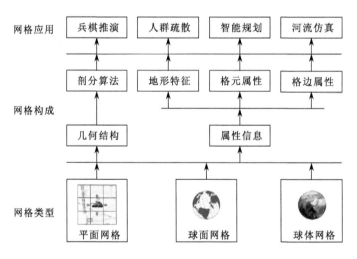

图 2.24　网格框架

因此，推演网格模型是一种空间数据模型，一种拓展的栅格地图数据模型，一种拓展的兵棋地图网格模型；推演网格模型也是一种应用模型，一种面向推演仿真的应用模型。

2. 网格模型的几何结构

推演网格模型的几何结构涉及覆盖于地球空间及其近地空间的网格类型。由于球体离散网格使用立方体网格较为合适，不再赘述，这里仅仅描述平面离散网格和球面离散网格。

1）网格结构

网络结构是指覆盖于平面或球面之上的网格形状，推演网格模型通过网格结构确定空间位置，它通常表现为一系列的多边形网格。考虑到覆盖平面网格的特殊性，这些多边形网格至少应当满足两个条件：一是网格中心点到各条边的距离在各个方向上相同。为了便于距离的计算，理想的网格结构应该满足中心点到 360° 方向边的距离都相等，即圆形。但是圆形不能在平面上连续拼接，因此需要做近似的处理，选取圆的内接正多边形代替。二是网格必须是在平面上能够连续且无重叠拼接的图形，如此网格才可以完全覆盖研究区域，从而避免留下裂缝区域。

根据上述两个条件，可以确定合适的推演网格模型的网格结构类型。

首先，假设存在正 n 边形，那么每个内角 ΔA 为

$$\Delta A = \frac{(n-2)}{n} \times 180° \tag{2.1}$$

其次，如果在平面上形成连续且无重叠拼接图形，必然要求 m 个正 n 边形各有一个内角拼于一点，那么正好完整覆盖平面，避免留下裂缝区域。因此，必须满足

$$m \times \Delta A = m \times \frac{(n-2)}{n} \times 180° = 360° \tag{2.2}$$

由式（2.1）和式（2.2）可以得到

$$m = \frac{2n}{(n-2)} = 2 + \frac{4}{(n-2)} \tag{2.3}$$

由于 m、n 为整数，所以 n 只能取 3、4 和 6。因此，符合推演网格模型网格结构的正多边形只有三种，分别是正三边形、正四边形和正六边形，其中正六边形也称为六角格。

理论上，这三种形式的正多边形都可以作为推演网格模型的网格结构。

2）网格中心距分析

网格中心距是指网格中心点到网格边的距离。为了便于距离的计算，理想的网格结构应该满足中心距（中心点到 360° 方向边的距离）都相等，因此，圆形是最理想的网格结构。由于圆形不能在平面上做无缝、连续地拼接，通常选取圆的内接正多边形做近似处理。显然，网格中心点到网格边的距离将发生不等距变化；其中，网格中心点到正多边形某一边的垂直距离，为最近中心距，这条边被称为等距方向；网格中心点到正多边形顶点的距离，为最远中心距。最远中心距和最近中心距的比值被称为网格中心距误差。通常情况，合理的网格结构应当具有较多的等距方向和较小的网格中心距误差。

分别对正三边形、正四边形和正六边形做网格中心距分析，如图 2.25 所示。其中，虚

线代表最近中心距，点虚线代表最远中心距。通过对各网格结构在等距方向、网格中心距误差的对比分析，可以得到表 2.1 所示的分析结果。

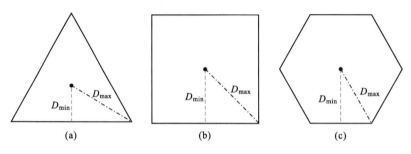

图 2.25　网格中心距分析

表 2.1　网格中心距误差表

类别	等距方向/个	误差
正三边形	3	2.000
正四边形	4	1.414
正六边形	6	1.154

从表 2.1 可以发现：①等距方向方面，正三边形有 3 个，正四边形有 4 个，正六边形有 6 个。等距方向越多，表示从网格中心点出发的仿真模型可以选择的方向越多，从而得到更为合理的模拟结果。②网格中心距误差方面，正三边形的误差为 2.000，正四边形的误差约为 1.414，正六边形的误差约为 1.154；正四边形、正六边形的误差较正三边形更小，误差越小表示可以得到更为精确的模拟结果。因此，正四边形和正六边形都能够较好地满足仿真推演的需求，而正六边形的优势更为突出。

3) 网格采样密度分析

在研究区域之上覆盖合适的网格(例如，正三边形、正四边形或正六边形)，然后确定每一网格的属性信息，类似于建立研究区域的"数字图像"，这一过程可以称为"数字图像"的采样。一定范围内的网格密度可以称为网格采样密度。

Dudgeon 和 Mersereau(1984)指出，当图像信号的频带处于一个圆形区域之内时，正六边形点阵结构是最有效的采样网格，证明了正六边形点阵结构的最小采样密度比矩形点阵结构的最小采样密度要少 13.4%。

假设二维连续图像信息傅里叶变换的结果如图 2.26(a)中的阴影部分所示，即信号的频带处于频域中一个半径为 W 的圆形区域内。连续带限图像经过一个矩形点阵采样网格后信号的频谱如图 2.26(b)所示，水平方向的采样间隔为 T_1，垂直方向的采样间隔为 T_2，采样间隔满足 Nyquist 采样理论，即 $T_1 \leqslant \dfrac{2\pi}{2W}$，$T_2 \leqslant \dfrac{2\pi}{2W}$，因为图像在水平方向和垂直方向的最大截止频率为 W。

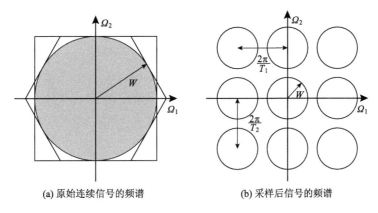

(a) 原始连续信号的频谱　　　　　　　(b) 采样后信号的频谱

图 2.26　连续带限信号经过矩形点阵采用网格后的频谱

采样后信号的频谱在频域空间的排列方式由采样矩阵决定。矩形网格的采样矩阵为对角矩阵 V，即：

$$V = \begin{bmatrix} T_1 & 0 \\ 0 & T_2 \end{bmatrix} = \begin{bmatrix} \dfrac{\pi}{W} & 0 \\ 0 & \dfrac{\pi}{W} \end{bmatrix} \tag{2.4}$$

从图 2.26(a) 中可以看出，圆外接的正六边形所占据的空间面积，比正方形所占据的空间面积要小，而上述连续图像信号经过一个满足 Nyquist 采样定理的正六边形点阵采样网格后信号的频谱如图 2.27(a) 所示，可以看到，采样后信号的频谱在频域空间的排列方式比经过矩形点阵采样网格的信号频谱在频域上排列方式要紧密得多。这时空间采样间隔由 2 个方向矢量 v_1、v_2 决定，如图 2.27(b) 所示，采样矩阵 V 由 2 个方向矢量 v_1、v_2 组成，即：

$$V = \begin{bmatrix} v_1 & v_2 \end{bmatrix} = \begin{bmatrix} T_1 & T_1 \\ T_2 & -T_2 \end{bmatrix} \tag{2.5}$$

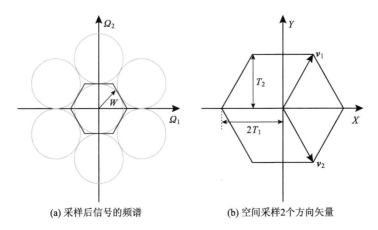

(a) 采样后信号的频谱　　　　　　　(b) 空间采样2个方向矢量

图 2.27　连续信号经过正六边形采样网格后的频谱及空间采样方向矢量示意图

图 2.27 中采样网格的点阵为正六边形，因此存在 $T_2 = \sqrt{3}T_1$ 的关系。由于连续信号的频谱处于一个半径为 W 的圆形区域内，为了满足 Nyquist 采样定理，即 $T_2 \leqslant \dfrac{2\pi}{2W}$，正六边形点阵的采样矩阵为

$$V = \begin{bmatrix} \dfrac{\pi}{\sqrt{3}W} & \dfrac{\pi}{\sqrt{3}W} \\[2mm] \dfrac{\pi}{W} & -\dfrac{\pi}{W} \end{bmatrix} \tag{2.6}$$

采样密度为采样矩阵行列式的倒数，所以比较式(2.4)和式(2.6)可以证明，采用正六边形点阵结构的最小采样密度比矩形点阵结构的最小采样密度要降低 13.4%。

类似地，Condat 等(2005)也指出，在网格具有相同采样密度的情况下，正六边形网格的逼近质量始终优于正三边形或正四边形网格。

综上所述，在涉及网格几何结构时，除了球体离散网格，通常使用正六边形网格作为平面离散网格或球面离散网格的研究对象。对于较为特殊的球面离散网格，也是以正六边形为主，辅助以正五边形(具体原因详见第 4 章)。

3. 网格模型的属性结构

推演网格模型充分利用网格结构存储属性信息，当每一网格分别附带相应的属性信息

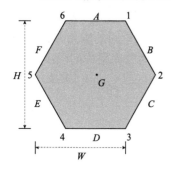

图 2.28　六角格属性示意图

时，它们就共同构成了空间环境模型的详细描述。推演网格模型包括三部分的属性信息：一是推演网格模型的地形特征，用于描述每一网格所占据范围内的地形起伏情况，常用的描述变量包括高程、高差、平均坡度、地形起伏度等。二是推演网格模型的格元属性，用于描述每一网格所占据范围内的空间环境的要素属性，例如，某一网格中占主导位置的空间环境要素是水系? 居民地? 还是植被? 如图 2.28 所示的 G。三是推演网格模型的格边属性，用于描述相邻网格的邻接状态，例如，当前网格是否可以通过格边到达相邻网格，体现的是网格之间的邻接关系，如图 2.28 所示的 A、B、C、D、E 和 F。

地形特征、格元属性和格边属性作为推演网格模型最重要的属性信息，构成了空间环境信息的再描述。

关于"推演网格模型的地形特征"在 2.3 节单独描述，这里不再赘述。

1)格元属性

格元属性是指格元所占据的空间范围内具有什么样的属性信息，这好比栅格地图数据模型中每一个正方形网格的 RGB 值或者灰度值。根据格元属性作用的差异，它一般可以分为占位型格元和指示型格元。

(1)占位型格元是指占据网格区域内容的主要属性，也就是说，网格通常占据一定的空间范围，那么在这个范围之内，占据面积最大的，或占据主要地位的，或占据重要位置的

要素划定为网格的格元属性。占位型格元必然突出表示重要空间要素,忽略表示次要空间要素,进而概略化表达空间环境。因此,确定用于占位型格元的属性就显得尤为重要,必须着重表达对实际应用(例如,军事行动、人群疏散、洪水演进等)具有显著影响的要素。

例如,"森林"(FOREST)格元(图 2.29)和"城市"(CITY)格元(图 2.30),就是占位型格元的很好例子。

符号	类型	行动影响	战斗影响	其他
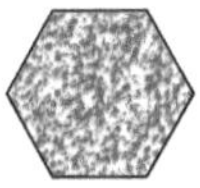	森林	消耗2个机动值	优势减少1个单位	无

图 2.29　"森林"(FOREST)格元

符号	类型	行动影响	战斗影响	其他
	城市	无影响	无影响	更换位置

图 2.30　"城市"(CITY)格元

(2)指示型格元是特殊格元,它本身是一类不足以构成占位型格元的空间要素,但是由于它对于实际应用的极端重要性,因此,在实际应用过程中将其异化为占位型格元。为了与占位型格元相区别,这里专门将这类格元命名为指示型格元。例如,现实世界中的交通要素,它对仿真模型的运动、部署有着重要的影响,因此,尽管它在地图上表现为线状要素,但还是将它赋予格元属性,例如"铁路"(RAILROAD)(图 2.31);甚至,如果某一网格已经赋予了网格的占位型属性时,为了突出表现交通信息,同样会在原来的属性之上叠加交通信息,并将其定义为带有明显交通特色的网格属性,例如,"城市中的主要道路"(MAJORROADINCITY)。

符号	类型	行动影响	战斗影响	其他
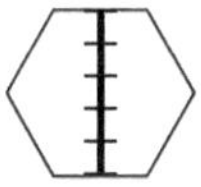	铁路	仅供控制方使用	无影响	控制方可用

图 2.31　"铁路"(RAILROAD)格元

占位型格元和指示型格元的主要差异表现在于,参与建模的数据来源的差异,占位型格元主要来源于面状空间对象,而指示性格元来源于线状空间对象,这是两者建模时需要时刻关注的,具体内容参见第 3 章。

2) 格边属性

推演网格模型的格边属性是充分利用网格结构的突出体现，也是它区别于栅格地图数据模型的显著标志。根据格边属性的作用的差异，格边属性一般可以分为障碍型格边和占位型格边。

障碍型格边通常用于描述相邻两个网格之间的"通""断"关系，即能否从当前网格通过障碍型格边移动到相邻的网格。例如"不可通行的河流"（RIVER）（图 2.32），这表示从当前网格不能通过"不可通行的河流"到达与之相邻的网格。

符号	类型	行动影响	战斗影响	其他
 ⬡	河流	无影响	跨越河流的攻击单位优势减少1个单位	无

图 2.32　"不可通行的河流"（RIVER）格元

本质上而言，障碍型格边描述了空间环境中的线状空间对象，这些空间对象更多的是在现实世界中确确实实存在的，而不是意义上存在的。例如，现实世界中存在河流、陡坎、冲沟等。它们对于仿真推演中的各种仿真模型具有一定的阻碍作用，只有当这些仿真模型的性能超过河流、陡坎或冲沟的极限时，它们才不会对它们产生阻碍作用，否则就有可能阻碍它们的运动。

占位型格边相对简单，它依附于障碍型格边，相当于在障碍型格边的基础之上叠加另一种属性，用于表示原本格边之上的附加信息。举个例子来说，河流作为阻碍通行的主要要素，因此成为障碍型格边主要来源；但是对于河流而言，河流之上存在的附属物，最明显的例子就是桥梁。桥梁依附于河流而存在，当使用推演网格模型表示空间对象时，桥梁如何表现？显然，拓展障碍型格边为占位型格边就是很好的解决方案！

3) 属性信息的分类分级

几何信息描述了空间对象的基本位置信息，属性信息描述了空间对象的数量特征和质量特征，区分了空间对象之间的根本差异。

通常，为了更好地描述属性信息，通常需要对它进行分类分级。分类分级是帮助人们揭示空间关系的一种方法。它的目的是更加方便地描述和表示（包括语言表述和可视化）空间对象和现象，将大量个体（对象或现象）压缩成为少量群类。这样做虽然会损失细节，但是通常能做出实质性的解释，这是所有学科都在使用的有效手段（王光霞等，2011）。分类是根据对象或现象之间的相似性和亲疏程度，用数学方法把它们逐步地分成若干个类别，最后得到一个能够反映对象或现象之间亲疏关系的客观分类系统，正确反映它们之间的相似性和差异性，用于准确描述对象或现象之间的质量差异。分类处理完成之后，还需要对同一类对象或现象的对象做分级处理，即根据等级、长度、宽度、面积等参数对不同的对象或现象描述数量上的差异。

以地理环境数据为例，它是一组地理空间数据的集合，即按照一定的地理框架组合的、带有确定坐标和属性标志的、描述地理要素和现象的离散数据。通常，地理环境数据表现为点、线、面等不同的几何结构(高俊，2012)。地理环境数据的属性信息表现为统一的分类分级体系，用以完整、详细地描述地理环境的要素和现象，同时为每一分类分级进行编码。例如，地理环境数据的属性信息可以划分为"测量控制点""工农业和社会文化设施""居民地及附属设施""陆地交通""管线""水域/陆地""海底地貌及底质""礁石/沉船/障碍物""水文""陆地地貌及土质""境界与政区""植被"等不同的分类(表 2.2)，每一分类都可以继续细化为许多不同的分级。这种分类分级体系构成了对现实世界的抽象描述，非常适用于地理环境的(数字)地图表达。

表 2.2　地理环境要素分类示例

分类信息	分类码	分类信息	分类码
测量控制点	11	礁石/沉船/障碍物	18
工农业和社会文化设施	12	水文	19
居民地及附属设施	13	陆地地貌及土质	20
陆地交通	14	境界与政区	21
管线	15	植被	22
水域/陆地	16	……	……
海底地貌及底质	17		

以兵棋地图为例。兵棋地图是概略化的地理环境模型，它不同于矢量数据模型，也略区别于栅格数据模型，其中的最主要区别在于属性信息的分类分级。地理环境数据可以划分为开放地(OPEN)、城市(CITY)、森林(FOREST)、沙漠(DESERT)、道路(ROAD)、海洋(OCEAN)、岛屿(ISLAND)等 7 大类 31 小类数据。赵新等(2008)总结了兵棋地图可以具备的相关属性信息，包括公路、铁路、管道、河流、海岸线、地形高程、地形类型等。周成军等(2010)提出了更为详细的兵棋地图属性信息的分类方案，根据坡度、植被、道路、地质、障碍等要素的不同分类，将网格属性分为"山地""水域""岛屿""丘陵""高原""平原""荒漠""城镇""山林地"以及"盆地"等十大类；基于上述十大类网格属性，附加交通条件信息，可以形成"通行顺畅""通行条件一般"和"通行条件差"等更多的子网格属性。格边属性分为"正常通行""河流""海岸""可登陆海岸""不能登陆海岸""不可通过地区"以及"沟壑"等。

显然，地理环境数据和兵棋地图属于两套不同的分类分级体系。地理环境数据(或者说地图)作为现实世界中地理对象或现象的抽象表达，首先需要做抽象化处理，从中发现地理对象或现象之间的根本性差异，然后进行分类分级，形成如表 2.2 所示的综合体系。而兵棋地图属性，一般来说，是在地理环境数据和其他属性数据(例如，县志数据、人口普查数据)基础上，融合处理形成的满足某一应用需求的应用数据属性分类分级体系。两者之间应当存在一条桥梁，即无法直接从地理环境数据跨越到兵棋地图数据，但是可以基于地理环境数据融合其他数据跨越到兵棋地图数据。

值得考虑的另一思路是：创新空间环境数据的描述和表达。本质上来讲，网格模型数据，除了几何结构之外，仿真模型需要的是空间环境数据的属性信息，如果直接从属性地特性入手进行研究，不失是一个好思路。

地理信息(类同于地理环境数据)是指表征地理圈或地理环境固有要素或物质的数量、质量、分布特征、联系和规律等的数字、文字、图像和图形等的总称(黄杏元和汤勤,1989)。地理环境由社会环境和自然环境组成，地理信息包括社会和自然两方面的信息，即包括来自资源、环境、社会、经济子系统的多源信息。地理信息一般具有空间性、多维结构性、模糊性、时序动态性等特征。地理信息系统中常用的点、线、面(体)概念着重于对地理信息的高度几何抽象，易于在计算机中表达、存储和运算，属性附属于点、线、面对象之上。因此，目前的地理信息系统一般都是从点、线、面的角度来研究地理实体的信息特征(属性特征和几何特征)，而不是直接从属性(信息内容)角度出发。地理信息理论重点研究的是信息内容及其在时间、空间上的表现特征和规律。所以，应当加强从地理实体的属性、功能的角度研究地理信息。显然，地理信息系统中的常用概念如点、线、面、域等并不能作为元概念(基本概念)来构筑地理信息理论的基石(龚建华，1995)。

4. 空位、类体、相体

龚建华(1995)为实现农业、区域规划模型的构建，创新性地提出了地理信息"位体"的概念，并且根据自然类信息和社会类信息，分别区分了自然类信息的空位、类体和相体，以及社会类信息的单体、组体和聚体。这里，尝试从自然类信息的角度观察推演网格模型中格元属性和格边属性的分类分级，实现直接从属性到属性的归一化。

1)空位

在空间上处于一定位置，代表一定体积大小的地理实体，其属性在空间上连续存在的某一立方体称为空位。

上述的地理实体是一个复杂的综合体，其三维空间范围是指上至同温层的底部，下到岩石圈的上部。可以使用下式表达这一地理实体。

$$p = f(x, y, z, t, a_1, a_2, \cdots, a_n)$$

式中，p 由向量 $(x, y, z, t, a_1, a_2, \cdots, a_n)$ 描述。(x, y, z) 表示 p 的空间位置，可以是立方体中某一点；t 表示 p 的时间；$a_i(x, y, z)$ 表示 p 所具有的属性，属性反映了空位上实体的物理特性、化学特性、生物特性，以及与周围环境其他空位实体相互联系、相互作用时表现出的性质。

2)类体

类体是地理实体在同一时间段上、不同空间位置的空位点上某一属性变化取值的聚合点集，或是地理实体在不同时间段上、同一空间位置的空位点上某一属性变化取值的聚合点集；并且把属性的聚合点集，称为类体。

类体是聚合点集的概念，由于世界万物都是在普遍的相互联系和相互作用中存在并且运动变化，空位点因为其他的空位点而存在，空位点上实体的属性也唯有与其他空位点上实体的属性共同关联、一起作用时才具有意义。

类体是比空位高一级的概念，是地理实体在某属性上的聚合点集的高级概括，类体在整体上具有自己的空间、时间和属性上的意义。

类体表现在空间上，它占有一定的面积或体积；

类体表现在属性上，它表示地理实体的某一方面属性；

类体表现在时间上，它是类体中某点位在属性类型或属性数值的变化。

3) 相体

二个或二个以上的类体相互组合而构成一个表达地理现象或对象的整体，称为相体。

相体中类体与类体之间在空间上存在重叠、并列的关系。①重叠关系，例如，降雨类体和植被覆盖度类体组成的相体中，每一点位上都具有降雨和植被覆盖度二种属性，所以相体中类体与类体在空间上是重叠的。②并列关系，例如，对于一个描述土地利用的相体，其中的耕地、林地、水域、居民地、工矿用地等类体在空间上是并列不相交的，即相体中的每个点位只有一位属性，要么是耕地，要么是林地，或其他某类，而不能既是耕地，又是林地。

仔细推敲空位、类体和相体的概念：空位是某一区域内属性的集合，通常可以认为区域的属性具有同质性；类体是多个同一属性空位的集合，表示在一定区域内属性的变化，相体是多个类体的组合，形成一个整体。

本质上，推演网格模型存在类似的概念：格元属性建模之前，参与的建模要素类同于类体的概念，处理完成之后，格元属性类同与相体的概念。在推演网格模型中，所有的格元属性和格边属性都属于为仿真推演应用提供功能的实体，直接从属性入手，可以提供较为有利的条件。推演网格模型的网格结构相当于位置信息，在位置信息提供相应的属性。

2.3 推演网格模型的地形特征

1. 基本地形特征因子

推演网格模型的地形特征，用于描述每一网格占据范围内的地形起伏情况，常用的描述变量包括高程、高差、平均坡度、地形起伏度等，它们通常来源于数字高程模型 (digital elevation model，DEM)。

数字高程模型是地形的数字化表达，是基于地形的数学模型，可以看作是一个或多个函数之和。地形特征因子是地形的固有特征 (周启鸣和刘学军，2006)，许多地形特征因子都可以从这个数学模型中推导得到。如果对模型求一阶导数并且进行组合，可以得到诸如坡度、坡向、变差系数、变异系数等地形特征因子；如果对模型求二阶导数并且进行组合，那么可以得到坡度变化率、坡向变化率、曲率、凹凸系数等地形特征因子。理论上，还可以对数学模型求取三阶、四阶或者更高阶的导数以派生更多的地形特征因子，但是在实际应用中，高于二阶的导数对地形表达的意义已经很小，因此一般不对数字高程模型求取二阶以上的地形特征因子 (李爽和姚静，2007)。通过地形特征因子可以大致了解地形的基本特征。

由数字高程模型提取的地形特征因子存在不同的理解和分类。Wood 按地学应用范畴将其分为一般地形属性和水文特征（Wood，1996）；Wilson 和 Gallant（2000）按地形要素的复杂性将其分为单要素参数和复合参数，其中单要素参数由高程数据直接得到，而复合参数是集合单要素参数的函数；Florinsky（1998）按地形因子的计算特性将其分为局部（微观）地形因子和非局部（宏观）地形因子；李志林和朱庆（2003）按地形分析的复杂性，将其分为基本地形因子和复杂地形因子，其中基本地形特征因子如图 2.33 所示。

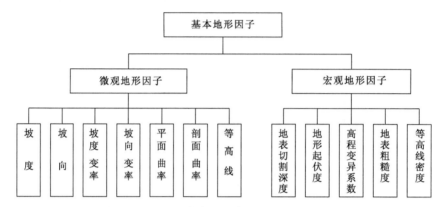

图 2.33　DEM 基本地形特征因子分类关系图

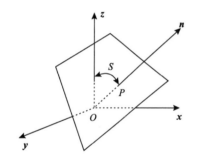

图 2.34　地表单元坡度示意图

1）坡度

地表任意一点（P）的坡度指经过 P 点的切平面和水平面的夹角。坡度表示了地表在 P 点的倾斜程度，是地表在 P 点处上升或下降最陡的路径，在数值上等于过 P 点的曲面函数的法矢量 n 与 z 轴的夹角（图 2.34），即：

$$S = \arccos\left(\frac{\boldsymbol{n}_z \cdot \boldsymbol{n}_P}{|\boldsymbol{n}_z| \cdot |\boldsymbol{n}_P|}\right) \tag{2.7}$$

其中 S 为坡度。

设有曲面函数 $Z = f(x, y)$，则 P 点的切平面方程为

$$f_x(x_P, y_P)(x - x_P) + f_y(x_P, y_P)(y - y_P) - (z - z_P) = 0 \tag{2.8}$$

P 点的法线方程为

$$f_x^{-1}(x_P, y_P)(x - x_P) = f_y^{-1}(x_P, y_P)(y - y_P) = -(z - z_P) \tag{2.9}$$

其方向数为 $n_P = \{f_x(x_P, y_P), f_y(x_P, y_P), -1\}$，而 z 轴的方向数为 $n_z = \{0, 0, -1\}$，于是结合式（2.7）可得：

$$S = \arccos\left(\frac{\boldsymbol{n}_z \cdot \boldsymbol{n}_P}{|\boldsymbol{n}_z| \cdot |\boldsymbol{n}_P|}\right) = \arccos\left(\frac{1}{\sqrt{f_x^2(x_P, y_P) + f_y^2(x_P, y_P) + 1}}\right) \tag{2.10}$$

基于 DEM 进行坡度提取时，一般使用基于 3×3 邻域窗口（也称分析尺度）（图 2.35）的形式，此时坡度可以采用简化的差分公式，即

$$S = \arctan\left(\sqrt{f_x^2 + f_y^2}\right)\times 180 / \pi \qquad (2.11)$$

式中，f_x 为水平方向上的坡度；f_y 为垂直方向上的坡度。f_x 和 f_y 不同的计算方法产生多种不同的坡度计算数学模型。

NW	N	NE
W	P	E
SW	S	SE

图 2.35　3×3 的坡度计算窗口

■ 简单差分模型：

$$f_x = \frac{z_P - z_W}{\text{cellsize}X} \qquad f_y = \frac{z_P - z_S}{\text{cellsize}Y} \qquad (2.12)$$

■ 二阶差分模型：

$$f_x = \frac{z_E - z_W}{2\times\text{cellsize}X} \qquad f_y = \frac{z_N - z_S}{2\times\text{cellsize}Y} \qquad (2.13)$$

■ 边框差分模型：

$$f_x = \frac{z_{SE} - z_{SW} + z_{NE} - z_{NW}}{4\times\text{cellsize}X} \qquad f_y = \frac{z_{NW} - z_{SW} + z_{NE} - z_{SE}}{4\times\text{cellsize}Y} \qquad (2.14)$$

■ 三阶不带权差分模型：

$$f_x = \frac{z_{SE} - z_{SW} + z_E - z_W + z_{NE} - z_{NW}}{6\times\text{cellsize}X}$$

$$f_y = \frac{z_{NW} - z_{SW} + z_N - z_S + z_{NE} - z_{SE}}{6\times\text{cellsize}Y} \qquad (2.15)$$

■ 三阶反距离平均权差分模型：

$$f_x = \frac{z_{SE} - z_{SW} + 2(z_E - z_W) + z_{NE} - z_{NW}}{8\times\text{cellsize}X}$$

$$f_y = \frac{z_{NW} - z_{SW} + 2(z_N - z_S) + z_{NE} - z_{SE}}{8\times\text{cellsize}Y} \qquad (2.16)$$

■ 三阶反距离权差分模型：

$$f_x = \frac{z_{SE} - z_{SW} + \sqrt{2}(z_E - z_W) + z_{NE} - z_{NW}}{\left(4 + 2\sqrt{2}\right)\times\text{cellsize}X}$$

$$f_y = \frac{z_{NW} - z_{SW} + \sqrt{2}(z_N - z_S) + z_{NE} - z_{SE}}{\left(4 + 2\sqrt{2}\right)\times\text{cellsize}Y} \qquad (2.17)$$

式中，$\text{cellsize}X$、$\text{cellsize}Y$ 为 DEM 格网尺寸。

如果对计算得到的坡度再次进行类似式(2.11)的计算，可得到坡度变率，即坡度的坡度。

2) 曲率

地形表面曲率是地形曲面在各个截面方向上的形状、凹凸变化的反映(周启鸣和刘学军, 2006),在垂直和水平两个方向上的分量分别称为平面曲率(κ_{pr})和水平曲率(κ_{pl})(如图2.36所示,绿色曲线为z点的平面曲率,红色曲线为z点的剖面曲率)。

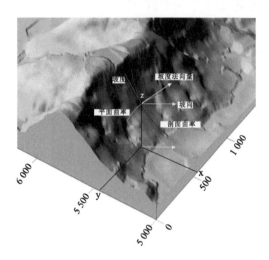

图2.36　表面形态(曲率)

剖面曲率表示垂直平面内采样点位置坡度的变化程度,剖面线为凹形时坡度为负,剖面线为凸形时坡度为正,为0时没有坡度起伏(de Smith et al., 2007)。剖面曲率可用式(2.18)表示:

$$\kappa_{pr} = \frac{\frac{\partial^2 z}{\partial x^2}\left(\frac{\partial z}{\partial x}\right)^2 + 2\frac{\partial^2 z}{\partial x \partial y}\frac{\partial z}{\partial x}\frac{\partial z}{\partial y} + \frac{\partial^2 z}{\partial y^2}\left(\frac{\partial z}{\partial y}\right)^2}{pq^{3/2}} \tag{2.18}$$

式中,$p = \left(\frac{\partial z}{\partial y}\right)^2 + \left(\frac{\partial z}{\partial y}\right)^2$;$q = 1 + p$。

平面曲率表现的是用一个水平面在目标点切过表面时得到的表面形状,本质上是在(x, y)点高度为z的等高线的曲率。平面曲率可用式(2.19)表示:

$$\kappa_{pl} = \frac{\frac{\partial^2 z}{\partial x^2}\left(\frac{\partial z}{\partial x}\right)^2 - 2\frac{\partial^2 z}{\partial x \partial y}\frac{\partial z}{\partial x}\frac{\partial z}{\partial y} + \frac{\partial^2 z}{\partial y^2}\left(\frac{\partial z}{\partial y}\right)^2}{p^{3/2}} \tag{2.19}$$

式中,$p = \left(\frac{\partial z}{\partial y}\right)^2 + \left(\frac{\partial z}{\partial y}\right)^2$。

基于DEM进行曲率提取时,也可以使用基于3×3邻域窗口(图2.35)的形式,x方向和y方向在P点一阶偏导数和二阶偏导数可由式(2.20)估算得到:

$$\begin{cases} \dfrac{\partial z}{\partial x} \approx \dfrac{z_{\mathrm{E}} - z_{\mathrm{W}}}{2 \times \mathrm{cellsize}X} \\[3mm] \dfrac{\partial z}{\partial y} \approx \dfrac{z_{\mathrm{N}} - z_{\mathrm{S}}}{2 \times \mathrm{cellsize}Y} \\[3mm] \dfrac{\partial^2 z}{\partial x^2} \approx \dfrac{z_{\mathrm{E}} - 2z_P + z_{\mathrm{W}}}{\left(\mathrm{cellsize}X\right)^2} \\[3mm] \dfrac{\partial^2 z}{\partial y^2} \approx \dfrac{z_{\mathrm{N}} - 2z_P + z_{\mathrm{S}}}{\left(\mathrm{cellsize}Y\right)^2} \\[3mm] \dfrac{\partial^2 z}{\partial x \partial y} \approx \dfrac{z_{\mathrm{NE}} - z_{\mathrm{NW}} - z_{\mathrm{SE}} + z_{\mathrm{SW}}}{4 \times \left(\mathrm{cellsize}X\right)\left(\mathrm{cellsize}Y\right)} \end{cases} \tag{2.20}$$

3) 地形起伏度

地形起伏度 (k_{s}) 是定量描述地貌形态、划分地貌类型的重要指标。地形表面任意一点的地形起伏度是指在某一确定分析区域内(例如,使用 3×3 分析窗口)中所有地表高程的最高点 $(z_{\max})$ 和最低点 $(z_{\min})$ 的高差。一般可以表示为

$$k_{\mathrm{s}} = z_{\max} - z_{\min} \tag{2.21}$$

从数量上而言,地形起伏度是单位面积内的地形高差,以地形起伏度为指标,可以描述单位区域范围内地形高程变化的范围和强度。地形起伏度计算的关键在于确定某一确定分析区域内的最高和最低高程值,随着分析区域的变化,区域内的高程极值范围无疑会随之发生变化,最终导致该点的地形起伏度发生变化。

4) 地表切割深度

地表切割深度 (k_{c}) 直观反映地表被侵蚀切割的程度,是研究水土流失和地表侵蚀发育状况的重要参考指标。地形表面任一点的地表切割深度是指在某一邻域范围内的平均高程 (z_{mean}) 与该邻域范围内的最小高程 $(z_{\min})$ 的差值。一般表示为

$$k_{\mathrm{c}} = z_{\mathrm{mean}} - z_{\min} \tag{2.22}$$

5) 地表粗糙度

地表粗糙度 (k_{r}) 是反映地表的起伏变化和侵蚀程度的指标,可以定义为地表单元的曲面表面积 (S_{suffer}) 与其在水平面上的投影面积 $(S_{\mathrm{projection}})$ 之比,一般可以表示为

$$k_{\mathrm{r}} = \frac{S_{\mathrm{suffer}}}{S_{\mathrm{projection}}} \tag{2.23}$$

当基于规则格网 DEM 进行地表粗糙度提取时,曲面表面积 (S_{suffer}) 就成为区域内所有格网表面积之和。任意一个规则格网的表面积可以简化为两个空间三角形的面积,对于空间三角形的面积可以使用海伦公式进行计算,即

$$S = \sqrt{P\left(P - a\right)\left(P - b\right)\left(P - c\right)} \tag{2.24}$$

式中：

$$P = (a+b+c)/2$$
$$a = \sqrt{(x_2-x_3)^2 + (y_2-y_3)^2 + (z_2-z_3)^2}$$
$$b = \sqrt{(x_1-x_3)^2 + (y_1-y_3)^2 + (z_1-z_3)^2}$$
$$c = \sqrt{(x_2-x_1)^2 + (y_2-y_1)^2 + (z_2-z_1)^2}$$

而在实际应用时，如果选取的分析尺寸为3×3，也可以采用近似式(2.25)进行计算：

$$k_r = 1/\cos S \tag{2.25}$$

式中，S 为坡度因子。从这个意义上说，地表粗糙度和坡度因子存在极强的相关性。

6）高程变异系数

高程变异系数是描述区域地形的宏观性指标，反映分析区域内地表单元高程变化的指标。当基于规则格网 DEM 进行高程变异系数的提取时，一般以格网单元的高程标准差与平均高程来表示，如式(2.26)所示：

$$k_{cv} = \frac{s}{\bar{z}} \tag{2.26}$$

式中，$s = \sqrt{\dfrac{1}{n-1}\sum\limits_{k=1}^{n}(z_k-\bar{z})^2}$；$\bar{z} = \dfrac{1}{n}\sum\limits_{k=1}^{n}z_k$；$n$ 为分析区域内的格网点数。

2. 地形特征因子的模糊聚类分析

网格模型的地形特征需要在网格范围内分别计算各类地形特征因子，包括局部地形特征因子和宏观地形特征因子。理论上，这些地形特征因子都可以用于网格模型地形特征的描述。但是哪些地形特征因子在描述网格模型的地形特征中起主导作用？哪些地形特征因子和其他地形特征因子描述信息重叠？哪些地形特征因子完全可以由其他特征因子导出？因此，本节定量分析地形特征因子之间的相关关系，选择对描述网格模型的地形特征最具代表、最为有利的地形特征因子。

第一，选择一定的实验样区，分别计算各个实验样区的地形特征因子值；第二，进行量纲分析，消除各个变量中不同量纲、不同数量级对实验结果的影响；第三，利用相关分析法分析各个变量之间的相关程度；第四，利用模糊聚类分析法建立地形特征因子动态谱系图；第五，为选择合适的网格模型地形特征描述因子提供科学的理论依据。

1）实验数据

从全国范围内随机选取了 26 个地区的 30 km×30 km、60 km×60 km、90 km×90 km 三个不同范围的 ASTER GDEM 数据作为实验数据（各实验样区的面积总和为 21.06 km²，约占全国总面积的 2%），并且针对各实验样区建立格网尺寸分别为 30 m、60 m 和 300 m 的多尺度 DEM 数据，最后计算局部地形特征因子，包括最低高程、最高高程、高差、平均坡度、平均坡度变率、平均平面曲率、平均高程曲率(表 2.3)。

表 2.3　实验样区地形特征因子（30 km×30 km）

实验样区	最低高程/m	最高高程/m	平均高程/m	高差/m	平均坡度/(°)	平均坡度变率	平面曲率	剖面曲率
内蒙古东部	395.0000	971.0000	563.5883	576.0000	6.4199	2.7556	0.0542	0.0091
福　　建	221.0000	1204.0000	528.7608	983.0000	12.7286	5.1323	0.0430	0.0097
内蒙古西部	1 176.0000	1461.0000	1320.0454	285.0000	6.9900	3.5774	0.0176	0.0027
广　　西	134.0000	1368.0000	418.2983	1234.0000	15.1453	5.5801	0.0987	0.0246
贵　　州	873.0000	1807.0000	1368.0803	934.0000	15.5347	7.1582	0.0502	0.0134
河　　南	158.0000	1694.0000	459.3567	1 536.0000	12.2060	4.3482	0.0509	0.0104
湖　　北	0.0000	197.0000	23.8810	197.0000	3.1194	2.3750	0.0524	0.0055
江　　苏	0.0000	193.0000	28.2811	193.0000	3.4381	2.5641	0.0712	0.0075
山　　东	214.0000	700.0000	391.8868	486.0000	8.9120	3.4279	0.0546	0.0102
陕　　西	672.0000	1657.0000	1104.6275	985.0000	10.3726	4.1387	0.0223	0.0064
四川南部	2558.0000	5247.0000	4017.7984	2689.0000	28.9116	7.2681	0.0194	0.0084
西　　藏	4355.0000	5382.0000	4629.0494	1027.0000	10.7450	4.1754	0.0319	0.0082
甘　　肃	3118.0000	4908.0000	3783.6248	1790.0000	10.3641	4.4521	0.0416	0.0095
云　　南	1191.0000	3224.0000	2023.8983	2033.0000	21.7697	6.7130	0.0113	0.0037
江　　西	0.0000	1339.0000	252.5060	1339.0000	13.8205	5.3500	0.0603	0.0133
重　　庆	250.0000	990.0000	380.3955	740.0000	7.6068	3.0060	0.0393	0.0057
河　　北	268.0000	1206.0000	594.8847	938.0000	13.2604	5.2756	0.0463	0.0117
黑 龙 江	66.0000	247.0000	184.4195	181.0000	4.2557	2.9030	−0.0889	−0.0119
山　　西	766.0000	1966.0000	1184.6001	1200.0000	14.2798	6.1603	0.0339	0.0082
新疆北部	42.0000	908.0000	366.7406	866.0000	4.4979	2.5991	0.0121	0.0017
新疆南部	4 714.0000	5 534.0000	5112.1320	820.0000	8.3447	4.5168	0.0137	0.0024
浙　　江	8.0000	1058.0000	314.3330	1050.0000	16.8856	5.6433	0.0542	0.0148
四川北部	362.0000	566.0000	430.8719	204.0000	5.5738	3.0430	0.1043	0.0124
湖　　南	278.0000	984.0000	562.6708	706.0000	12.9500	5.4749	0.0619	0.0140
青海北部	4478.0000	5350.0000	4698.6417	872.0000	6.9293	3.3887	0.0169	0.0038
青海南部	3696.0000	4758.0000	4210.7712	1062.0000	15.4741	5.1063	0.0251	0.0076

2) 量纲分析

一般来说，不同的变量都有各自的量纲和数量级单位，为使不同量纲、不同数量级的数据能够放在一起进行比较，通常需要对数据进行量纲分析，以消除不同量纲、不同数量级对结果产生的影响。常用的量纲分析有以下几种。

A. 中心化变换

中心化变换是一种坐标轴平移处理方法，即先求出每个变量的样本平均值，再从原始数据中减去该变量的均值，得到中心化变换后的数据，即

$$x'_{ij} = x_{ij} - \bar{x}_j \quad \left(i = 1, 2, \cdots, n; \ j = 1, 2, \cdots, m; \ \bar{x}_j = \sum_{i=1}^{n} x_{ij} \Big/ n \right) \quad (2.27)$$

式中，m 为变量个数；n 为样本数。

变换后，每列数据之和都为 0，且每列数据的平方和是该列数据方差的 $n-1$ 倍，任何不同两列的数据交叉积是两列协方差的 $n-1$ 倍。这本质上是一种"方差-协方差"变换。

B. 极差规格化变换

规格化变换是从数据矩阵的每一变量中找出其最大值和最小值，两者之差称为极差，然后从每一个原始数据中减去该变量的最小值，再除以极差，即

$$x'_{ij} = \frac{x_{ij} - \min\left(x_{ij}\right)}{\max\left(x_{ij}\right) - \min\left(x_{ij}\right)} \quad \left(0 \leqslant x'_{ij} \leqslant 1\right) \tag{2.28}$$

变换后，每列的最大数据变为 1，最小数据变为 0，其余数据取值在 0～1 之间；并且变换后数据都不再具有量纲，便于不同变量之间的比较。

C. 标准化变换

标准化变换是对变量的数值和量纲进行类似规格化变换的另一种数据处理方法。首先对每个变量进行中心化变换，然后用该变量的标准差使变量标准化，即

$$x'_{ij} = \left(x_{ij} - \bar{x}_j\right)/S_j \quad \left(\bar{x}_j = \frac{1}{n}\sum_{i=1}^{n}x_{ij} \quad S_j = \frac{1}{n}\sum_{i=1}^{n}\left(x_{ij} - \bar{x}_j\right)^2\right) \tag{2.29}$$

变换后，每列数据的平均值为 0，方差为 1；并且变换后数据都不再具有量纲，便于不同变量之间的比较。

D. 对数变换

对数变换是将各个原始数据取对数作为变换后的新值，即

$$x'_{ij} = \lg x_{ij} \quad \left(x_{ij} > 0\right) \tag{2.30}$$

变换后，可以将具有指数特征的数据转化为线性特征的数据。

3）相关分析

根据前文的论述，分别提取各个实验样区的地形特征因子值，并且通过量纲分析消除各地形特征因子值的量纲和数量级的影响，然后对地形特征因子进行相关分析，实验结果如表 2.4、表 2.5 所示。

表 2.4 各地形特征因子相关系数表

相关系数	最低高程	最高高程	平均高程	高差	平均坡度	平均坡度变率	平面曲率	剖面曲率	地表粗糙度	地形起伏度	高程变异系数	地表切割深度
最低高程	1.00											
最高高程	0.88	1.00										
平均高程	0.97	0.96	1.00									
高差	0.20	0.64	0.41	1.00								
平均坡度	0.24	0.50	0.39	0.64	1.00							
平均坡度变率	0.16	0.38	0.28	0.54	0.92	1.00						
平面曲率	−0.29	−0.29	−0.32	−0.11	0.10	0.17	1.00					

相关系数	最低高程	最高高程	平均高程	高差	平均坡度	平均坡度变率	平面曲率	剖面曲率	地表粗糙度	地形起伏度	高程变异系数	地表切割深度
剖面曲率	−0.21	−0.12	−0.19	0.10	0.44	0.50	0.89	1.00				
地表粗糙度	0.25	0.52	0.41	0.67	0.96	0.84	0.02	0.33	1.00			
地形起伏度	0.26	0.52	0.41	0.66	1.00	0.89	0.07	0.40	0.98	1.00		
高程变异系数	−0.50	−0.54	−0.55	−0.30	−0.26	−0.24	0.32	0.18	−0.19	−0.25	1.00	
地表切割深度	0.27	0.53	0.42	0.66	0.99	0.89	0.04	0.36	0.98	1.00	−0.27	1.00

表 2.5　各地形特征因子相关系数的显著性表

相关系数	最低高程	最高高程	平均高程	高差	平均坡度	平均坡度变率	平面曲率	剖面曲率	地表粗糙度	地形起伏度	高程变异系数	地表切割深度
最低高程												
最高高程	0.00											
平均高程	0.00	0.00										
高差	0.07	0.00	0.00									
平均坡度	0.03	0.00	0.00	0.00								
平均坡度变率	0.17	0.00	0.01	0.00	0.00							
平面曲率	0.01	0.01	0.00	0.36	0.37	0.13						
剖面曲率	0.06	0.31	0.10	0.39	0.00	0.00	0.00					
地表粗糙度	0.03	0.00	0.00	0.00	0.00	0.00	0.83	0.00				
地形起伏度	0.02	0.00	0.00	0.00	0.00	0.00	0.54	0.00	0.00			
高程变异系数	0.00	0.00	0.00	0.01	0.02	0.04	0.01	0.12	0.09	0.03		
地表切割深度	0.02	0.00	0.00	0.00	0.00	0.00	0.74	0.00	0.00	0.00	0.02	

从表中可以发现，平均坡度、平均坡度变率、地表粗糙度、地形起伏度和地表切割深度之间高度相关，相关系数达到了 0.80 以上，而且具有显著性意义。平面曲率和剖面曲率之间高度相关，相关系数达到了 0.89，同样具有显著性意义。

4）模糊聚类分析

模糊聚类分析是从模糊集的观点来探讨事物数量分类的方法。利用模糊集理论进行基于模糊等价关系的聚类分析的具体步骤如下。

A．量纲分析

首先对原始数据进行量纲分析，消除原始数据不同量纲、不同数量级对分析结论的影响。

B．计算模糊相似矩阵

设 X 是需要被分类对象的全体，建立 X 上的相似系数 R，$R(i,j)$ 表示 i 与 j 之间的相似程度，当 X 为有限集时，R 是一个矩阵，称为相似矩阵。

$$\boldsymbol{X} = \begin{bmatrix} x_{11} & x_{12} & \cdots & x_{1m} \\ x_{21} & x_{22} & \cdots & x_{2m} \\ \vdots & \vdots & \ddots & \vdots \\ x_{n1} & x_{n2} & \cdots & x_{nm} \end{bmatrix}_{n \times m} \tag{2.31}$$

建立相似矩阵 $\boldsymbol{R}$ 可以采用如下几种方法。

(1) 相关系数法

$$r_{ij} = \frac{\sum\limits_{k=1}^{m} (x_{ik} - \overline{x}_i)(y_{jk} - \overline{y}_j)}{\sqrt{\sum\limits_{k=1}^{m} (x_{ik} - \overline{x}_i)^2} \sqrt{\sum\limits_{k=1}^{m} (x_{jk} - \overline{x}_j)^2}} \qquad (i, j \leqslant n) \tag{2.32}$$

式中，$\overline{x}_i = \dfrac{1}{m}\sum\limits_{k=1}^{m} x_{ik}$；$\overline{x}_j = \dfrac{1}{m}\sum\limits_{k=1}^{m} x_{jk}$。

(2) 最大最小法

$$r_{ij} = \frac{\sum\limits_{k=1}^{m} \min(x_{ik} - x_{jk})}{\sum\limits_{k=1}^{m} \max(x_{ik} - x_{jk})} \qquad (i, j \leqslant n) \tag{2.33}$$

(3) 算数平方最小法

$$r_{ij} = \frac{\sum\limits_{k=1}^{m} \min(x_{ik} - x_{jk})}{\dfrac{1}{2}\sum\limits_{k=1}^{m} (x_{ik} + x_{jk})} \qquad (i, j \leqslant n) \tag{2.34}$$

(4) 几何平均最小法

$$r_{ij} = \frac{\sum\limits_{k=1}^{m} \min(x_{ik} - x_{jk})}{\sum\limits_{k=1}^{m} \sqrt{(x_{ik} x_{jk})}} \qquad (i, j \leqslant n) \tag{2.35}$$

(5) 绝对指数法

$$r_{ij} = \mathrm{e}^{-\sum\limits_{k=1}^{m} |x_{ik} + x_{jk}|} \qquad (i, j \leqslant n) \tag{2.36}$$

(6) 绝对值减数法

$$r_{ij} = \begin{cases} 1, & i = j \\ 1 - \dfrac{\sum\limits_{k=1}^{m} |x_{ik} - x_{jk}|}{c}, & i \neq j \end{cases} \tag{2.37}$$

式中，c 等于 $\sum\limits_{k=1}^{m}\left|x_{ik}-x_{jk}\right|$ 中的最大值。

(7) 夹角余弦法

$$r_{ij}=\frac{\sum\limits_{k=1}^{m}x_{ik}x_{jk}}{\sqrt{\sum\limits_{k=1}^{m}x_{ik}^{2}x_{jk}^{2}}} \qquad (i,j \leqslant n) \tag{2.38}$$

(8) 欧式距离

$$r_{ij}=1-\frac{\sqrt{\sum\limits_{k=1}^{m}\left(x_{ik}-x_{jk}\right)^{2}}}{\max D} \qquad (i,j \leqslant n) \tag{2.39}$$

式中，$\max D$ 等于 $\sqrt{\sum\limits_{k=1}^{m}\left(x_{ik}-x_{jk}\right)^{2}}$ 中的最大值。

5) 聚类分析

使用量纲分析建立的相似关系 $\boldsymbol{R}$，一般只满足反射性和对称性，不满足传递性，因而还不是模糊等价关系(模糊分类关系的三个等价关系是反射性、对称性和传递性)。为此，需要将 $\boldsymbol{R}$ 改造成 $\boldsymbol{R}^{*}$ 后得到聚类图，在适当的阈值上进行截取，便可得到所需要的分类。将 $\boldsymbol{R}$ 改造成 $\boldsymbol{R}^{*}$，可用求传递闭包的方法。

假设 $\boldsymbol{R}^{2}=\left(r_{ij}\right)$，即 $r_{ij}=\bigvee\limits_{k=1}^{n}\left(r_{ik}\wedge r_{kj}\right)$，说明 x_i 与 x_j 是通过第三者 K 作为媒介发生关系，$r_{ik}\wedge r_{kj}$ 表示 x_i 与 x_j 之间的关系密切程度是以 $\min\left(r_{ik},r_{kj}\right)$ 为准则，因 k 是任意的，故从一切 $r_{ik}\wedge r_{kj}$ 中寻求一个使 x_i 与 x_j 关系最密切的通道。$\boldsymbol{R}^m$ 随着 m 的增加，允许连接 x_i 与 x_j 的链边就越多。由于从 x_i 到 x_j 的一切链中，一定存在一个使最大边长达到极小的链，这个边长就是相当于 r_{ij}^{∞}。

在实际中，一般采用如下处理方法：

$$\boldsymbol{R}\rightarrow\boldsymbol{R}^{2}\rightarrow\boldsymbol{R}^{4}\rightarrow\boldsymbol{R}^{8}\rightarrow\cdots\rightarrow\boldsymbol{R}^{2k}$$

即先将 $\boldsymbol{R}$ 自乘改造为 $\boldsymbol{R}^{2}$，再自乘为 $\boldsymbol{R}^{4}$，如此继续自乘，直到出现 $\boldsymbol{R}^{2k}=\boldsymbol{R}^{k}=\boldsymbol{R}^{*}$。此时 $\boldsymbol{R}^{*}$ 满足传递性，模糊相似矩阵 $\boldsymbol{R}$ 就被改造成模糊等价关系矩阵 $\boldsymbol{R}^{*}$（唐启义，2008）。

6) 模糊聚类

对满足传递性的模糊关系 $\boldsymbol{R}^{*}$ 进行聚类处理，给定不同置信水平 λ 时，求 $\boldsymbol{R}^{*}$ 矩阵，找出 $\boldsymbol{R}^{*}$ 的 λ 显示，得到普通分类关系。当 $\lambda=1$ 时，每个变量自成一类，随着 λ 的降低，由细到粗逐渐归并，最后得到模糊聚类的动态谱系图。

根据上述模糊聚类分析方法，首先对各实验样区的地形特征因子值进行量纲分析，建立模糊相似矩阵(表 2.6)，寻找模糊等价矩阵(表 2.7)，最后得到各地形特征值的在不同水平下的联结情况(表2.8)和模糊聚类动态谱系图(图2.37)。

表2.6　地形特征因子值相似系数

相似系数	最低高程	最高高程	平均高程	高差	平均坡度	平均坡度变率	平面曲率	剖面曲率	地表粗糙度	地形起伏度	高程变异系数	地表切割深度
最低高程	1.00											
最高高程	0.91	1.00										
平均高程	0.97	0.97	1.00									
高差	0.59	0.80	0.68	1.00								
平均坡度	0.68	0.83	0.78	0.76	1.00							
平均坡度变率	0.62	0.76	0.70	0.71	0.92	1.00						
平面曲率	0.54	0.65	0.58	0.63	0.67	0.68	1.00					
剖面曲率	0.57	0.61	0.58	0.55	0.64	0.69	0.92	1.00				
地表粗糙度	0.64	0.80	0.75	0.75	0.97	0.84	0.60	0.54	1.00			
地形起伏度	0.67	0.82	0.77	0.75	1.00	0.89	0.65	0.61	0.98	1.00		
高程变异系数	0.62	0.70	0.67	0.60	0.72	0.72	0.47	0.51	0.62	0.69	1.00	
地表切割深度	0.66	0.82	0.77	0.75	0.99	0.89	0.63	0.59	0.98	1.00	0.69	1.00

表2.7　地形特征因子值模糊等价矩阵

相似系数	最低高程	最高高程	平均高程	高差	平均坡度	平均坡度变率	平面曲率	剖面曲率	地表粗糙度	地形起伏度	高程变异系数	地表切割深度
最低高程	1.00											
最高高程	0.97	1.00										
平均高程	0.97	0.97	1.00									
高差	0.80	0.80	0.80	1.00								
平均坡度	0.83	0.83	0.83	0.80	1.00							
平均坡度变率	0.83	0.83	0.83	0.80	0.92	1.00						
平面曲率	0.70	0.70	0.70	0.70	0.70	0.70	1.00					
剖面曲率	0.70	0.70	0.70	0.70	0.70	0.70	0.92	1.00				
地表粗糙度	0.83	0.83	0.83	0.80	0.98	0.92	0.70	0.70	1.00			
地形起伏度	0.83	0.83	0.83	0.80	1.00	0.92	0.70	0.70	0.98	1.00		
高程变异系数	0.73	0.73	0.73	0.73	0.73	0.73	0.70	0.70	0.73	0.73	1.00	
地表切割深度	0.83	0.83	0.83	0.80	1.00	0.92	0.70	0.70	0.98	1.00	0.73	1.00

表2.8　地形特征因子值在不同水平下的联结情况

$I = 5$	$J = 10$	$M_x = 0.9960$
$I = 5$	$J = 12$	$M_x = 0.9960$
$I = 5$	$J = 9$	$M_x = 0.9842$
$I = 1$	$J = 3$	$M_x = 0.9697$
$I = 1$	$J = 2$	$M_x = 0.9662$

续表

$I = 5$	$J = 6$	$M_x = 0.9248$
$I = 7$	$J = 8$	$M_x = 0.9202$
$I = 1$	$J = 5$	$M_x = 0.8280$
$I = 1$	$J = 4$	$M_x = 0.8015$
$I = 1$	$J = 11$	$M_x = 0.7268$
$I = 1$	$J = 7$	$M_x = 0.6997$

其中，序号表示各个地形特征因子，如 1 表示最低高程、2 表示最高高程、……、12 表示地表切割深度等。

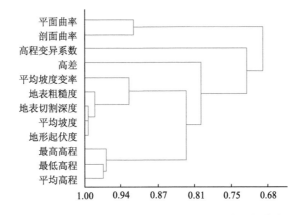

图 2.37　地形特征因子在模糊聚类分析时的动态谱系图

由模糊聚类分析结果可以，当 $\lambda = 0.92$ 时，可以将各个地形特征因子分成 5 类，分别是高程类(包括最低高程、最高高程和平均高程)、坡度类(包括平均坡度、地形起伏度、地表切割深度、地表粗糙度和平均坡度变率)、高差类、高程变异系数类和曲率类(包括平面曲率和剖面曲率)(张锦明，2019)。

上述实验表明，当使用地形特征因子描述推演网格模型的地形特征时，并不是所有的地形特征因子都可以完美地体现地形特征，各个因子之间存在一定程度的重叠，只有选择合适的地形特征因子，研究结果才具有合理性。

描述推演网格模型地形特征时，选择高程类和坡度类的组合时，可以达到有效的实验结果，因此，本书选择平均高程和地形起伏度作为描推演网格模型地形特征的地形特征因子。

2.4　本　章　小　结

本章描述了各类网格的基本概念和特点，归类为控制网格、参考网格、检索网格和要素网格；在网格再认知的基础之上，提出了面向仿真推演的网格模型的体系框架，详细描述了推演网格模型的几何结构、地形特征、属性信息等内容，确定了推演网格模型建模的基本范围和主要内容。

　　本章描述了可以用于推演网格模型的地形特征因子，涉及高程、高差、平均坡度、地形起伏度等，在详细分析各地形特征因子计算方法和特点的基础上，定量分析了地形特征因子之间的相关关系，通过模糊聚类分析法建立地形特征因子动态谱系图，选择了对描述网格模型的地形特征最具代表、最为有利的地形特征因子。

第3章 平面离散网格模型

仿真推演过程中，如果研究区域为局部区域，那么适合采用平面离散网格模型作为它的网格模型。"平面"是笛卡儿平面直角坐标系统，即研究区域经兰伯特投影由球面经纬度坐标转换为平面直角坐标。在平面直角坐标系统中完成离散网格模型的几何剖分、属性建模和可视化表达。

本章首先分析平面离散网格模型的建模流程；然后详细介绍几何剖分和属性建模的基本算法，同时分析平面离散网格模型的投影变形误差和替代误差；最后介绍平面离散网格模型可视化的基本方法和显示效果。

3.1 基本建模流程

网格模型的基本建模流程包括三个阶段，分别是建模分析、几何建模和属性建模，如图 3.1 所示。

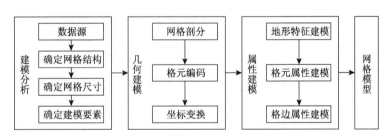

图 3.1 网格模型建模流程图

建模分析是指基于仿真推演的应用需求，选择网格模型的建模参数，包括数据源、网格结构、网格尺寸、参与建模的要素等。根据这些建模参数，分别进行几何建模和属性建模，生成满足仿真推演需求的网格模型。

网格结构包括正三边形、正四边形和正六边形三种类型。根据第 2 章的描述，平面离散网格模型采用正六边形网格，也称为"六角格"。

网格尺寸取决于应用需求和参与建模的空间数据的尺度。参与建模的空间数据的尺度本身存在尺度信息，因此它是网格尺寸确定的主要因素。当网格尺寸小于空间数据所能表达的最小粒度，或者，网格尺寸远大于空间数据所能表达的最小粒度时，选择此时的比例尺将没有任何意义。例如，网格尺寸为 4 km，那么选择 1∶50 000 甚至更大比例尺的地理环境数据就显得小题大作；网格尺寸为 250 m，那么绝对不能选择 1∶250 000 甚至更小比例尺的地理环境数据。

　　几何建模是指网格模型几何结构确定的基础上，确定如何剖分每一网格，也就是网格的组织形式。几何建模是网格模型建模的基础环节，直接影响仿真推演的效率。

　　几何建模涉及的关键技术包括网格剖分算法、格元编码机制、空间定位机制和坐标转换机制。首先，利用网格剖分算法，根据建模范围、网格结构、网格尺寸，几何剖分整个仿真推演区域，计算得到网格模型中所有的格点坐标和格元中心点坐标。其次，高效的格元编码机制，能够满足仿真推演中仿真模型与网格模型的实时交互，并且可以有效地利用有限的存储资源。再次，高精度的空间定位机制有助于仿真推演过程对于空间定位的需求。最后，仿真推演过程中，经常涉及经纬度坐标或者平面直角坐标与格元编码的转换，必然要求网格模型具有高效的坐标转换机制。

　　网格模型的属性包括地形特征、格元属性和格边属性等三部分内容，它们共同组成了网格模型的属性框架，因此，网格模型的属性建模同样划分为相互关联的三个阶段：地形特征建模、格元属性建模、格边属性建模。根据第 2 章的描述，网格模型的地形特征使用平均高程和地形起伏度描述，因此，建模过程中需要基于高程数据完成地形特征的建模。格元属性建模时，首先根据格元的地形特征因子判断格元所在区域的基本地貌类型（例如，平原、山地、丘陵、高原等）（姜春良，1995），然后结合格元内各类面状要素（例如，植被、居民地、水域、土质等）的面积，依据特定的规则计算得到格元属性。这里，格元内各类面状要素的面积的计算，涉及复杂的多边形与多边形的裁剪问题，提出了"栅格矩阵算法"用以提高计算效率。格边属性建模时，对线状要素（例如，河流、海岸线等）的位置进行归边处理，通常将河流、海岸线等影响通行的要素归算到格边，最终得到网格模型的格边属性。

　　值得注意的是，对于大多数网格模型而言，建模过程并非一蹴而就。建模得到网格模型之后，需要适当进行试验性推演，以检验网格模型是否真正满足仿真推演的应用需求。如果不能满足推演需求，那么需要调整网格模型建模参数，重新进行网格模型的建模，直至满足仿真推演的应用需求。这是一个循环迭代的过程！

3.2　几何建模

　　本节深入研究网格模型几何建模的关键技术，涉及网格剖分算法、格元编码机制、空间定位机制和坐标转换机制。

1. 网格剖分算法

　　在平面区域中构建平面离散网格模型的六角格网格，需要明确网格尺寸、网格起始点、网格朝向等要素。如图 3.2 所示，网格尺寸是指六角格的对边距离 H，网格起始点为左下角点，网格朝向为格边朝北（张欣，2014）。

　　平面离散网格模型中的每一个六角格都可以看作一个独立的单元，存储统一编码的属性信息，独立地与仿真模型发生交互。每一个六角格包含格元、格边和格点三个部分，因此，平面离散网格模型的几何建模，本质上就是确定六角格的每一个格点、每一条格边的坐标值，其中格边标识为 A、B、C、D、E、F，格点标识为 1、2、3、4、5、6，如图 3.3 所示。

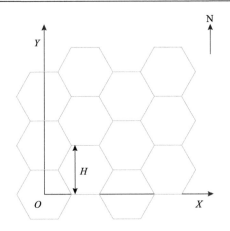
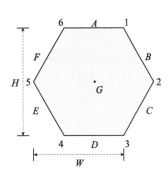

图 3.2　六角网格尺寸、起始点和朝向示意图　　图 3.3　六角格的格边与格点标识

假设平面离散网格模型中的左下点六角格的中心点坐标为 $O(X_0,Y_0)$，网格尺寸为 H，那么网格中第 i 行、第 j 列的六角格的中心点坐标可以通过式 (3.1) 计算得到，六角格的各个格点坐标可以通过式 (3.2) 计算得到。

$$\begin{cases} X_{i,j} = \dfrac{\sqrt{3}}{2}H \cdot (j-1) + X_0 & \\ Y_{i,j} = H \cdot (i-1) + Y_0 & (j\%2 \neq 0) \\ Y_{i,j} = H \cdot (i-1) + Y_0 + \dfrac{H}{2} & (j\%2 = 0) \end{cases} \tag{3.1}$$

根据上述平面六角网格剖分算法，利用网格尺寸、起始点坐标等信息，生成整个六角格网络的所有的格点坐标，从而实现整个平面区域的离散网格模型的网格剖分。

$$\begin{cases} X_1 = X_{i,j} + \dfrac{\sqrt{3}}{6}H & Y_1 = Y_{i,j} + \dfrac{1}{2}H & X_2 = X_{i,j} + \dfrac{\sqrt{3}}{3}H & Y_2 = Y_{i,j} \\ X_3 = X_{i,j} + \dfrac{\sqrt{3}}{6}H & Y_3 = Y_{i,j} - \dfrac{1}{2}H & X_4 = X_{i,j} - \dfrac{\sqrt{3}}{6}H & Y_4 = Y_{i,j} - \dfrac{1}{2}H \\ X_5 = X_{i,j} - \dfrac{\sqrt{3}}{3}H & Y_5 = Y_{i,j} & X_6 = X_{i,j} - \dfrac{\sqrt{3}}{6}H & Y_6 = Y_{i,j} + \dfrac{1}{2}H \end{cases} \tag{3.2}$$

2. 网格编码机制

完成对平面区域的剖分之后，需要设计六角格模型的编码索引机制，实现高效的空间数据索引和仿真模型的空间运算。基于不同的应用需求，比较典型的六角格编码机制包括广义平衡三元组 (generalized balanced ternary，GBT) (Gibson et al.，1982；Sahr et al.，2003)、"隶属图形"结构 (贲进，2005；张永生等，2007；童晓冲，2010)、PYXIS 结构 (Vince and Zheng，2009；Yong and Perry，2003) 等。这些编码机制服务于不同的应用目的，各自有各自的优点和特点。因此，针对仿真推演的特殊应用需求，需要设计能够满足仿真模型对于精度和效率需要的平面离散网格模型的编码索引机制。

　　仿真模型与平面离散网格模型交互的过程中，通常需要六角格编码、地理坐标(经纬度坐标)等多种坐标系之间的相互转换，仿真模型要求快速、有效的空间运算，因此六角格编码需要满足坐标转换和空间运算两个方面的要求。

　　地球表面的空间数据经过投影变换之后，映射到平面直角坐标系中的局部区域，因此使用平面直角坐标系对六角格进行编码，不仅能够实现六角格编码与平面直角坐标的快速转换，而且能够有效地进行距离、面积等空间运算。如图 3.4 所示，基于平面直角坐标系的六角格编码有两种形式，其中图3.4(a)为六角格直接编码，图3.4(b)为六角格间隔编码。

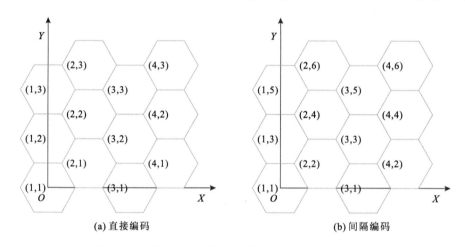

(a) 直接编码　　　　　　　　　　　(b) 间隔编码

图3.4　平面直角坐标系中六角格网两种编码机制示意图

　　相比于间隔编码，直接编码具有更高的存储效率。如果使用二维数组对六角格的属性信息进行管理，直接编码能够节约近一半的计算机存储空间，这对于大区域范围的网格模型而言，具有十分重要的意义。

3. 空间定位机制

　　平面离散网格模型中，点在格元的位置选定为格元的几何中心。本质上是将每个格元看作一个"像素"，格元编码与格元地理空间位置一一对应，定位精度取决于格元的空间分辨率。

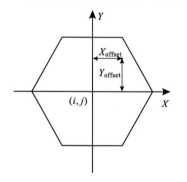

　　这里提出位置偏移法，用于准确描述仿真模型的实际位置。它的基本思路是，在每个六角格中构建局部空间直角坐标系，使用仿真模型所在六角格编码(整型数值)结合相对于该六角格几何中心的偏移量(浮点型数值)，描述仿真模型在整个空间环境的准确位置(张欣，2014)。假设，仿真模型在当前六角格中的位置如图3.5所示，那么它在整个空间环境内的位置可以使用式(3.3)进行描述。

图3.5　六角格中空间定位机制示意图

$$\text{Pos} = \left(I_{\text{hex}}, J_{\text{hex}}\right) + \left(X_{\text{offset}}, Y_{\text{offset}}\right) \tag{3.3}$$

式中，$\left(I_{\mathrm{hex}}, J_{\mathrm{hex}}\right)$ 为网格模型的网格编码；$\left(X_{\mathrm{offset}}, Y_{\mathrm{offset}}\right)$ 为仿真模型相对于六角格几何中心的偏移量。

4. 坐标转换机制

仿真模型通常使用经纬度坐标、网格编码或者其他坐标系统进行定位，仿真推演过程中必然涉及它们之间的坐标转换，因此，坐标转换的效率和精度对于仿真推演的效率和精度具有重要意义。

通常情况下，经纬度坐标与投影平面上六角格编码的相互转换流程如图 3.6 所示。

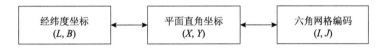

图 3.6　经纬度坐标与六角格编码相互转换流程图（L 为经度，B 为纬度）

根据六角格的几何特性，利用兰伯特等角割圆锥投影得到的直角坐标系统，可以在横向和纵向上分别进行等间隔的划分，据此建立起矩形网格与六角格的对应关系。直角坐标系等间隔划分原理如图 3.7 所示。

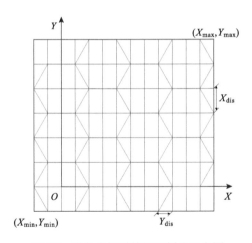

图 3.7　直角坐标系等间隔划分示意图

如图 3.7 所示，$\left(X_{\min}, Y_{\min}\right)$ 为直角坐标系中研究区域的左下角点，$\left(X_{\max}, Y_{\max}\right)$ 为直角坐标系中研究区域的右上角点，O 为直角坐标系的原点，X_{dis} 为 X 方向上间隔距离，Y_{dis} 为 Y 方向上的间隔距离。

经纬度坐标与平面直角坐标的相互转换可以通过兰伯特等角割圆锥正投影算法和逆投影算法实现。由平面直角坐标到网格编码的转换公式如式(3.4)所示。

$$\begin{cases} I_{\text{hex}} = \text{int}\left(\dfrac{\left(X - X_{\min}\right)\big/ X_{\text{dis}} + 1}{3} \right) & \\[2mm] J_{\text{hex}} = \text{int}\left(\dfrac{\left(Y - Y_{\min}\right)\big/ Y_{\text{dis}} + 1}{2} \right) & I_{\text{hex}}\%2 \neq 0 \\[2mm] J_{\text{hex}} = \text{int}\left(\dfrac{\left(Y - Y_{\min}\right)\big/\left(2Y_{\text{dis}}\right) + 1}{2} \right) & I_{\text{hex}}\%2 = 0 \end{cases} \tag{3.4}$$

由网格编码到平面直角坐标的转换公式如式(3.5)所示。

$$\begin{cases} X = X_{\text{dis}} \times \left(3I_{\text{hex}} - 1\right) + X_{\min} & \\ Y = Y_{\text{dis}} \times \left(2J_{\text{hex}} - 1\right) + Y_{\min} & I_{\text{hex}}\%2 \neq 0 \\ Y = Y_{\text{dis}} \times \left(2J_{\text{hex}}\right) + Y_{\min} & I_{\text{hex}}\%2 = 0 \end{cases} \tag{3.5}$$

式(3.4)和式(3.5)中，I_{hex}、J_{hex}分别为网格的横、纵编码；X、Y分别为直角坐标系的横、纵坐标。

为了提高坐标转换效率，这里引入过渡坐标系统，提出了间接坐标转换方法。间接坐标转换方法的基本思路是引入新的网格编码系统，利用特定的算法建立新网格编码系统与经纬度坐标系和旧网格编码系统(即仿真推演系统中使用的网格编码系统)的坐标对应关系，通过其中部分转换参数的预先计算，实现提高转换效率的目标(张欣等，2014)。

图 3.8 描述了利用新网格编码系统进行坐标转换过程中，四种坐标系相互转换的基本流程，其中图 3.8(a)为地理坐标系$\left(L, B\right)$，图 3.8(b)为兰伯特投影平面直角坐标系$\left(X, Y\right)$，图 3.8(c)为新网格编码坐标系$\left(I_{\text{new}}, J_{\text{new}}\right)$，图 3.8(d)为旧网格编码坐标系$\left(I_{\text{hex}}, J_{\text{hex}}\right)$。

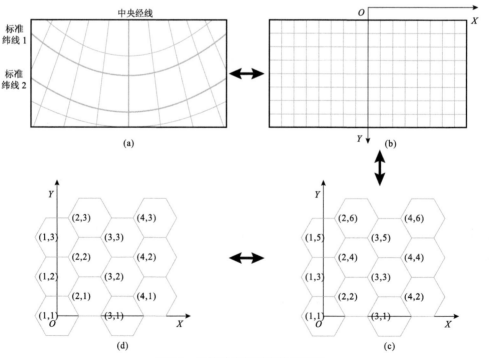

图 3.8　间接法坐标系变换示意图

兰伯特投影变换过程所用的参数可以通过式(3.6)和式(3.7)计算得到。

$$
\begin{cases}
\text{Lamn} = \dfrac{\ln(\sin\alpha) - \ln(\sin\beta)}{\ln\left(\tan\dfrac{\alpha}{2}\right) - \ln\left(\tan\dfrac{\beta}{2}\right)} \\[4mm]
\text{Lamf} = \dfrac{\sin\alpha}{\text{lamn} \times \left(\tan\dfrac{\alpha}{2}\right)^{\text{Lamn}}}
\end{cases}
\tag{3.6}
$$

其中，α、β 为标准纬线 1 和标准纬线 2 的弧度值。

$$
\begin{cases}
F_1 = |\text{Lamf}| \times \left(\tan\dfrac{(90.0 - B) \times \pi}{360.0}\right)^{\text{Lamn}} \\[4mm]
F_2 = |\text{Lamn}| \times \dfrac{(L - L_{\text{center}}) \times \pi}{180.0}
\end{cases}
\tag{3.7}
$$

其中，L、B 为待转换的经纬度坐标；L_{center} 为中央经线。

间接坐标转换法将区域按照一定间隔等分为若干份，并且根据推演区域范围和间隔长度计算得到平面矩形网格到新六角格编码系统的相关转换参数 Fv_1、Fv_2。结合 Fv_1、Fv_2，使用式(3.8)可以得到新六角格编码系统中的位置坐标$(I_{\text{new}}, J_{\text{new}})$。

$$
\begin{cases}
I_{\text{new}} = Fv_1 \times F_1 \times \cos F_2 + (1 - Fv_1) \times Y_{\text{north}} \\
J_{\text{new}} = Fv_1 \times F_1 \times \sin F_2 + Fv_2
\end{cases}
\tag{3.8}
$$

式中，Y_{north} 为研究区域的北部边界的兰伯特投影平面直角的纵坐标。

至此，可以根据图 3.8 中所示的新六角格编码与旧六角格编码的转换过程，利用式(3.9)计算得到新六角格编码$(I_{\text{new}}, J_{\text{new}})$对应的六角格编码$(I_{\text{hex}}, J_{\text{hex}})$。

$$
\begin{cases}
I_{\text{hex}} = \text{int}(I_{\text{new}}) \\
J_{\text{hex}} = \text{int}\left(\dfrac{J_{\text{new}}}{2} + 0.5\right) \\
X_{\text{offset}} = \text{double}(I_{\text{new}} - I_{\text{hex}}) \\
Y_{\text{offset}} = \text{double}(J_{\text{new}} - 2J_{\text{hex}})
\end{cases}
\tag{3.9}
$$

式中，X_{offset} 和 Y_{offset} 为当前位置相对于所在格元的中心点的横向、纵向偏移量。

3.3　地形特征建模

1. 地形特征建模基本流程

根据第 2 章的描述，推演网格模型的地形特征使用平均高程和地形起伏度描述，因此地形特征建模就是基于高程数据的平均高程和地形起伏度的计算(周成军等，2010)。用于平均高程和地形起伏度计算的高程数据通常来源于两种类型的数据：一是以规则网格形式存在的数字高程模型(digital elevation model，DEM)；二是以点、线形式存在的高程点或者等高线数据。

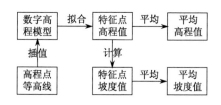

图 3.9　地形特征建模流程

基于高程数据的地形特征建模基本流程如图 3.9 所示。

如果数据源为以点、线形式存在的高程点或者等高线数据，那么需要应用插值算法将高程点和等高线数据插值为数字高程模型，具体插值算法参见本节"2. 数字高程模型插值算法"。

如果数据源为以规则网格形式存在的数字高程模型数据，或者是经过插值计算得到的数字高程模型数据，那么可以直接进行地形特征的建模。

第一，根据推演网格模型的每一个网格的空间区域，确定落入其中的数字高程模型数据；如果没有找到相应的数字高程模型数据，表明数字高程模型的尺度过大，可以扩大搜索区域。

第二，通过曲面拟合算法拟合推演网格模型的每一个网格的高程曲面，同时，为保证高程拟合曲面的连续性，可以外扩网格的空间区域，确保连接处的连续性。

第三，通过高程拟合曲面计算推演网格模型的每一个网格的特征点高程，特征点至少包括网格格点和网格中心点，以六角格为例，它包含七个特征点，如图 3.10 所示的圆形特征点；显然，为保证精度，可以迭代加密特征点，如图 3.10 所示的正方形特征点。

第四，平均计算特征点高程值，作为网格的平均高程值；计算特征点坡度值，作为网格的地形起伏度值。

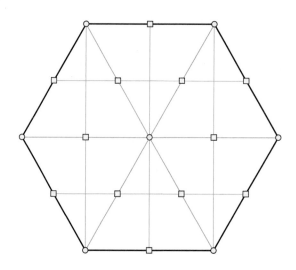

图 3.10　地形特征建模中的特征点

2. 数字高程模型插值算法

DEM 插值是根据已知采样点的高程值估计未知插值点的高程值的过程（卢华兴，2008），其主要目的是缺值估计、等值线内插和离散点数据的格网化（李新等，2000）。

纵观 DEM 插值算法研究的发展历程，反距离加权插值算法、改进谢别德插值算法、径向基函数插值算法、克里格插值算法是常用算法。

1) 反距离加权插值算法

反距离加权插值算法(inverse distance weighted，IDW)最早由气象学家和地质工作者提出(王建等，2004)，是空间数据插值最常见的算法之一。

反距离加权插值算法基于相近相似的原理(卢华兴，2008)，每个采样点都对插值点具有一定的影响，即权重。权重随着采样点和插值点之间距离的增加而减弱，距离插值点越近的采样点的权重越大；当采样点在距离插值点一定的范围以外时，权重可以忽略不计。任一插值点的值是各采样点权重之和(王家华等，1999)，如式(3.10)所示。

$$
\begin{cases}
z_p = \sum_{i=1}^{n} \lambda_i z_i \\
\lambda_i = d_i^{-u} \Big/ \sum_{i=1}^{n} d_i^{-u} \\
\sum_{i=1}^{n} \lambda_i = 1
\end{cases}
\tag{3.10}
$$

式中，z_p 为插值点的高程值；λ_i 为第 i 个点的权重；d_i 为第 i 个采样点到插值点的距离；d^{-u} 为距离衰减函数，幂指数 u 具有随着距离的增加减小其他位置影响的作用(de Smith et al.，2007)。当 $u=0$ 时，距离没有影响；当 $u=1$ 时，距离的影响是线性的；当 $u \gg 1$ 时，快速地减少遥远位置的影响。幂指数 u 通常取值为 1 或 2(Lam，1983)，但是大多数学者认为，幂指数采用 2 将取得更好的实验效果(Declercq，1996)。

反距离加权插值算法的计算易受采样点集群的影响，导致在采样点附近局部出现明显的隆起或凹陷的"牛眼"效应(Johns，1998)。

其次由于距离加权插值算法是一种精确性插值法，因此插值生成的最大值和最小值只会出现在采样点处，直接导致出现山顶高程被降低、山谷高程被抬高的局部细节淹没。

由于反距离加权插值算法的缺点，许多学者提出了反距离加权插值算法的多种改进形式，用以克服上述缺点。

(1)给距离衰减函数增加一个平滑参数：一个微小的距离增量 t，即 $d^* = \sqrt{d_i^2 + t^2}$，这样可能导致是平滑而不是精确插值；

(2)给距离衰减函数增加一个调和参数：基于最远点的距离调整权重值，即

$$
\lambda_i = \frac{\left(\dfrac{R - d_i}{R d_i}\right)^u}{\sum_{i=1}^{n}\left(\dfrac{R - d_i}{R d_i}\right)^u}
\tag{3.11}
$$

(3)使用其他的距离衰减函数，例如高斯函数 $\lambda_i = e^{-(d/m)^2}$。

2) 改进谢别德插值算法

谢别德插值算法(Shepard's method，SPD)由南非地质学家 Shepard 最早提出，本质上

是一种标准的导数距离加权过程(王金玲和张东明,2010),权函数如式(3.12)所示。

$$
w_i = \begin{cases}
\dfrac{1}{d_i} & \left(0 \leqslant d_i < \dfrac{r}{3}\right) \\[3mm]
\dfrac{27}{4r}\left(\dfrac{d_i}{r} - 1\right)^2 & \left(\dfrac{r}{3} \leqslant d_i < r\right) \\[3mm]
0 & (r \leqslant d_i)
\end{cases}
\tag{3.12}
$$

式中, w_i 为权重; d_i 为第 i 点距待插值点的距离; r 为调整距离。

改进谢别德插值算法一般存在以下两种变化形式。

一是基于最远点的距离(在整个数据集中或在给定搜索半径范围内)来调整权重,假设最远距离为 r ,那么修正的距离倒数加权公式如式(3.13)所示。

$$
w_i = \frac{\left(\dfrac{r - d_{ij}}{rd_{ij}}\right)^u}{\displaystyle\sum_{i=1}^{n}\left(\dfrac{r - d_{ij}}{rd_{ij}}\right)^u}
\tag{3.13}
$$

二是使用拟合的局部二次多项式来调整权重,即参与倒数加权函数的高程值并不是原始采样点的高程值,而是使用拟合二次多项式修正的计算高程值,如式(3.14)所示。

$$
z_j = \frac{\displaystyle\sum_{i=1}^{n}\dfrac{Q_i}{d_{ij}^u}}{\displaystyle\sum_{i=1}^{n}\left(\dfrac{1}{d_{ij}}\right)^u}
\tag{3.14}
$$

式中, z_j 为待插点值; $d_{ij} = \sqrt{(x_j - x_i)^2 + (y_j - y_i)^2 + \delta}$ 为插值点至采样点的距离; δ 为平滑因子,当 $\delta = 0$ 时为精确性插值,当 $\delta \neq 0$ 为非精确性插值; Q_i 为二次多项式函数; u 为权指数。

3)径向基函数插值算法

径向基函数插值(radial basis functions,RBF)算法是一系列用于精确插值算子的统称(de Smith et al.,2007)。它来源于 Hardy 的多面函数法,其插值原理是任何一个表面都可以使用多个曲面的线性组合逼近(卢华兴,2008)。多数情况下,径向基函数插值算法与地统计插值算法相似,但是具有不需要分析半变异函数模型的优点,而且不需要有关采样点的任何假设(除了非共线性)。

通常情况下,径向基函数插值算法可以表述为两部分之和(Mitasova and Mitas,1993),即

$$
z_p = \sum_{i=1}^{n}\lambda_i\varphi(d_i) + \sum_{j=1}^{m}a_j f_j(x)
\tag{3.15}
$$

式中，z_p 为插值点的高程值；λ_i 为第 i 个点的权重；d_i 为第 i 个采样点到插值点的距离；$\varphi(d_i)$ 为径向基函数，它代表第 j 个核函数对多层叠加面的贡献；$f_j(x)$ 为"趋势"函数，是次数小于 m 的基本多项式函数，由于 $f_j(x)$ 并不能提高插值的精度，因此在插值过程中不考虑"趋势"函数的影响（de Smith et al.，2007）。径向基函数插值算法的解算过程可以使用矩阵符号表示为如下步骤。

步骤 1　计算源数据中所有 (i,j) 点对的点间距离构成的 $n \times n$ 阶矩阵 $\boldsymbol{D}$；

$$\boldsymbol{D} = \begin{bmatrix} d_{00} & d_{01} & \cdots & d_{0(n-1)} & d_{0n} \\ \vdots & & \ddots & & \vdots \\ d_{n0} & d_{n1} & \cdots & d_{n(n-1)} & d_{nn} \end{bmatrix} \tag{3.16}$$

步骤 2　对 $\boldsymbol{D}$ 中的每个矩阵值应用选择的径向基函数 $\varphi(\ )$，从而产生一个新的矩阵 $\boldsymbol{\Phi}$；

$$\boldsymbol{\Phi} = \begin{bmatrix} \varphi_{00} & \varphi_{01} & \cdots & \varphi_{0(n-1)} & \varphi_{0n} \\ \vdots & & \ddots & & \vdots \\ \varphi_{n0} & \varphi_{n1} & \cdots & \varphi_{n(n-1)} & \varphi_{nn} \end{bmatrix} \tag{3.17}$$

步骤 3　用单位列矢量和单位行矢量增大矩阵 $\boldsymbol{\Phi}$，并且在位置 $(n+1, n+1)$ 处插入零值，称这个增广矩阵为 $\boldsymbol{A}$；

$$\boldsymbol{A} = \begin{bmatrix} \varphi_{00} & \varphi_{01} & \cdots & \varphi_{0(n-1)} & \varphi_{0n} & 1 \\ & & & & & 1 \\ \vdots & & \ddots & & & \vdots \\ & & & & & 1 \\ \varphi_{n0} & \varphi_{n1} & \cdots & \varphi_{n(n-1)} & \varphi_{nn} & 1 \\ 1 & 1 & \cdots & 1 & 1 & 0 \end{bmatrix} \tag{3.18}$$

步骤 4　计算从格网点 p 到用来创建 $\boldsymbol{D}$ 的每个源数据点间的距离构成的列矢量 $\boldsymbol{r}$；

$$\boldsymbol{r} = \begin{bmatrix} d_{p0} \\ \vdots \\ \vdots \\ d_{pn} \end{bmatrix} \tag{3.19}$$

步骤 5　将选择的径向基函数应用于 $\boldsymbol{r}$ 中的每一距离产生一个列矢量 $\boldsymbol{\Gamma}$，然后生成一个 $(n+1)$ 阶的列矢量 $\boldsymbol{C}$，它由 $\boldsymbol{\Gamma}$ 加上元素 1 构成。

$$\boldsymbol{\Gamma} = \begin{bmatrix} \varphi_{p0} \\ \vdots \\ \vdots \\ \varphi_{pn} \end{bmatrix} \qquad \boldsymbol{C} = \begin{bmatrix} \varphi_{p0} \\ \vdots \\ \\ \varphi_{pn} \\ 1 \end{bmatrix} \tag{3.20}$$

步骤 6 计算矩阵积 $b = A^{-1}C$。这样就给出了用于计算 p 点的估计值的 n 个权重。

$$\begin{bmatrix} \boldsymbol{\Phi} & 1 \\ 1 & 0 \end{bmatrix} \begin{bmatrix} \boldsymbol{\lambda} \\ 1 \end{bmatrix} = \begin{bmatrix} \boldsymbol{\Gamma} \\ 1 \end{bmatrix} \tag{3.21}$$

径向基函数插值算法可以选用许多不同的径向基函数(表 3.1)。

表 3.1　常用径向基函数

径向基函数	表达式(d 为采样点和插值点之间的距离； c 为光滑因子)	备　注
多重二次曲面 (multiquadric function，MQF)	$\varphi(d) = \sqrt{d^2 + c^2}$	
倒数多重二次曲面 (inverse multiquadric function，IMQF)	$\varphi(d) = \dfrac{1}{\sqrt{d^2 + c^2}}$	
薄板样条 (thin plate splines function，TPSF)	$\varphi(d) = c^2 d^2 \ln(cd)$	ArcGIS
	$\varphi(d) = (c^2 + d^2)\ln(c^2 + d^2)$	Surfer
多重对数 (multilog function，MLF)	$\varphi(d) = \ln(c^2 + d^2)$	
自然三次样条 (natural cubic splines function，NCSF)	$\varphi(d) = (c^2 + d^2)^{3/2}$	
弹性样条 (tension splines function，TSF)	$\varphi(d) = \ln(cd/2)^2 + I_0(cd) + \gamma$	其中 $I_0(\ )$ 是改进的贝塞尔函数， γ 是欧拉常数
完全规则样条函数 (completely reguarized splines function，CRSF)	$\varphi(d) = \ln(cd/2)^2 + E_1(cd)^2 + \gamma$	其中 $E_1(\ )$ 是指数积分函数， γ 是欧拉常数

表 3.1 中 c 为光滑因子，一般由用户指定。 c 值取决于对插值结果产生重要影响的采样点的数目、高程、空间分布等因素(Rippa，1999)。如何确定 c 没有普遍认可的方法，但也有一些学者提出了各种方法。Hardy (1971) 使用 $c = 0.815d$ ，其中， $d = (1/N)\sum_{i=1}^{N} d_i$ ， d_i 为第 i 个点到其最近邻的距离；Franke (1982) 使用 $D/\sqrt{N}$ 替换 d ，其中 D 是数据集最小外接圆的直径，于是建议使用 $c = 1.25 D/\sqrt{N}$ ；Foley (1987) 做出了和 Franke 类似的建议，不过是使用数据集的最小外接矩形的边长代替最小外接圆的直径；Rippa (1999) 提出使用递归算法寻找使得插值表面全局误差最小的参数 c 的方法；Aguilar 等 (2005) 认为,在 MQF 和 MLF 插值算法中，应当使用接近于零的光滑因子，在 IMQF、NCSF 和 TPSF 插值算法则应当使

用非常大的光滑因子，因为在 IMQF、NCSF 和 TPSF 插值算法中，如果使用较小的光滑因子，那么将产生一个显著的数值不稳定性。

径向基函数插值算法作为一种精确的插值方法，不同于局部多项式插值法。局部多项式插值法作为一种非精确的插值法，并不要求表面经过所有的采样点。径向基函数插值算法和同为精确插值算法的反距离加权插值算法的不同之处在于，反距离加权插值算法不能计算出高于或者低于采样点的插值点的值，而径向基函数插值算法则可以计算出高于或低于采样点的插值点的值。

4) 克里格插值算法

克里格插值算法也称为局部估计或空间局部插值，是地统计学的两大主要内容之一(张景雄，2008)。地统计学源于 20 世纪 50 年代 Krige 在地质和采矿业方面的工作，1963 年法国学者 Matheron 出版了专著《应用地质统计学》，提出了区域化变量理论，并且给出了地统计学概念：以区域化变量理论为基础，以变异函数为主要工具，研究在空间分布上既有随机性又有结构性的自然现象的科学(侯景儒，1998)。

A. 区域化变量

区域化变量是以空间采样点 x 的三维直角坐标 (x_u, x_v, x_w) 为自变量的随机场函数 $Z(x_u, x_v, x_w) = Z(x)$，当对其进行一次观测后，就得到随机场函数 $Z(x)$ 的一个具体实现 $z(x)$。在空间的每一个点取某一确定的数值后，当由一个点移动到下一个点数时，函数实现值 $z(x)$ 是变化的。

区域化变量具有随机性和结构性的双重特征。随机性是指区域化变量在具体实现时表现出一定的不规则特征；结构性是指区域化变量在不同的空间方位具有某种程度的空间自相关性。

地形表面作为一个连续的随机场表面，符合区域化变量的双重特征，因此以区域化变量理论为基础的"地统计学"在地形建模、空间分析等方面的应用方兴未艾。

B. 半变异函数

半变异函数是一种空间变量相关性的定量化描述模型，当空间采样点在一维轴 x 上变化时，区域化变量在 x 和 $x+h$ 处的值为 $z(x)$ 和 $z(x+h)$，两者之差方差的一半定义为区域化变量在 x 轴方向上的半变异函数，记为 $\gamma(x,h)$。

$$
\begin{aligned}
\gamma(x,h) &= \frac{1}{2} \mathrm{var}\big[Z(x) - Z(x+h)\big] \\
&= \frac{1}{2} E\big[Z(x) - Z(x+h)\big]^2 - \frac{1}{2}\big\{E\big[Z(x)\big] - E\big[Z(x+h)\big]\big\}
\end{aligned}
\tag{3.22}
$$

在二阶平稳假设下，有

$$
E\big[Z(x)\big] = E\big[Z(x+h)\big] = m
\tag{3.23}
$$

那么，$\gamma(x,h)$ 可以改写成

$$\gamma(x,h) = \frac{1}{2}E\big[Z(x) - Z(x+h)\big]^2 \tag{3.24}$$

从上式可知，半变异函数依赖于两个自变量 x 和 h，当半变异函数 $\gamma(x,h)$ 与位置 x 无关时，它仅仅依赖于分隔两采样点之间的距离，那么 $\gamma(x,h)$ 可以改写成 $\gamma(h)$，即：

$$\gamma(h) = \frac{1}{2}E\big[Z(x) - Z(x+h)\big]^2 \tag{3.25}$$

通常情况下，半变异函数值随着采样点间距的增加而增大，并在到达某一间距值后趋于稳定(图 3.11)，半变异函数具有三个重要的参数，分别是块金值(nugget)、基台值(sill)和变程(range)，它们表示区域化变量在一定尺度上的空间变异性和相关性。

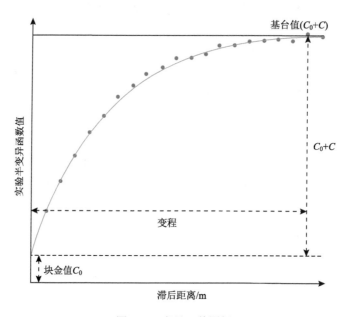

图 3.11　变异函数图解

块金值：根据半变异函数的定义，理论上当 $h=0$ 时，半变异函数应等于 0。但是由于取样误差等原因，即使两个采样点之间距离 h 很小，其变量依然存在着差异，表示区域化变量在小于观测尺度时的非连续性变异。

基台值：表示半变异函数随着间距递增到一定程度时出现的平稳值，$(C_0 + C)$ 即为基台值。C 称为结构方差(或拱高)，在数值上等于基台值与块金值之间的差值，代表由于样本数据中存在空间相关性而引起的方差变化的范围。

变程：表示半变异函数达到基台值时的距离，反映了空间采样点的自相关距离尺度。在变程距离之内，空间上越近的点之间的相关性越大，当 h 大于变程时，空间采样点之间不具备自相关性，除非半变异函数具有周期性变化特征。更为重要的是，变程表示了空间插值的极限距离，选择在变程范围内的采样点参与插值才具有意义(张仁铎，2005)。

在实际插值估计中，由于空间采样点是离散的，无法获取半变异函数 $\gamma(h)$ 的理论值，所以需要通过实验方法获得实验半变异函数值 $\gamma^*(h)$：

$$\gamma^*(h) = \frac{1}{2N(h)} \sum_{i=1}^{N} \left[z(x_i) - z(x_i + h) \right]^2 \tag{3.26}$$

式中，$N(h)$ 是近似地相隔 h 的采样点对的数目。

然后根据实验半变异函数值选择合适的理论半变异函数模型，并且拟合半变异函数模型的基本参数。

理论半变异函数模型包括以下几种简单的模型。

线性模型（LINE）：

$$\gamma(h) = \begin{cases} C_0 & h = 0 \\ C_0 + \dfrac{C}{a} h & 0 < h \leqslant a \\ C_0 + C & h > a \end{cases} \tag{3.27}$$

球形模型（SPHERE）：

$$\gamma(h) = \begin{cases} C_0 & h = 0 \\ C_0 + C\left(\dfrac{3}{2}\dfrac{h}{a} - \dfrac{1}{2}\dfrac{h^3}{a^3} \right) & 0 < h \leqslant a \\ C_0 + C & h > a \end{cases} \tag{3.28}$$

当 $C_0 = 0$、$C = 1$ 时，称为标准球形模型。

指数模型（EXP）：

$$\gamma(h) = \begin{cases} 0 & h = 0 \\ C + C\left(1 - e^{-h/a}\right) & h > 0 \end{cases} \tag{3.29}$$

当 $C_0 = 0$、$C = 1$ 时，称为标准指数模型。

高斯模型（GAUSS）：

$$\gamma(h) = \begin{cases} 0 & h = 0 \\ C + C\left(1 - e^{-h^2/a^2}\right) & h > 0 \end{cases} \tag{3.30}$$

当 $C_0 = 0$、$C = 1$ 时，称为标准高斯模型。

C. 普通克里格插值算法

克里格插值算法包括简单克里格、普通克里格、通用克里格、指标克里格、概率克里格、分离克里格、分层克里格、联合克里格、因子克里格等 20 多种不同的变形形式（de Smith et al.，2007），但是所有的克里格插值算法都是基于式（3.31）的微小变异。

$$\hat{Z}(x_0) - m = \sum_{i=1}^{n} \lambda_i \left[Z(x_i) - m(x_0) \right] \tag{3.31}$$

式中，m 为整个区域内所有采样数据的均值；λ_i 是克里格权重；n 是以 x_0 为中心的指定搜索区域内的参与克里格插值的采样点个数；$m(x_0)$ 是指定搜索区域内的采样点均值。

当 m 为已知参数时，克里格插值称为简单克里格插值；当 m 为未知参数时，克里格插值称为普通克里格插值。

从式 (3.31) 可以看出，克里格插值计算的关键在于求解克里格权重 λ_i，而且权重 λ_i 必须满足无偏条件且使估计方差最小。

其中无偏条件的数学表达式为

$$\sum_{i=1}^{n} \lambda_i = 1 \tag{3.32}$$

估计方差表示为

$$\begin{aligned}
\operatorname{var}\left[\hat{Z}(x_0)\right] &= E\left[\left\{\hat{Z}(x_0) - Z(x_0)\right\}^2\right] \\
&= E\left[\left(\hat{Z}(x_0)\right)^2 + \left(Z(x_0)\right)^2 - 2\hat{Z}(x_0)Z(x_0)\right] \\
&= \sum_{i=1}^{n}\sum_{j=1}^{n} \lambda_i \lambda_j C(x_i - x_j) + C(x_0 - x_0) - 2\sum_{i=1}^{n} \lambda C(x_i - x_0)
\end{aligned} \tag{3.33}$$

其中 $C(x_i - x_j) = \operatorname{Cov}\left[Z(x_i) - Z(x_j)\right]$ 为协方差函数，协方差函数和变异函数之间具有如下关系：

$$\gamma(h) = C(0) - C(h) \tag{3.34}$$

其中，$C(0)$ 为区域化变量的 $Z(x)$ 的方差。

欲使估计方差在无偏条件下最小，这是一个求解条件极值的问题，可以采用标准拉格朗日乘数法。依据拉格朗日原理构造函数 F，即

$$F = \operatorname{var}\left[\hat{Z}(x_0)\right] - 2\mu\left(\sum_{i=1}^{n} \lambda_i - 1\right) \tag{3.35}$$

其中 μ 为拉格朗日乘数法。

分别对 F 求 λ_i 和 μ 的偏导，可得

$$\begin{cases}
\dfrac{\partial F}{\partial \lambda_i} = 2\sum_{j=1}^{n} \lambda_j C(x_i - x_j) - 2C(x_i - x_0) - 2\mu = 0 \\
\dfrac{\partial F}{\partial \mu} = -2\left(\sum_{i=1}^{n} \lambda_i - 1\right) = 0
\end{cases} \tag{3.36}$$

式 (3.36) 是一个 $n+1$ 阶线性方程组，有 n 个未知数 λ_i 和一个未知数 μ。因此可以建立 $n+1$ 维线性方程组，即

$$\begin{bmatrix}
C(x_1 - x_1) & C(x_1 - x_2) & \cdots & C(x_1 - x_n) & 1 \\
C(x_2 - x_1) & C(x_2 - x_2) & \cdots & C(x_2 - x_n) & 1 \\
\vdots & \vdots & & \vdots & \vdots \\
C(x_n - x_1) & C(x_n - x_2) & \cdots & C(x_n - x_n) & 1 \\
1 & 1 & \cdots & 1 & 0
\end{bmatrix}
\begin{bmatrix}
\lambda_1 \\
\lambda_2 \\
\vdots \\
\lambda_n \\
-\mu
\end{bmatrix}
=
\begin{bmatrix}
C(x_1 - x_0) \\
C(x_2 - x_0) \\
\vdots \\
C(x_n - x_0) \\
1
\end{bmatrix} \tag{3.37}$$

将已知采样点数据代入式 (3.37) 即可解得 λ_i。

3. 地形特征建模方法

根据"1. 地形特征建模基本流程"的描述，计算每一个网格的地形特征信息的关键在于，如何基于数字高程模型数据计算得到相应网格的特征点的高程值和坡度值，然后平均计算特征点的高程值和坡度值，用作整个网格的平均高程值和地形起伏度值。考虑到平均高程值和地形起伏度值的计算方法相近，这里以平均高程为例，阐述网格模型的地形特征建模算法。

数字高程模型数据为离散高程数据，它根据一定的网格间距，分别沿着横、纵方向采集相应的高程值，因此数字高程模型是地形的离散表达方式。基于数字高程模型数据计算推演网格模型的每一个网格的特征点高程，类似于未知点高程的估计过程，它可以采用数字高程模型的插值算法。但是，更加常用的方法是通过曲面拟合算法拟合特征点所在区域的高程曲面，然后通过曲面计算特征点的高程值。

常用的曲面拟合算法包括双线性多项式、二元样条函数等。

数字高程模型网格点和待拟合点关系如图 3.12 所示，其中，点 P 为待拟合点，点 0、1、2、…、15 为数字高程模型网格点。如果使用点 0、1、2、3 拟合点 P 的高程值，那么可以采用双线性多项式方法，如果使用点 0、1、2、…、15 拟合点 P 的高程值，那么可以采用二元样条函数方法。

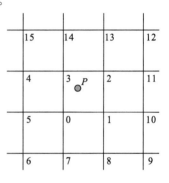

图 3.12　数字高程模型网格点
与拟合点关系图解

1）双线性多项式拟合

双线性多项式拟合是使用最靠近待拟合点的四个采样点组成一个四边形，进而确定双线性多项式函数来确定待拟合点的高程。

假设确定的双线性多项式函数形式为

$$z = a_0 + a_1 x + a_2 y + a_3 xy \tag{3.38}$$

参数 a_0、a_1、a_2、a_3 可以根据最靠近待拟合点的四个采样点 $P_1(x_1, y_1, z_1)$、$P_2(x_2, y_2, z_2)$、$P_3(x_3, y_3, z_3)$、$P_4(x_4, y_4, z_4)$ 计算得到，即

$$\begin{cases} z_1 = a_0 + a_1 x_1 + a_2 y_1 + a_3 x_1 y_1 \\ z_2 = a_0 + a_1 x_2 + a_2 y_2 + a_3 x_2 y_2 \\ z_3 = a_0 + a_1 x_3 + a_2 y_3 + a_3 x_3 y_3 \\ z_4 = a_0 + a_1 x_4 + a_2 y_4 + a_3 x_4 y_4 \end{cases} \tag{3.39}$$

使用矩阵表示为

$$\begin{bmatrix} z_1 \\ z_2 \\ z_3 \\ z_4 \end{bmatrix} = \begin{bmatrix} 1 & x_1 & y_1 & x_1 y_1 \\ 1 & x_2 & y_2 & x_2 y_2 \\ 1 & x_3 & y_3 & x_3 y_3 \\ 1 & x_4 & y_4 & x_4 y_4 \end{bmatrix} \begin{bmatrix} a_0 \\ a_1 \\ a_2 \\ a_3 \end{bmatrix} \tag{3.40}$$

解之得

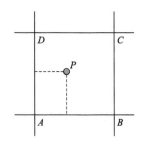

$$\begin{bmatrix} a_0 \\ a_1 \\ a_2 \\ a_3 \end{bmatrix} = \begin{bmatrix} 1 & x_1 & y_1 & x_1y_1 \\ 1 & x_2 & y_2 & x_2y_2 \\ 1 & x_3 & y_3 & x_3y_3 \\ 1 & x_4 & y_4 & x_4y_4 \end{bmatrix}^{-1} \begin{bmatrix} z_1 \\ z_2 \\ z_3 \\ z_4 \end{bmatrix} \tag{3.41}$$

如果数据采样点呈正方形网格分布，那么四个采样点 (A,B,C,D) 组成一个正方形，P 是其中内部任一点 (图 3.13)，那么可以直接使用式 (3.42) 进行计算。

图 3.13　双线性内插示意图

$$z_P = \left(1-\overline{x}_P\right)\left(1-\overline{y}_P\right)z_A + \overline{x}_P\left(1-\overline{y}_P\right)z_B + \overline{x}_P\overline{y}_P z_C + \left(1-\overline{x}_P\right)\overline{y}_P z_D \tag{3.42}$$

其中：

$$\begin{cases} \overline{x}_P = \left(x_P - x_A\right)/d \\ \overline{y}_P = \left(y_P - y_A\right)/d \end{cases} \tag{3.43}$$

式中，d 为正方形网格的边长。

双线性多项式函数中有四个未知数，因此需要四个已知网格点。双线性多项式函数物理意义明确，计算简单，是基于规则网格 DEM 拟合和应用的常用方法。

2) 二元样条曲面函数

二元样条曲面函数，是指将一张具有弹性的薄板压定在各个采样点上，而其他的地方自由弯曲。从数学上讲，它是一个分段的低次多项式，多项式的次数一般不超过三阶。通过样条函数，可以获取在各个采样点上具有最小曲率的拟合曲面。二元样条函数首先对采样区域进行分块，对每一块用一个多项式进行拟合，为保证各个分片之间的平滑过渡，按照弹性力学条件设立分片之间的连续性条件，即公共边界上的导数连续 (柯正谊等，1993)。虽然样条函数适合于任意形状的分块单元，但一般还是将其应用在规则网格分布的采样数据中。这里仍然以规则网格 DEM 数据为例进行说明。

假设二元满项多项式的最高次数为 3，那么多项式函数可以表示为

$$z = f(x,y) = \sum_{i=0}^{3}\sum_{j=0}^{3} c_{ij}x^i y^j \tag{3.44}$$

二元三次满项多项式是两个一元三次多项式的直积，因此，式 (3.44) 可以表示为矩阵形式

$$\boldsymbol{Z} = \boldsymbol{X}\boldsymbol{C}\boldsymbol{Y}^T \tag{3.45}$$

其中：

$$\boldsymbol{X} = \begin{bmatrix} 1 \\ x \\ x^2 \\ x^3 \end{bmatrix}^T, \quad \boldsymbol{C} = \begin{bmatrix} c_{00} & c_{01} & c_{02} & c_{03} \\ c_{10} & c_{11} & c_{12} & c_{13} \\ c_{20} & c_{21} & c_{22} & c_{23} \\ c_{20} & c_{31} & c_{32} & c_{33} \end{bmatrix}, \quad \boldsymbol{Y} = \begin{bmatrix} 1 \\ y \\ y^2 \\ y^3 \end{bmatrix}^T$$

二元三次满项多项式又称双三次多项式，在每个分片上展铺一张双三次多项式逼近曲面，并根据弹性材料的力学条件，将各相邻分片进行连续和光滑拼接，这些力学条件如下。

（1）相邻分片拼接处在 X 和 Y 轴方向的斜率（R、S）都应保持连续；

（2）相邻分片拼接处的扭矩（T）连续。

拼接后整个分片的逼近曲面，称为二元三次样条函数曲面。

双三次多项式有 16 个系数，必须列出 16 个线性方程（即需要 16 个已知点），才能够确定它们的数值，每个分片有四个参考点，可以建立四个线性方程，其余 12 个线性方程根据上述力学条件建立。

假设 16 个已知点的分布如图 3.12 所示。如果对 0、1、2、3 四个网格点坐标采用归一化处理，那么它们的坐标分别为

$$0\ (0,\ 0,\ z_0),$$
$$1\ (1,\ 0,\ z_1),$$
$$2\ (1,\ 1,\ z_2),$$
$$3\ (0,\ 1,\ z_3)。$$

代入式（3.44），解之得

$$
\begin{cases}
z_0 = c_{00} \\
z_1 = c_{00} + c_{10} + c_{20} + c_{30} \\
z_2 = c_{00} + c_{01} + c_{02} + c_{03} \\
\quad\ + c_{10} + c_{11} + c_{12} + c_{13} \\
\quad\ + c_{20} + c_{21} + c_{22} + c_{23} \\
\quad\ + c_{30} + c_{31} + c_{32} + c_{33} \\
z_3 = c_{00} + c_{01} + c_{02} + c_{03}
\end{cases}
\tag{3.46}
$$

在根据力学条件建立的 12 个线性方程中，R、S、T 分别是：

$$
\begin{cases}
R = \dfrac{\partial z}{\partial x} \\[2mm]
T = \dfrac{\partial z}{\partial y} \\[2mm]
S = \dfrac{\partial^2 z}{\partial x \partial y}
\end{cases}
\tag{3.47}
$$

可以使用不同的方法求得分片四个角点的斜率、扭矩，较为简单的方法是使用差商代替导数。那么在分片四个角点处的斜率、扭矩分别是：

$$
\begin{cases}
R_0 = \dfrac{\partial z}{\partial x}\Big|_0 = \dfrac{z_1 - z_5}{2} \\[2mm]
S_0 = \dfrac{\partial z}{\partial y}\Big|_0 = \dfrac{z_3 - z_7}{2} \\[2mm]
T_0 = \dfrac{\partial^2 z}{\partial x \partial y}\Big|_0 = \dfrac{(z_6 + z_2) - (z_4 + z_8)}{4}
\end{cases}
\tag{3.48}
$$

$$\begin{cases} R_1 = \dfrac{\partial z}{\partial x}\bigg|_1 = \dfrac{z_{10} - z_0}{2} \\[3mm] S_1 = \dfrac{\partial z}{\partial y}\bigg|_1 = \dfrac{z_2 - z_8}{2} \\[3mm] T_1 = \dfrac{\partial^2 z}{\partial x \partial y}\bigg|_1 = \dfrac{(z_7 + z_1) - (z_3 + z_9)}{4} \end{cases} \tag{3.49}$$

$$\begin{cases} R_2 = \dfrac{\partial z}{\partial x}\bigg|_2 = \dfrac{z_{11} - z_3}{2} \\[3mm] S_2 = \dfrac{\partial z}{\partial y}\bigg|_2 = \dfrac{z_{13} - z_1}{2} \\[3mm] T_2 = \dfrac{\partial^2 z}{\partial x \partial y}\bigg|_2 = \dfrac{(z_{14} + z_{10}) - (z_{12} + z_0)}{4} \end{cases} \tag{3.50}$$

$$\begin{cases} R_3 = \dfrac{\partial z}{\partial x}\bigg|_3 = \dfrac{z_2 - z_4}{2} \\[3mm] S_3 = \dfrac{\partial z}{\partial y}\bigg|_3 = \dfrac{z_{14} - z_0}{2} \\[3mm] T_3 = \dfrac{\partial^2 z}{\partial x \partial y}\bigg|_3 = \dfrac{(z_{13} + z_5) - (z_{15} + z_1)}{4} \end{cases} \tag{3.51}$$

这样根据分片四个角点的高程和斜率以及扭矩，可以组成一 4×4 的常数矩阵 $\boldsymbol{A}$，即：

$$\boldsymbol{A} = \begin{bmatrix} z_0 & S_0 & z_3 & S_3 \\ R_0 & T_0 & R_3 & T_3 \\ z_1 & S_1 & z_2 & S_2 \\ R_1 & T_1 & R_2 & T_2 \end{bmatrix} \tag{3.52}$$

如果二元三次满项多项式以矩阵的形式表示：

$$\boldsymbol{Z} = \boldsymbol{X}\boldsymbol{C}\boldsymbol{Y}^{\mathrm{T}}$$

共同考虑斜率和扭矩的定义，则：

$$\begin{cases} R = \dfrac{\partial z}{\partial x} = \begin{pmatrix} 0 & 1 & 2x & 3x^2 \end{pmatrix} \boldsymbol{C} \begin{pmatrix} 1 & y & y^2 & y^3 \end{pmatrix}^{\mathrm{T}} \\[3mm] S = \dfrac{\partial z}{\partial y} = \begin{pmatrix} 1 & x & x^2 & x^3 \end{pmatrix} \boldsymbol{C} \begin{pmatrix} 0 & 1 & 2y & 3y^2 \end{pmatrix}^{\mathrm{T}} \\[3mm] T = \dfrac{\partial^2 z}{\partial x \partial y} = \begin{pmatrix} 0 & 1 & 2x & 3x^2 \end{pmatrix} \boldsymbol{C} \begin{pmatrix} 0 & 1 & 2y & 3y^2 \end{pmatrix}^{\mathrm{T}} \end{cases} \tag{3.53}$$

分别代入分片四个角点的归一化坐标以及本身，则：

$$\begin{cases} z_0 = (1 \quad 0 \quad 0 \quad 0)\boldsymbol{C}(1 \quad 0 \quad 0 \quad 0)^{\mathrm{T}} \\ R_0 = (0 \quad 1 \quad 0 \quad 0)\boldsymbol{C}(1 \quad 0 \quad 0 \quad 0)^{\mathrm{T}} \\ S_0 = (1 \quad 0 \quad 0 \quad 0)\boldsymbol{C}(0 \quad 1 \quad 0 \quad 0)^{\mathrm{T}} \\ T_0 = (0 \quad 1 \quad 0 \quad 0)\boldsymbol{C}(0 \quad 1 \quad 0 \quad 0)^{\mathrm{T}} \end{cases} \tag{3.54}$$

$$\begin{cases} z_1 = (1 \quad 1 \quad 1 \quad 1)\boldsymbol{C}(1 \quad 0 \quad 0 \quad 0)^{\mathrm{T}} \\ R_1 = (0 \quad 1 \quad 2 \quad 3)\boldsymbol{C}(1 \quad 0 \quad 0 \quad 0)^{\mathrm{T}} \\ S_1 = (1 \quad 1 \quad 1 \quad 1)\boldsymbol{C}(0 \quad 1 \quad 0 \quad 0)^{\mathrm{T}} \\ T_1 = (0 \quad 1 \quad 2 \quad 3)\boldsymbol{C}(0 \quad 1 \quad 0 \quad 0)^{\mathrm{T}} \end{cases} \tag{3.55}$$

$$\begin{cases} z_2 = (1 \quad 1 \quad 1 \quad 1)\boldsymbol{C}(1 \quad 1 \quad 1 \quad 1)^{\mathrm{T}} \\ R_2 = (0 \quad 1 \quad 2 \quad 3)\boldsymbol{C}(1 \quad 1 \quad 1 \quad 1)^{\mathrm{T}} \\ S_2 = (1 \quad 1 \quad 1 \quad 1)\boldsymbol{C}(0 \quad 1 \quad 2 \quad 3)^{\mathrm{T}} \\ T_2 = (0 \quad 1 \quad 2 \quad 3)\boldsymbol{C}(0 \quad 1 \quad 2 \quad 3)^{\mathrm{T}} \end{cases} \tag{3.56}$$

$$\begin{cases} z_3 = (1 \quad 0 \quad 0 \quad 0)\boldsymbol{C}(1 \quad 1 \quad 1 \quad 1)^{\mathrm{T}} \\ R_3 = (0 \quad 1 \quad 0 \quad 0)\boldsymbol{C}(1 \quad 1 \quad 1 \quad 1)^{\mathrm{T}} \\ S_3 = (1 \quad 0 \quad 0 \quad 0)\boldsymbol{C}(0 \quad 1 \quad 2 \quad 3)^{\mathrm{T}} \\ T_3 = (0 \quad 1 \quad 0 \quad 0)\boldsymbol{C}(0 \quad 1 \quad 2 \quad 3)^{\mathrm{T}} \end{cases} \tag{3.57}$$

分别将 z_0、z_1、z_2、z_3、R_0、R_1、R_2、R_3、S_0、S_1、S_2、S_3、T_0、T_1、T_2、T_3 代入，即可得到 $\boldsymbol{A}$，相当于 $\boldsymbol{A} = \boldsymbol{X}\boldsymbol{C}\boldsymbol{Y}^{\mathrm{T}}$。根据矩阵的乘法可知，矩阵 $\boldsymbol{A}$ 中的某一个元素 a_{ij} 等于 $\boldsymbol{X}$ 矩阵中的第 i 行右乘 $\boldsymbol{C}$，在右乘 $\boldsymbol{Y}$ 矩阵中的第 j 列，因此，详细分析上式式子，可以得到：

$$\boldsymbol{X} = \begin{bmatrix} 1 & 0 & 0 & 0 \\ 0 & 1 & 0 & 0 \\ 1 & 1 & 1 & 1 \\ 0 & 1 & 2 & 3 \end{bmatrix}, \quad \boldsymbol{Y} = \begin{bmatrix} 1 & 0 & 1 & 0 \\ 0 & 1 & 1 & 1 \\ 0 & 0 & 1 & 2 \\ 0 & 0 & 1 & 3 \end{bmatrix} = \boldsymbol{X}^{\mathrm{T}} \tag{3.58}$$

即：

$$\boldsymbol{A} = \boldsymbol{X}\boldsymbol{C}\boldsymbol{Y}^{\mathrm{T}}$$

解之，得：$\boldsymbol{C} = \boldsymbol{X}^{-1}\boldsymbol{A}\left(\boldsymbol{Y}^{-1}\right)^{\mathrm{T}}$

其中：

$$\boldsymbol{X}^{-1} = \boldsymbol{Y}^{-1} = \begin{bmatrix} 1 & 0 & 0 & 0 \\ 0 & 1 & 0 & 0 \\ -3 & -2 & 3 & -1 \\ 2 & 1 & -2 & 1 \end{bmatrix} \tag{3.59}$$

这样，就可以得到二元三次满项多项式的 16 个参数 c_{ij}，代入待拟合点的 (x, y) 坐标，即可得到待拟合点的高程值。

3.4　格元属性建模

推演网格模型的格元属性可以分为占位型格元和指示型格元。

占位型格元是指占据网格区域内容的主要属性，它通常占据一定的空间范围，在这个范围之内，占据面积最大的，或占据主要地位的，或占据重要位置的要素划定为网格的格元属性。

指示型格元是特殊格元，它是一类不足以构成占位型格元的空间要素；但是，由于它对实际应用的极端重要性，因此，在应用过程中将它异化为占位型格元，交通类的道路就是这类格元的典型代表。在仿真推演的过程中，仿真系统通常需要突出表示道路的通行状况，因此需要将道路异化为占位型格元。在空间环境模型中，交通类要素通常表现为线状要素，因此指示型格元的建模需要判断线状要素是否经过了格元？如果经过了格元，那么可以判断它为指示型格元，否则不是指示型格元。

相对而言，占位型格元的建模更加复杂。首先需要计算每一网格与各类参与建模的面状要素压盖的面积比，获得各类面状要素的权重值，然后根据一定的规则判断占位型格元的具体属性信息。

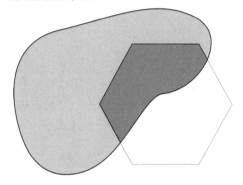

在占位型格元的建模过程中，计算各环境要素在网格中的面积，一般可以根据每个网格的坐标，结合各环境要素的坐标值，计算两者的压盖面积，然后确定压盖面积占整个网格的百分比。完成上述步骤的主要算法通常是多边形裁剪算法，也就是使用网格裁剪各面状环境要素的多边形，然后计算裁剪得到的多边形的面积，即为两者的压盖面积，如图 3.14 所示。

在压盖面积计算的过程中，需要计算每个网格与不同类型的面状要素的压盖面积，这必

图 3.14　六角格和空间环境要素压盖关系示意图

然涉及一系列的多边形裁剪操作。假设网格模型中的六角格均为正六边形，但是各类面状环境要素可能是凸多边形，也可能是凹多边形，甚至可能是含有一个或多个孔洞的复合多边形，如此一来，传统的多边形裁剪算法的复杂度将大大增加，算法的效率则大为降低(陈占龙等，2010；范俊甫等，2015)，这将直接影响到格元属性建模的效率。因此，提高网格模型建模效率，降低建模的复杂度，就需要充分利用网格模型的几何特性，寻找能够代替传统多边形裁剪算法的优化算法。

本节首先以六角格为例描述替代传统多边形裁剪算法的栅格矩阵优化算法，用以简化压盖面积的计算，提高建模效率；然后描述如何运用模糊分析方法确定格元的属性信息。

1. 基于空间环境要素的栅格矩阵算法

1) 基本思路

基于空间环境要素的栅格矩阵算法的基本思路是：首先，按照一定的尺度对空间环境要素进行栅格化处理，形成基于空间环境要素的栅格矩阵；每一栅格点分别代表空间环境要素是否存在，以 0 或 1 表示。然后，逐个判断栅格点是否位于对应六角格内，统计位于六角格内的所有栅格点的个数，计算与六角格本身占据的栅格点的个数，用作两者压盖的面积比。如此一来，多边形裁剪算法将简化为栅格点是否位于六角格内的计算，甚至可以进一步简化为栅格点在矩形或两个三角形内的判断，这样将有效地降低算法的复杂度，提高格元属性建模的效率(张锦明，2016)。

基于空间环境要素的栅格矩阵算法主要步骤介绍如下。

第一步　空间环境要素的栅格化处理，形成初始栅格矩阵。

确定空间环境要素的外切矩形，得到外切矩形的四个角点坐标值 $X_{\min}$、$X_{\max}$、$Y_{\min}$、$Y_{\max}$；然后，根据指定的栅格矩阵的尺寸 r（通常设定为六角格尺寸 R 的 n 倍），建立一个 $X_{\text{num}} \times Y_{\text{num}}$ 的栅格矩阵，并将所有栅格点标识设定为 0，如图 3.15(a)所示。

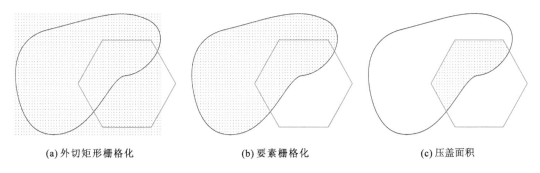

(a) 外切矩形栅格化　　　　　　(b) 要素栅格化　　　　　　(c) 压盖面积

图 3.15　空间环境要素栅格化过程

第二步　确定空间环境要素压盖的栅格矩阵。

确定栅格矩阵中哪些栅格点可以看作是空间环境要素的替代，通常遍历每一栅格点判断是否压盖空间环境要素，如果压盖则栅格点赋值为 1，否则赋值为 0，如图 3.15(b)所示。

运用扫描线算法可以对上述过程进行简化。以列为基准，计算线段 $x = x_i$ 和要素多边形的交叉点，记为 yc_0、yc_1、yc_2 …… yc_m；

对 yc_0、yc_1、yc_2 …… yc_m 按照从小到大的顺序进行排序；

计算相邻两点之间的坐标点 $\left(x_i, (yc_i + yc_{i+1})/2\right)$ 是否压盖空间环境要素；如果压盖，那么 $yc_i \sim yc_{i+1}$ 之间所有的栅格点均赋值为 1，否则赋值为 0。

第三步　计算六角格和空间环境要素的压盖面积比。

以六角格的外切矩形为基础，判断栅格矩阵中哪些栅格点参与压盖面积的运算，然后遍历参与运算的栅格点，当栅格点值为 1 时，判断其是否处于六角格内。如果栅格点位于六角格内，那么表明该栅格点既位于空间环境要素内，同时又位于六角格内，如图 3.15(c)

所示。统计所有同类的栅格点个数，并将其与六角格内所有栅格点个数相除，就可以计算得到六角格和空间环境要素的压盖面积比。

2）"最优"栅格尺寸确定实验

从上述运算过程可以看出，建立栅格矩阵的关键在于确定栅格尺寸 r，即如何选择栅格尺寸才能够有效地逼近真实的压盖面积，既能保证算法具有较高的计算效率，又可以保证计算得到的压盖面积比与真值相比偏差不大，从而保证格元属性建模的精度。

对于栅格矩阵而言，理想状况是栅格尺寸越小，计算得到的压盖面积越精确。但是在实际过程中这并不现实，因为栅格尺寸越小，栅格矩阵所占用的存储空间就越大，需要进行的点在多边形内的判断次数就越多，最终导致栅格矩阵算法运算效率下降。因此选择合理的栅格尺寸 r，才能保证算法效率和运算精度两方面达到平衡。

根据六角格尺寸 R 确定栅格矩阵尺寸 r 的思路是比较合理的。首先，在格元属性建模的过程中，六角格尺寸 R 是确定的；其次，假如六角格的尺寸较大，六角格对空间环境数据的综合效应变大，使用较小的栅格矩阵尺寸并不理想；假如六角格的尺寸较小，六角格对空间环境数据的综合效应变小，必须使用更小的栅格矩阵的尺寸才能符合小尺寸六角格的计算精度。

为此，以六角格尺寸 R 为基准设计了栅格矩阵尺寸 r 的确定实验，尝试研究六角格尺寸与栅格矩阵尺寸的内在联系，更好地处理栅格矩阵算法的效率与精度的关系。

A. 实验设计

实验选择河南登封地区的 1：250 000 矢量地图数据作为实验区域，如图 3.16 所示。

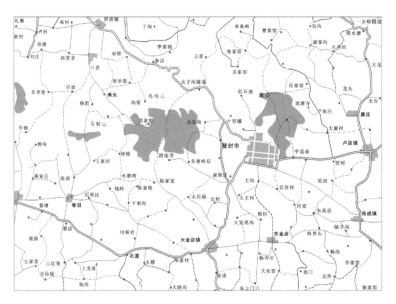

图 3.16　实验区域

实验过程中将植被要素作为网格模型格元属性建模的数据来源；研究当栅格矩阵尺寸 r 为六角格尺寸 R 的不同倍数 n 时，计算植被要素和六角格的压盖面积比，以及面积比相对于真值的偏离程度；然后使用偏离值建立六角格尺寸 R 为 500 m、1 000 m 和 2 000 m 的网格模型。

首先，考虑到较大的倍数值 n 不但不会产生精确的计算结果，甚至可能干扰实验结果，因此实验选取 $n=1/16$、1/20、1/24、1/28、1/32、1/36、1/40、1/64、1/128、1/256 作为实验因子。

其次，实验过程中也没有考虑六角格尺寸 R 对于实验结果的影响，因为对于栅格矩阵算法而言，六角格尺寸的影响可以忽略不计。考虑六角格与地理要素压盖关系的理想情况，如图 3.17 所示，其中图 3.17(b)中的六角格尺寸为图 3.17(a)的两倍，两种尺寸的六角格与地理要素的压盖面积比一致。此时，如果选择相同的倍数值 n，那么通过栅格矩阵算法得到的结果是一致的。因此，建立不同尺寸的六角格更多的是验证作用。

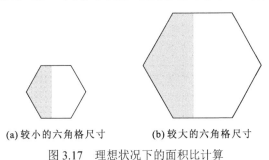

(a) 较小的六角格尺寸　　　(b) 较大的六角格尺寸

图 3.17　理想状况下的面积比计算

最后，实验主要完成两个方面的研究内容：一是研究不同倍数值 n 对于算法计算效率的影响；二是在兼顾计算效率和计算精度的情况下，确定最合适的倍数值 n。

B. 实验分析

(1) n 值对运算效率的影响。选择不同的 n 值，将对栅格矩阵算法的计算效率产生显著性影响。根据算法的思路，采用栅格矩阵将复杂的多边形裁剪简化为点在多边形内的判断，继而简化为点在三角形内的判断。随着 n 值的减小，栅格矩阵内的点数将成二次方增加，每一个点都要完成点在多边形内的判断。

这也将是一个巨大的计算开支，因此，在计算效率的方面就存在优化的问题，倍数 n 的选择不能是随意的，既不能选择较大的数值，也不能选择很小的数值。建立以栅格矩阵尺寸 r 为横轴，全部六角格计算时间为纵轴的散点图，如图 3.18 所示。可以发现，随着栅格矩阵尺寸的减少（靠近 0 的部分），系统所耗费的计算时间急剧增加，呈现指数函数的分布。拟合指数函数，可以发现其可决系数均高达 0.999 以上，表明两者之间呈现强相关关系。

观察图 3.18 中三个指数拟合函数，可以得到以下结论：

首先，不同尺寸的六角格所对应的栅格矩阵尺寸和运算时间的拟合趋势，三个指数值 α 分别为-1612、-1619、-1614，若忽略系统计算的差异，那么三者应当具有相同的数值，也就是说，运算时间的基数与六角格尺寸的相关性不强。

其次，不同尺寸的六角格所对应的栅格矩阵尺寸与运算时间的系数，三个系数值 β 分别为 233 400、51 010、9 450，与实验区域内六角格的个数呈线性函数关系（图 3.19），表明这三个指数函数可以表示为一个统一的函数。

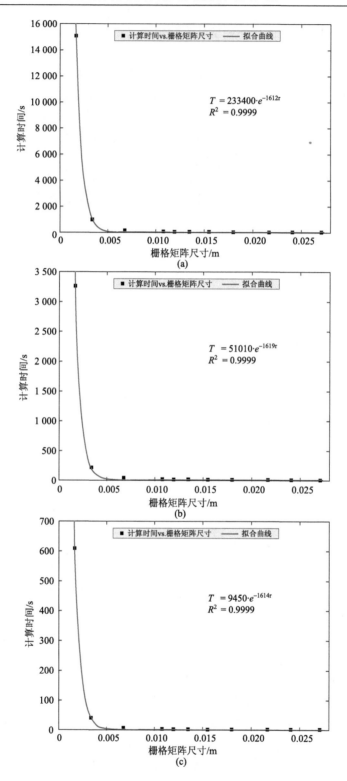

图 3.18　不同六角格尺寸的运算效率图

(a) 500 m；　(b) 1 000 m；　(c) 2 000 m

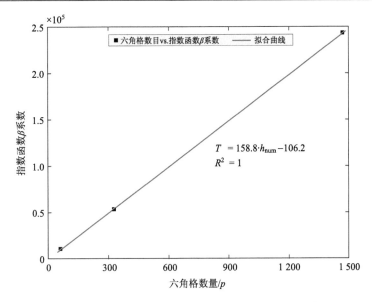

图 3.19　六角格数量与指数函数 β 系数的线性关系

最后，从图形趋势来看，当倍数值在 1/16 到 1/64 之间时，算法的计算效率并没有发生太大的变化，我们可以认为，如果当算法的倍数值在 1/16 到 1/64 之间时，可以满足计算精度的要求，那么倍数值在这个区间范围可以选择尽可能大得数值，而没有必要选择更小的数值，例如 1/64，这样就可以在满足精度要求的前提下，大幅度提高计算的效率。

(2) 最合适 n 值的确定。栅格矩阵算法的提出，主要是为解决多边形裁剪算法复杂性所导致得意系列问题，但这并不意味着可以牺牲运算精度，而是要求在满足精度需求的前提下使用该算法。

在栅格矩阵算法中，确定倍数值 n 是关键。选择合适的倍数值 n 时，必须在运算精度和运算效率之间找到一个最佳契合点，即在保证精度要求的前提下，选择较大的倍数值，以提高运算效率。实验过程中，选择六角格尺寸为 500 m 时的计算结果，共获得有效的六角格计算结果 140 个。

在所有有效的计算结果中，当六角格被空间环境要素完全覆盖，即面积比为 1.0 时，无论 n 取值为多少，计算得到的压盖面积比始终为 1.0，此类情况在 140 个有效计算结果中有 29 个，约占 20.7%。对此类六角格而言，n 的取值不会对计算结果产生任何影响。

与上述情况类似的是，当某些六角格与空间环境要素没有发生压盖时，因为 n 取值较大，发生误判导致计算值存在微小的数值。当 n 取值逐渐减小时，计算精度逐渐得到休整。此类情况再 140 个有效计算结果中有 18 个，约占 12.3%。观察计算结果可以发现，当栅格矩阵尺寸为 0.0271 km 时，计算得到的压盖面积比为 0。这表明对于原本六角格和面状环境要素不存在压盖时，当 n 取值为 1/16 或更小之后，完全可以保证计算结果的准确性。

排除上述两种特殊情况后，就已经排除了约 33.5% 的六角格，接下来分析余下 66.3% 的六角格。

首先分析栅格矩阵尺寸和压盖面积比之间的趋势关系。通常情况下，随着栅格矩阵尺寸的降低，计算得到的压盖面积比逐渐趋近于六角格和面状环境要素压盖面积比的真值。以栅格矩阵尺寸 r 的平方为横轴、对应的压盖面积比为纵轴，建立散点图。

观察所有 93 个六角格的情况，可以发现两者表现为幂指数形式的强相关关系，可决系数均大于 0.9（图 3.20）。这表明随着栅格矩阵尺寸的缩小，计算值快速趋近于真值，但永远不可能达到真值。

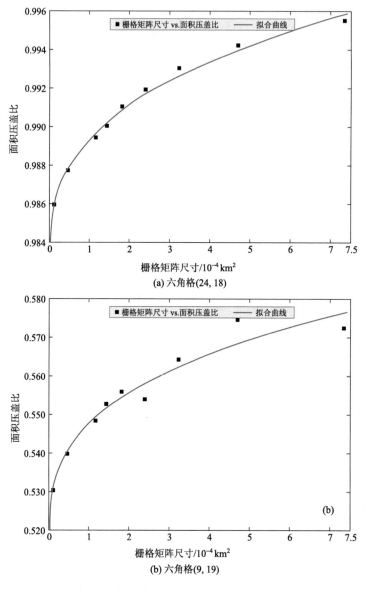

(a) 六角格(24, 18)

(b) 六角格(9, 19)

图 3.20 栅格矩阵尺寸与压盖面积比散点图

其次，分析所有六角格的压盖面积比计算值在不同 n 值时的偏离程度。构造变量 P，使得

$$P = \left(q_i - q_{\text{true}} \right) \times 100\%$$

式中，q_i 为每一栅格矩阵对应的计算压盖比；q_{true} 为六角格与空间环境要素的压盖比真值，则变量 P 表示计算压盖面积与压盖面积真值的偏离值相对于整个六角格面积的偏离程度。由图 3.21 可以看出，当 $n=1/16$ 时，偏离程度在 0.2%～8.5%的区间震荡；当 $n=1/32$ 时，偏离程度下降至 4%；当 $n=1/64$ 时，偏离程度下降至 2%；当 $n=1/128$ 时，偏离程度下降至不足 1%。显然，对于整个六角格而言，n 取值小于 1/32 之后，偏离程度是可以接受的。

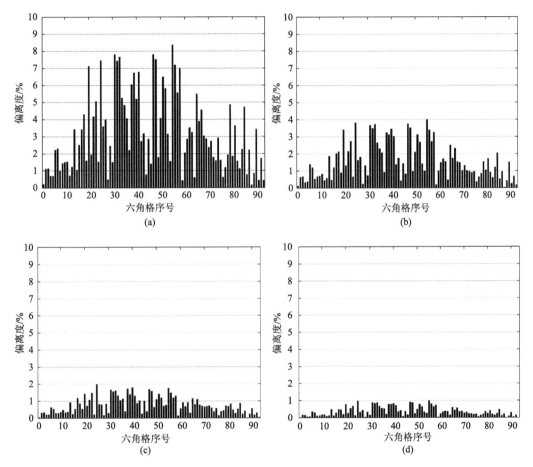

图 3.21　不同 n 值所对应的偏离值相对于六角格面积的偏离程度

(a) $n=1/16$；　(b) $n=1/32$；　(c) $n=1/64$；　(d) $n=1/128$

构造变量 Q，使得

$$Q = \left(\frac{q_i - q_{\text{true}}}{q_{\text{true}}} \right) \times 100\%$$

则变量 Q 表示偏离值相对于真值的偏离程度。由图 3.22 可以看出，随着 n 值的减小，偏离程度逐渐降低。当 $n=1/16$ 时，除了真值较小的六角格外，其余六角格的偏离程度已经降低到 10%；当 $n=1/32$ 时，其偏离程度已经降低到不足 5%，更多的六角格是不足 3%。

另外还可以发现，当真值大于 0.8 时，变量 Q 的值一般小于 1%；但当真值小于 0.1 时，变量 Q 的值相对较大，甚至可以达到 100%；当真值位于[0.1, 0.8]时，变量 Q 的值小于 10%（随着 n 的减小，可以达到更小值）。上述实验结果表明，当真值较大时，是似而非并的栅格点不会对计算结果产生重大的影响；当真值较小时，较少的是似而非的栅格点会对计算结果产生较大的影响，但由于原本的真值较小，这种影响并不显著。

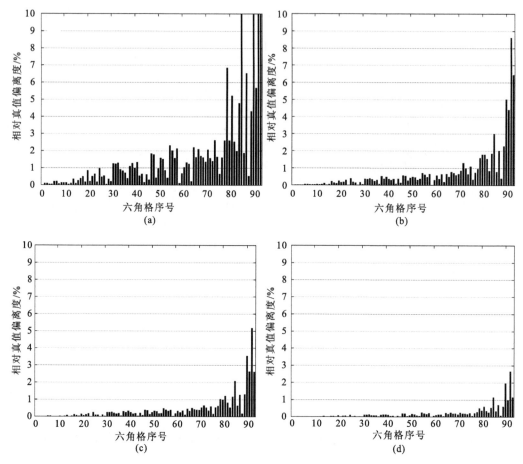

图 3.22　不同 n 值所对应的偏离值相对于六角格真值的偏离程度

(a)n=1/16；(b)n=1/32；(c)n=1/64；(d)n=1/128

综上所述，利用栅格矩阵运算法可以计算六角格与面状环境要素的压盖面积比，兼顾算法的运算精度和运算效率，可以将栅格矩阵尺寸与六角格尺寸的比值 n 在区间[1/32, 1/64]中取值。

2. 基于规则的格元属性建模

基于空间环境要素的栅格矩阵算法的主要作用在于简化多边形裁剪算法的复杂度，提高多边形裁剪算法的效率。它计算得到的面积比，实质上是各个空间环境要素占据六角格的比重，表示各空间环境要素在六角格中的重要程度。

格元属性建模类似于地理信息系统领域中矢量数据和栅格数据相互转换的问题。矢量数据转换为栅格数据的过程称为栅格化，栅格数据转换为矢量数据的过程称为矢量化。栅格化包括三个基本步骤：第一步，建立指定尺度的网格；第二步，改变对应于点、线、多边形轮廓线的网格单元的值；第三步，使用多边形值填充多边形轮廓线的内部。对于网格单元的填充，一般可以使用"中心归属法""长度占优法""面积占优法"或者"重要性法"等确定网格值(华一新等，2001)。运用基于空间环境要素的栅格矩阵算法计算得到的面积比，就属于基本的"面积占优法"。

显然，六角格占据的区域范围内的空间环境要素并非只有一种，按照"面积占优法"确定面积占比最大的要素，相对是比较简单的判断原则，这适用于来源属性和目标属性映射关系确定的情况。然而，格元属性建模本质上属于两类不同分类分级体系之间的对应问题。例如，用于判断"岛屿格元"的来源属性是地理环境数据分类分级体系中的"岛"或者"海洋"要素；当"岛"的面积比占据80%以上，或者"岛"的面积比占据50%且存在50%左右的"海洋"，那么这个六角格的格元属性可以归类为"岛屿格元"。

因此，格元属性建模的合理解决方案是，基于一定的规则取舍空间环境要素，形成占位型格元属性。

前面提及格元属性建模本质上属于两类不同分类分级体系之间的对应问题，如果推演网格模型的格元属性(即目标属性)不清晰，那么格元属性建模将没有任何意义。这里将目标格元属性定义为"陆地格元""海洋格元""植被格元""沙漠格元""沼泽格元""居民地格元""湖泊格元""水陆格元""岛屿格元"九类，以地理环境数据为数据源，描述基于面积占优的格元属性建模算法，和基于产生式规则的格元属性建模算法。其他仿真推演应用的目标格元属性的建模过程，可以参照执行。

1) 基于面积占优的格元属性建模算法

基于空间环境要素的栅格矩阵算法计算得到了参与格元属性建模的各类空间环境要素占网格的面积比，面积比越大，表明空间环境要素的重要性越大。在面积比基础之上，根据"先地貌、后地物"的顺序建模格元属性(张欣，2014)，基本流程如图3.23所示。

(1) 处理完全"陆地格元"(只含有陆地的网格)。暂时不考虑网格的各类空间环境要素的面积比，而是根据网格的平均高程值和地形起伏度值，判断网格的基本地貌类型；根据空间环境数据的自然叠加关系，陆地格元是基础层，其他格元诸如森林格元、沙漠格元、沼泽格元、居民地格元，需要叠加在陆地格元之上。同时，由于涉及复杂的水陆交界问题，暂时不考虑水陆格元的情况。

网格的基本地貌类型通常可以按照形态分类标准进行划分。例如，国际上最具代表性的形态分类方案是国际地理联合会地貌调查与制图委员会编制的《1∶250 000 欧洲国际地貌图》提出的以海拔高度和起伏高度为依据，将基本地貌类型分为五大类(表3.2)。

又如，柴宗新(1986)以相对高度(类似于地形起伏度)为划分指标，将我国地貌基本形态划分为平原、丘陵、低山、中山和高山(表3.3)。

表 3.2　1：250 000 欧洲国际地貌分类

基本地貌类型	海拔高度/m	地形起伏度/m
低平原	低于海平面	0～30
	0～200	
高平原、丘陵、高原	200～400	30～75
	>400	
台原、山垅	>400	75～300
山脉、块状山、山原(低的和中等的)	<1 300	300～600
	>1 300	
山脉、块状山、山原(高的)	>2 000	>600

表 3.3　中国地貌基本形态指标(相对高度指标)

基本形态类型	相对高度/m	基本形态类型	相对高度/m
平原	< 20	中山	500～1 500
丘陵	20～200	高山	>1 500
低山	200～500		

再如,1987 年中国科学院地理研究所主持编订的《中国 1：1000 000 地貌图制图规范(试行)》中的地貌类型划分方案,采用海拔高度和起伏高度为指标,将我国基本地貌形态划分为 18 个类型(表 3.4)。

表 3.4　中国地貌基本形态(海拔高度、起伏高度指标)

项目	起伏高度/m	20～30	<100	100～200	200～500	500～1 000	1 000～2 500	>2 500
海拔高度/m	<1 000	平原台地	低丘陵	高丘陵	小起伏低山	中起伏低山		
	1 000～3 500				小起伏中山	中起伏中山	大起伏中山	极大起伏中山
	3 500～5 000				小起伏高山	中起伏高山	大起伏高山	极大起伏高山
	>5 000				小起伏极高山	中起伏极高山	大起伏极高山	极大起伏极高山

因此,参照形态分类标准,陆地格元的基本地貌类型可以划分为平原、丘陵、低山、中山和高山。

(2)处理完全海洋格元(只含有水域的六角格)。根据海洋要素数据判断网格的属性类型,如果网格的海洋面积比为 1,那么可以判定网格的格元属性为海洋;同样,暂时不考虑水陆格元。

(3)处理森林格元。森林格元需要在平原、丘陵、低山、中山和高山五类基本地形类型的基础之上进行建模,根据植被要素数据计算它占据网格的面积比,如果面积比大于一定阈值,那么可以判定网格的格元属性为森林。

(4)处理沙漠格元。沙漠格元需要在平原、丘陵、低山、中山和高山五类基本地形类型的基础之上进行建模,根据土质要素数据计算它占据网格的面积比,如果面积比大于一定阈值，那么可以判定网格的格元属性为沙漠。

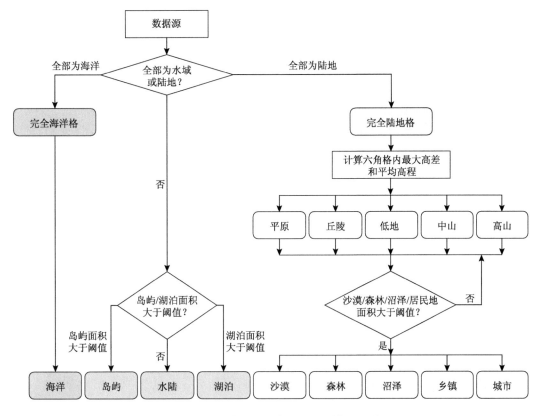

图 3.23 网格模型的格元属性建模流程图

(5)处理沼泽格元。沼泽格元需要在平原、丘陵、低山、中山和高山五类基本地形类型的基础之上进行建模，根据水系要素中的面状沼泽数据，计算它占据网格的面积比，如果面积比大于一定阈值，那么可以判定网格的格元属性为沼泽。

(6)处理居民地格元。居民地格元可以再细分为城市格元和乡镇格元。城市格元或乡镇格元需要在平原、丘陵、低山、中山和高山五类基本地形类型的基础之上进行建模，根据居民地要素数据计算它占据网格的面积比，如果面积比大于一定阈值，那么可以判定网格的格元属性为居民地；如有需要，可以再次根据居民地要素的行政等级，判定网格的格元属性为城市，还是为乡镇。

(7)处理湖泊格元。根据水系要素的湖泊数据判断网格的属性类型，如果网格的湖泊面积比为1，那么可以判定网格的格元属性为湖泊；同样，暂时不考虑水陆格元。

(8)处理水陆格元。对于既不完全属于陆地格元，也不完全属于海洋格元或湖泊格元的网格，并且同时含有陆地和水域的网格，那么可以判定网格的格元属性为水陆。

(9)处理岛屿格元。根据第(1)、(2)、(8)步的建模结果，根据水系要素中的岛屿数据计算它占据网格的面积比；如果面积比大于一定阈值，那么可以判定网格的格元属性为岛屿。

(10)最后对整个研究区域内的网格进行综合处理，形成完整的推演网格模型。

2）基于产生式规则的格元属性建模算法

推演网格模型的属性信息，通常针对特定的应用目的，通过对应用目的的详细剖析，提炼形成符合应用需求的分类分级体系。它们不仅可以来源于空间环境数据，而且可以来源于各种行业数据，然而空间环境数据具有自身的分类分级系统，行业数据也具有自身的分类分级体系。因此，从空间环境数据或者行业数据的属性信息到推演网格模型的属性信息，本质上属于两种或多种模型的属性融合问题。如何实现模型的属性信息的近无缝融合是解决上述问题的关键。一种可行的解决方案是建立一系列的规则（例如，属性 A 和属性 B 可以融合形成属性 C，或者百分之几的属性 D 和百分之几的属性 E 可以融合形成属性 F），用于属性信息之间的融合处理。

在知识领域中，规则通常被描述为是一种可持续可预测的方式运用信息的系统性决策程序。规则的表示方法主要包括经典逻辑表示法、产生式表示法、层次结构表示法、网络结构表示法和其他表示方法（李蔚等，2005）。其中，产生式表示法是应用最广泛的一种知识表示方法，它接近人类的思维，简洁且灵活。推演网格模型格元属性建模过程中，涉及规则的制定和整合，而这种规则正是产生式规则表示法擅长表达的内容。因此，可以将产生式表示法引入到推演网格模型的格元属性建模过程中规则表示和制定中，用于建立更加合理、更加高效的规则（缪坤等，2015）。

A. 产生式规则的概念及特点

1943 年，逻辑学家 Post 提出了产生式概念，它也被称为产生式规则。这里的"规则"是指人们思维判断中的一种固定逻辑结构关系。它的基本形式为"<前件>→<后件>"，其中前件就是前提，后件是结论或动作。前件和后件可以使用逻辑运算符 AND、OR、NOT 组成表达式。

产生式规则的语法含义可以描述为：如果前提满足，那么可以得出后续的结论或执行相应的动作，也就是说，后件由前件触发。因此，前件是规则的执行条件，后件是规则体。

一般来说，产生式规则具有三方面优点，即：

（1）自然性好。规则的表现形式与人类的判断性知识基本一致，比较直观自然，便于推理；

（2）格式固定，形式比较单一。各个规则之间相互独立，便于建立规则库；

（3）易于修改。产生式规则可以在设计者增加新的规则时，适应新的情况，而且不会破坏规则的其他部分。

但是，产生式规则也存在三方面的缺点，即：

（1）由于规则之间联系不太紧密，容易产生冲突和不一致；

（2）过程性知识难以自然地表达，求解问题时的控制流程难以理解；

（3）规则间不能直接调用，较难表示具有结构或层次关系的知识。

因此，在制定相应的产生式规则时，应当建立规则之间的层次关系，确保一条规则适应于一种情况，而且不和其他规则产生冲突。

B. 产生式规则的表达形式

产生式规则表达方法是一种比较成熟的表示方法。它建立在因果关系基础上，表示为

"IF 条件 THEN 结论"的形式，一般形式为

$$R_k:\ \left(\mathrm{AND}_{i=1}^{m}P_{ki}\right)\rightarrow\left(\mathrm{AND}_{j=1}^{n}Q_{kj}\right)$$

式中，R_k 表示规则编号；k 为规则的个数；P_{ki} 为第 k 个规则的规则前件；m 为前件的个数；Q_{kj} 为第 k 个规则的后件结论；n 为后件的个数。AND 为规则前件或者规则后件的组合形式，AND 为规则前件全部满足，根据规则的概念，还可以使用 OR、NOT 等单独或者复合的组合形式。规则中左边是一组前提（条件或状态），用于列出产生式可用的条件；规则中右边是一组结论或操作，用于指出当左边中的所有条件得到满足时可以得到右边的结论或应当执行的操作。

举例来说，当需要生成的格元属性为"OCEAN"时，规则前件可以是空间环境数据中的"海洋""岛屿"等数据，规则后件就是格元属性"OCEAN"，那么产生式规则可以描述为

IF（海洋面积比大于 80%）OR（海洋面积比大于 60% AND 岛屿面积比小于 30%）THEN（OCEAN 为 TRUE）

3.5　格边属性建模

由网格模型基本建模流程可知，格边属性建模主要是障碍型格边的建模，它将空间环境数据中具有阻碍通行作用的线状要素归算到网格的格边。线状要素归算到网格的格边具有多种不同的实现算法，本节主要研究基于网格子格元的格边属性建模算法。

1. 基本思路

基于网格子格元的格边属性建模算法的基本思路是：将网格模型中的网格进行更细层次的剖分，得到多个尺寸更小的网格子格元，标识线状要素所经过的子格元，利用线状要素对应的子格元编码集合及其属性权值，计算得到各个格边的属性值（张欣，2014）。网格子格元建模算法的基本流程如图 3.24 所示。

根据全球离散格网系统的相关理论，正六边形网格不具有一致性，即一个网格无法完全地剖分成整数个小的网格，若干个小的网格也无法完整地组合成一个大的网格。剖分正六边形网格时，通常需要使用孔径的概念。Sahr 等（2003）指出，孔径是指第 k 层和第 $k+1$ 层网格的面积比，常用的孔径有 4、9、16 等，分别对应不同的剖分算法和编码机制。推演网格模型中，网格的剖分需要保持朝向不变，即子格元不发生旋转，而能够满足这种要求的剖分方式只有孔径为 4、9 及其乘积的剖分。如果剖分孔径过小，那么很难满足线状要素描述的空间精度的需要；如果剖分孔径过大，那么线状要素的描述将占用大量的存储和运算资源，降低格边建模的效率。

2. 子格元剖分算法

不同孔径的剖分方式对应的剖分算法是不同的。对于孔径为 $n\times n$ 的剖分方式而言，每一个网格在横向和纵向上分别等间隔分割成 $4n$ 和 $2n$ 段，即利用 $4n\times 2n$ 的矩形网格划分正

六边形网格。以正六边形网格中心 O 为坐标原点，向右、向上分别为 X 轴和 Y 轴的正向，可构建局部直角坐标系 XOY，如图 3.25 所示。

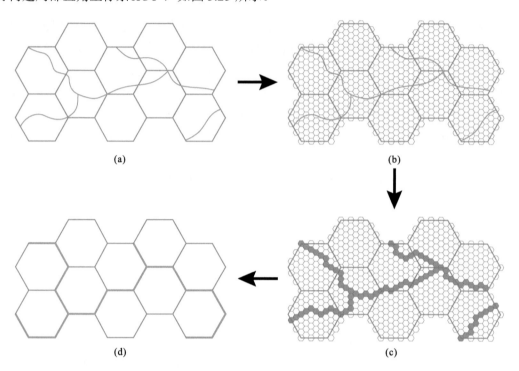

图 3.24　网格子格元建模方法的基本流程图

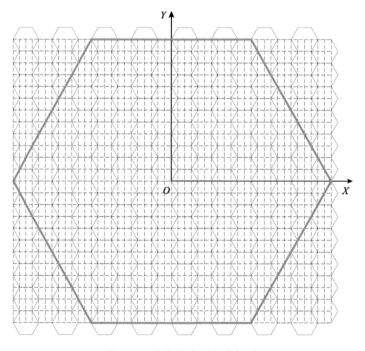

图 3.25　六角格中局部坐标系

假设图 3.25 中横向上每段间隔长度为 X_{dis}，纵向上每段间隔长度为 Y_{dis}，那么使用式 (3.60) 可计算得到 X_{dis} 和 Y_{dis}。

$$\begin{cases} X_{\text{dis}} = \left[\dfrac{1}{\sqrt{3}} - \left(-\dfrac{1}{\sqrt{3}}\right)\right]\dfrac{H}{4n} \\[3mm] Y_{\text{dis}} = \left[\dfrac{1}{2} - \left(-\dfrac{1}{2}\right)\right]\dfrac{H}{2n} \end{cases} \tag{3.60}$$

当 i 为奇数时，第 i 列、第 j 行子格元的顶点坐标可用式 (3.61) 计算得到；

$$\begin{cases} x_1 = 3 \times i \times X_{\text{dis}} & y_1 = (2 \times i - 1) \times Y_{\text{dis}} \\ x_2 = 3 \times i \times X_{\text{dis}} + X_{\text{dis}} & y_2 = (2 \times i - 2) \times Y_{\text{dis}} \\ x_3 = 3 \times i \times X_{\text{dis}} & y_3 = (2 \times i - 3) \times Y_{\text{dis}} \\ x_4 = 3 \times i \times X_{\text{dis}} - 2 \times X_{\text{dis}} & y_4 = (2 \times i - 3) \times Y_{\text{dis}} \\ x_5 = 3 \times i \times X_{\text{dis}} - 3 \times X_{\text{dis}} & y_5 = (2 \times i - 2) \times Y_{\text{dis}} \\ x_6 = 3 \times i \times X_{\text{dis}} - 2 \times X_{\text{dis}} & y_6 = (2 \times i - 1) \times Y_{\text{dis}} \end{cases} \tag{3.61}$$

当 i 为偶数时，第 i 列、第 j 行子格元的顶点坐标可用式 (3.62) 计算得到。

$$\begin{cases} x_1 = 3 \times i \times X_{\text{dis}} & y_1 = (2 \times i - 1) \times Y_{\text{dis}} + Y_{\text{dis}} \\ x_2 = 3 \times i \times X_{\text{dis}} + X_{\text{dis}} & y_2 = (2 \times i - 2) \times Y_{\text{dis}} + Y_{\text{dis}} \\ x_3 = 3 \times i \times X_{\text{dis}} & y_3 = (2 \times i - 3) \times Y_{\text{dis}} + Y_{\text{dis}} \\ x_4 = 3 \times i \times X_{\text{dis}} - 2 \times X_{\text{dis}} & y_4 = (2 \times i - 3) \times Y_{\text{dis}} + Y_{\text{dis}} \\ x_5 = 3 \times i \times X_{\text{dis}} - 3 \times X_{\text{dis}} & y_5 = (2 \times i - 2) \times Y_{\text{dis}} + Y_{\text{dis}} \\ x_6 = 3 \times i \times X_{\text{dis}} - 2 \times X_{\text{dis}} & y_6 = (2 \times i - 1) \times Y_{\text{dis}} + Y_{\text{dis}} \end{cases} \tag{3.62}$$

3. 子格元编码机制

网格中子格元编码方式的选择，主要受到三个因素的影响，分别是编码运算效率、编码存储效率和坐标转换效率。如果采用类似于六角格的二维编码机制，记录子格元在横向和纵向上的索引值，那么使用子格元编码描述线状要素时，需要占用大量的存储空间，并且造成存储空间的冗余。不同于全球离散格网系统，平面离散网格中的子格元剖分方式是固定的，只存在单一分辨率的子格元。因此，可以使用一维编码方法标识子格元(张欣，2014)。

一维编码法对应多种编码顺序，例如行列顺序编码和环形顺序编码。

行列顺序编码基本思路是：对网格中的子格元，按照从上至下、从左至右的顺序，逐行、逐列对子格元进行编码，直至对网格剖分得到的所有子格元全部编码。以孔径为 81 的剖分为例，图 3.26 描述了行列顺序编码的基本原理。

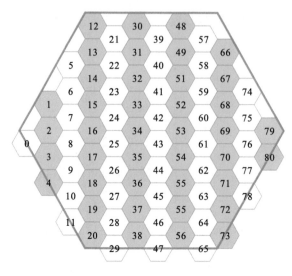

图 3.26　孔径为 81 的剖分子格元一维行列顺序编码图

环形顺序编码基本思路是：以网格中心所在子格元为起始格元开始编码，编码标识为 0；然后按照顺时针方向，对起始格元外环的六个邻接子格元进行编码；逐层向外扩展，直至对网格剖分得到的所有子格元全部编码。以孔径为 81 的剖分为例，图 3.27 描述了环形顺序编码的基本原理。

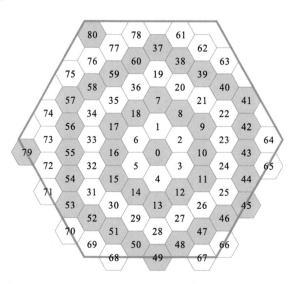

图 3.27　孔径为 81 的剖分子格元一维环形顺序编码图

子格元一维环形编码充分利用了网格的等方向性特征，只需记录每一环中子格元的总数，就能够很方便地计算出当前子格元的六个邻接子格元的编码。但是，在子格元编码与经纬度坐标转换时，由于编码方向与直角坐标系中坐标轴的方向不一致，使得坐标转换算法十分复杂，转换效率较低。在格边属性建模时，往往涉及大量的坐标转换，因此推荐采用行列顺序编码法对子格元进行编码。

存储过程中，如果直接存储每个网格中所有子格元的编码，那么整个区域内所有的子格元编码将占用巨大的存储空间。这里提出"整型综合法"存储子格元编码，其基本思路是：对于孔径为 n 剖分得到的子格元，每个网格中的子格元总数为 m，所有子格元都可以使用集合 $\{0, 1, 2, 3, \cdots, m-2, m-1\}$ 中的整数进行编码；令这 m 个整数分别与 m 个二进制数值 0 或 1 对应，若编码为 i 的子格元有线状要素通过，则将第 i 位二进制数值置为 1，否则置为 0；最后将这 m 个二进制数值转换成整型数值进行存储。"整型综合法"的基本原理如图 3.28 所示。

在读取子格元编码时，需要按照图 3.28 中所示顺序的逆序，将整型数值排列转换为 m 个二进制数值排列，并与六角格中 m 个子格元编码建立关联。

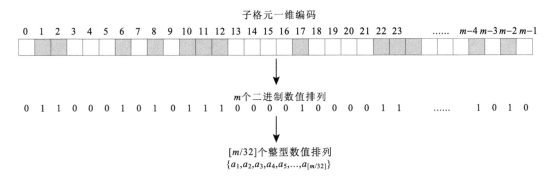

图 3.28　利用"整型综合法"存储子格元编码基本原理图

4. 子格元坐标转换

子格元编码基于网格局部坐标系统，因此子格元编码与经纬度坐标相互转换时，需要以六角格编码和偏移量为中介进行间接转换，基本过程如图 3.29 所示。

其中，六角格编码与偏移量 $(I_{\text{hex}}, J_{\text{hex}}, X_{\text{offset}}, Y_{\text{offset}})$ 与经纬度坐标 (B, L) 之间的转换算法已经给出，请参见第 3.2 节。这里仅仅研究子格元一维编码与网格编码和偏移量之间的转换算法。

由于子格元编码基于网格局部直角坐标系统，与具体网格的编码 $(I_{\text{hex}}, J_{\text{hex}})$ 无关，只与网格偏移量 $(X_{\text{offset}}, Y_{\text{offset}})$ 有关，因此，两者之间的转换实质就是子格元编码与网格偏移量之间的转换。图 3.25 中矩形网格的编码与子格元的编码存在内在的联系，需要将网格偏移量转换为矩形网格编码，再进一步转换成子格元编码。利用式 (3.63) 可以由六角格偏移量计算得到矩形网格编码 $(I_{\text{rect}}, J_{\text{rect}})$。

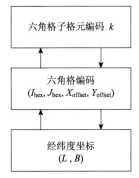

图 3.29　子格元编码与经纬度坐标转换流程图

$$
\begin{cases}
I_{\text{rect}} = \left[\dfrac{X - X_{\text{offset}}}{X_{\text{dis}}}\right] + 2n \\[3mm]
J_{\text{rect}} = \left[\dfrac{Y - Y_{\text{offset}}}{Y_{\text{dis}}}\right] + n
\end{cases}
\tag{3.63}
$$

对于位于一个子格元内的矩形而言，可以根据矩形网格编码 $\left(I_{\text{rect}}, J_{\text{rect}}\right)$ 计算得到所在的子格元编码。对于同时位于两个子格元内的矩形而言(图 3.30)，需要根据矩形网格编码 $\left(I_{\text{rect}}, J_{\text{rect}}\right)$ 和网格偏移量 $\left(X_{\text{offset}}, Y_{\text{offset}}\right)$，计算得到所在的子格元编码。

对于点 P_1 而言，如果满足式(3.64)，那么 P_1 位于子格元 3 中，否则位于子格元 2 中。同理适用于点 P_2。

$$
\left(X_{\text{offset}} - I_{\text{rect}}^{-1} \times X_{\text{dis}}\right) \times \sqrt{3} > \left(Y_{\text{offset}} - J_{\text{rect}} \times Y_{\text{dis}}\right)
\tag{3.64}
$$

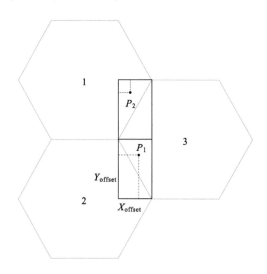

图 3.30　矩形位于两个子格元时编码转换示意图

子格元编码转换为网格偏移量时，首先需要将子格元编码转换为矩形格网编码 $\left(I_{\text{rect}}, J_{\text{rect}}\right)$，然后利用式(3.65)计算得到网格偏移量 $\left(X_{\text{offset}}, Y_{\text{offset}}\right)$。

$$
\begin{cases}
X_{\text{offset}} = I_{\text{rect}} \times X_{\text{dis}} - 2n \\[2mm]
Y_{\text{offset}} = J_{\text{rect}} \times Y_{\text{dis}} - n
\end{cases}
\tag{3.65}
$$

5. 线状要素子网格化

线状要素子网格化的过程，就是依据线状要素的空间位置坐标，计算它所经过的所有子格元，并且存储所有子格元编码，最终使用子格元编码描述线状要素的空间位置。线状要素子格元化的主要步骤如下。

(1)利用坐标转换算法，将线状要素的地理坐标 (B, L) 转换为对应的网格编码和偏移量 $\left(I_{\text{hex}}, J_{\text{hex}}, X_{\text{offset}}, Y_{\text{offset}}\right)$；

（2）根据网格编码和偏移量$\left(I_{\text{hex}}, J_{\text{hex}}, X_{\text{offset}}, Y_{\text{offset}}\right)$，计算其所对应的子格元编码$\left(I_{\text{sub}}, J_{\text{sub}}, \text{Cell}_{\text{sub}}\right)$；

（3）如果线状要素相邻两点各自所在的子格元互不相邻，那么需要利用子格元的邻近搜索算法，计算两个子格元之间的过渡子格元编码；

（4）综合研究区域内同类线状要素所对应的子格元编码，以网格为单位，计算每个网格中所有子格元的标识，同时利用"整型综合法"将其转换为整型数值。

基于网格子格元的线状要素子格元化基本流程如图 3.31 所示。

对于网格子格元建模方法而言，将地理坐标转换为网格子格元编码可以使用坐标转换公式完成，难点在于如何计算两个子格元之间的过渡子格元。距离比较法可以用于两个子格元$\left(\text{Cell}_{\text{sub1}}, \text{Cell}_{\text{sub2}}\right)$之间的过渡子格元的计算，基本思路介绍如下。

（1）以子格元$\text{Cell}_{\text{sub1}}$为当前子格元，计算两个子格元中心连线的方向角，并且按照方向角计算对应方向上的当前子格元的邻接子格元$\text{Cell}_{\text{sub11}}$；

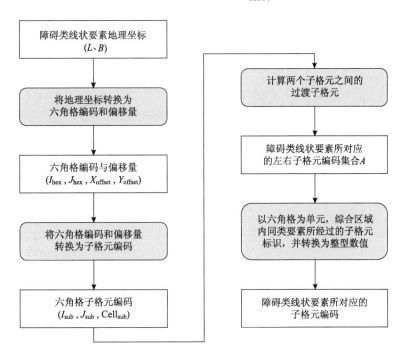

图 3.31　基于网格子格元的线状要素子格元化基本流程图

（2）计算当前子格元的剩余五个子格元中，与$\text{Cell}_{\text{sub11}}$相邻的子格元，分别标识为$\text{Cell}_{\text{sub12}}$和$\text{Cell}_{\text{sub13}}$；

（3）分别计算$\text{Cell}_{\text{sub11}}$、$\text{Cell}_{\text{sub12}}$和$\text{Cell}_{\text{sub13}}$到$\text{Cell}_{\text{sub1}}$和$\left(\text{Cell}_{\text{sub1}}, \text{Cell}_{\text{sub2}}\right)$的中心点距离之和，分别记为$\text{Dist}_1$、$\text{Dist}_2$、$\text{Dist}_3$；

（4）选择Dist_1、Dist_2、Dist_3中的最小值，它所对应的子格元即为间隔子格元C_i，记录到子格元集合当中；

（5）设C_i为当前子格元，重复（1）至（4）步，直到$\text{Cell}_{\text{sub2}}$为当前子格元，所得子格元的集合即为$\left(\text{Cell}_{\text{sub1}},\text{Cell}_{\text{sub2}}\right)$之间的间隔子格元集合。

利用"距离比较法"计算间隔子格元的基本原理如图 3.32 所示。

假设C_1、C_2分为起始子格元和终止子格元，C_i为当前子格元，C_{i1}、C_{i2}和C_{i3}为C_1到C_2前进方向上的三个邻接子格元，可利用式(3.66)计算得到这三个子格元到C_1和C_2的距离之和。

$$\begin{cases} \text{Dist}_1 = \text{Dis}\left[C_{i1},C_1\right]+\text{Dis}\left[C_{i1},C_2\right] \\ \text{Dist}_2 = \text{Dis}\left[C_{i2},C_1\right]+\text{Dis}\left[C_{i2},C_2\right] \\ \text{Dist}_3 = \text{Dis}\left[C_{i3},C_1\right]+\text{Dis}\left[C_{i3},C_2\right] \end{cases} \tag{3.66}$$

如果Dist_1为$\left\{\text{Dist}_1,\text{Dist}_2,\text{Dist}_3\right\}$中的最小值，那么$C_{i1}$为间隔子格元，可设定为当前子格元，进行下一步判断；反之，C_{i2}或C_{i3}为间隔子格元。

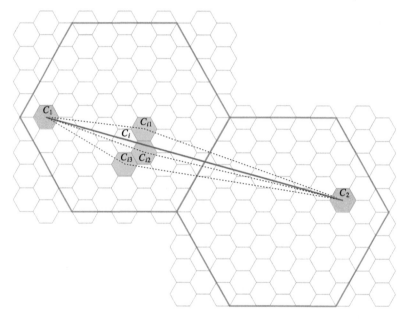

图 3.32　"距离比较法"计算间隔子格元基本原理图

6. 利用子格元编码进行归算

格边归算模式主要用于归算障碍类线状要素，可以通过对线状要素的空间位置进行移位处理，通过格边连线或中心点连线，实现对线状要素的归算。

空间位置移位处理的基本原则是"就近原则"，即将线状要素移位到空间距离最近的格边或中心点上。以格边归算模式为例，研究利用归算模式进行障碍类线状要素的建模方法。

对障碍类线状要素进行格边归算模式的建模，其基本思路是：

(1)连接网格对应顶点，将网格区域划分为 6 个区域，分别标识为区域 1、2、3、4、5、6，如图 3.33 所示；

(2)分别计算当前网格内各点所对应的网格的偏移量；

（3）根据各点的偏移量，计算其所在网格 6 个区域的标识；

（4）根据各点对应的区域标识，综合判断出其所对应的网格格边。最后对障碍类线状要素的属性信息进行分类分级描述，结合格边的标识，实现对障碍类线状要素的描述。

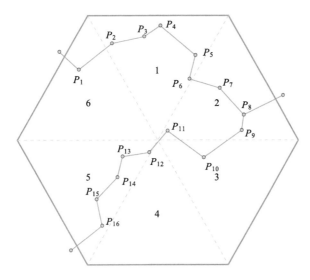

图 3.33　格边归算模式建模基本原理图

3.6　误 差 分 析

1. 投影误差分析

平面离散网格模型的构建过程，需要建立地球表面与平面之间的一一对应关系，同时将地球表面的空间数据映射到平面直角坐标系中。这个过程需要依据严格的数学基础，包括地图投影、比例尺、定向等。地图投影是数学基础的核心，它解决了不可展的地球曲面与连续平面之间的矛盾，建立了球面与平面之间相互转换的严密数学关系。但是，这个过程也不可避免地产生了投影变形误差。基于不同的应用目的，地图投影专家提出了多种不同的地图投影方法。

投影变形性质可以作为地图投影分类的依据。它和使用哪种地图投影这一问题紧密关联。在三维球面变换到二维平面的过程中，只有少数几个特征可以保留，包括形状、面积或距离。按照保留不变特征的差异，地图投影可以分为等角、等积、等距或任意投影。如果制图单位要求保留形状特征不变，那么应当选择等角投影。但是，形状不变只能在小区域范围内实现，而不可能用于全球范围的制图。等角投影可以保证局部形状不变：绘制在球面上的圆投影到平面上后照样是圆。但是，圆的大小将发生变化，并且根据球面位置和相应切点或切线的关系可能存在较大的变形。对于面向仿真推演的应用而言，仿真模型需要在网格模型之上推演运行，理论上，它可以沿着任何方向运动，最理想的状况就是 360°无死角。因此，从各方向都需要保持不变这一需求出发，适用于平面离散网格模型的地图投影应当选择等角投影方法,如兰伯特等角圆锥投影。

    兰伯特等角圆锥投影分为切投影和割投影两种形式。从控制投影变形误差角度来看,割投影优于切投影;割投影具有两条标准纬线,标准纬线处的没有投影变形误差。总体而言,兰伯特等角割圆锥投影具有两个主要特征:①各纬线投影到平面之后构成同心圆,同一纬线方向上的变形特征相同;②不同纬线上的变形特征一般不同,两条标准纬线之间的区域被"压缩",标准纬线之外的区域被"拉伸"。

    使用固定尺寸的平面网格剖分投影平面之后,根据投影变形特性可知,每一个网格对应的实地距离、面积都不相同,这取决于它们在投影平面中的具体位置。平面网格与兰伯特等角割圆锥投影平面的对应关系如图 3.34 所示。其中,标准纬线 1 和标准纬线 2 之间的区域被"压缩",即两条纬线之间的网格的图上面积小于实地面积;两条标准纬线之外的区域被"拉伸",即纬线之外的网格的图上面积大于实地面积。处于相同纬度值的网格,它们的尺寸和面积相等,与距中央经线的距离无关;处于不同纬度值的网格,它们的尺寸和面积通常不相等。

    详细分析等角割圆锥投影变形误差,可知:研究区域越大,投影变形越大。如果忽略了投影变形所带来的误差,认为平面离散网格模型中所有的网格都具有相同的距离和面积,虽然可以在一定程度上提高仿真模型的运行效率,但是大大降低了仿真模型的运算精度,使得仿真推演的可信度受到很大影响。因此,有必要分析兰伯特等角割圆锥投影平面上的网格的投影变形特性,提出相应的优化策略,在不影响仿真推演效率的前提下,尽量提高仿真推演的精度。

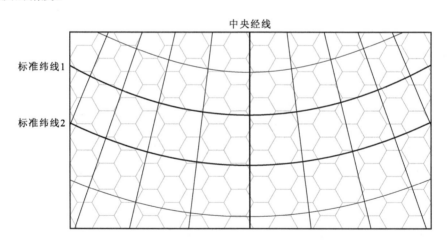

图 3.34   平面网格与投影平面对应关系示意图

    表 3.5 描述了中央经线经过的典型网格的尺寸数据,图 3.35 描述了网格尺寸变化的整体趋势。

    图 3.36 描述了纬度不同的五行网格尺寸变化趋势。可以发现,与列数相同而行数不同的网格尺寸相比,行数相同而列数不同的网格之间的尺寸差异相对较小,显然,这取决于兰伯特等角割圆锥投影的变形特性。

表 3.5　中央经线上典型网格的尺寸数据

典型六角格	六角格尺寸/km
最小尺寸六角格	7.2671
最大尺寸六角格	7.6355
标准纬线 1 上六角格	7.4780
标准纬线 2 上六角格	7.4765
平均尺寸	7.5161

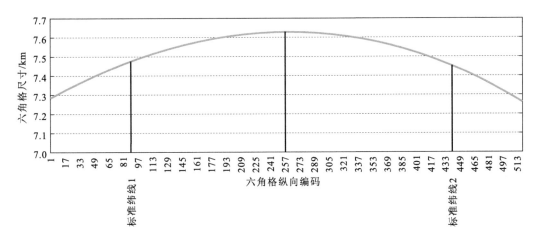

图 3.35　中央经线上网格尺寸变化趋势图

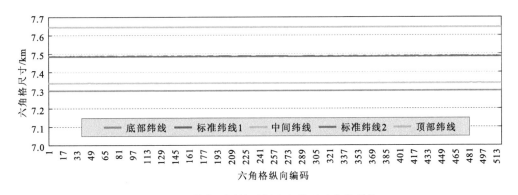

图 3.36　纬度不同的五行六角格尺寸变化趋势

　　使用兰伯特等角割圆锥投影，或者说使用任一地图投影，都不可避免地产生投影变形误差；如果将所有网格的尺寸视为相等，那么在进行网格间的距离量算、面积量算时将产生较大的误差，最终影响基于平面离散网格模型的仿真模型的运算精度。因此，需要充分利用兰伯特等角割圆锥投影的变形特性，修正平面离散网格模型中的网格尺寸，减小由于网格尺寸不一致带来的影响。这里提出两种优化策略：个体值法和平均值法。

　　下面将分别从网格模型的存储效率、运算效率和运算精度三个方面，比较分析两种方法的实用性，同时以距离运算为例描述不同优化策略的基本原理。

"个体值法"是指计算网格模型中的每一个网格的实际尺寸，同时将它们存储于文件当中；在进行基于网格的距离运算时，查询并且使用经过的每一个网格的实际尺寸，从而计算得到两个网格之间的真实距离。

根据等角投影的变形特征，图 3.37 中的每一个网格的尺寸存在差异。使用个体值法计算网格距离时，系统使用存储于网格模型中的每一个网格的实际尺寸。因此，网格 $(5, 4)$ 到网格 $(2, 1)$ 之间的距离可以使用式 (3.67) 计算得到。

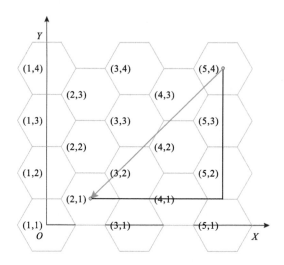

图 3.37　六角格距离运算示意图

$$\begin{cases} D_x = \dfrac{S_{(2,1)} + S_{(3,1)} + 2S_{(4,1)} + S_{(5,1)}/2}{\sqrt{3}} \\ D_y = S_{(5,2)} + S_{(5,3)} + S_{(5,4)}/2 \\ \mathrm{Dis} = \sqrt{D_x \times D_x + D_y \times D_y} \end{cases} \tag{3.67}$$

式中，$S_{(i,j)}$ 是编码为 (i, j) 的网格的实际尺寸。

"平均值法"是指计算网格模型中的每一行网格的实际平均尺寸，同时将它们存储于文件当中；在进行基于网格的距离运算时，查询两个网格所在行的网格的实际平均尺寸，用于计算两个网格之间的距离。使用平均值法计算网格距离时，系统使用存储于网格模型中的每一个网格的实际平均尺寸。因此，网格 $(5, 4)$ 到网格 $(2, 1)$ 之间的距离可以使用式 (3.68) 计算得到。

$$\begin{cases} D_x = 3 \times \sqrt{3} \times \dfrac{S_1}{2} \\ D_y = 5 \times \dfrac{S_2 + S_4}{4} \\ \mathrm{Dis} = \sqrt{D_x \times D_x + D_y \times D_y} \end{cases} \tag{3.68}$$

式中，S_i 是编码为第 i 行六角格的平均尺寸。

2. 替代误差分析

替代误差是指以一个某一尺度描述的要素替代表示某一个另一尺度描述的要素时产生的长度或面积的误差。对于网格模型中的占位型格元而言，由于需要将网格内占据重要位置的空间要素归类为网格的格元属性，显然存在排他性的取舍，那么就存在扩大或缩小实际空间要素面积的问题。对于网格模型中的指示型格元而言，也存在类似问题，前文提及指示型格元的数据来源主要是线状要素，需要把线状要素归类为格元属性，如道路。在仿真模型的推演过程中，它沿着道路格运动，并且根据网格的数目计算两点之间的距离，如此一来，实际道路长度的计算将转换为网格长度的计算(图 3.38)。

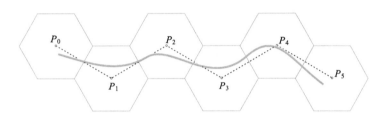

图 3.38　道路替代图

如图 3.38 所示，将道路规划到网格的格元属性之后，网格模型中的道路长度就可以根据道路压盖的网格的中心点之间距离累加确定 $\left(P_0 P_1 P_2 P_3 P_4 P_5\right)$，即

$$l = \frac{\sqrt{3}}{2} \times R \times 2(n-1) = \sqrt{3}(n-1)R \tag{3.69}$$

图 3.38 中的曲线覆盖六边形个数 $n = 6$，那么网格模型中道路长度为

$$l = \frac{\sqrt{3}}{2} \times 6 \times 6(n-1) = 5\sqrt{3}R$$

显然，它和实际道路的长度存在误差。

根据上面的描述，可以明确了解，利用压盖的网格替代道路的长度可能存在误差。而影响误差大小的因素包括道路角度和网格尺寸。

这里选择长度为 20 km 的直线段，研究道路网格化之后的误差分布情况，分别研究道路角度和网格尺寸对于替代误差的影响。固定 20 km 直线段的一端，绕该端点旋转一圈，每隔 1° 研究角度对于替代误差的影响；分别选择 10 m 至 300 m 的 5 个不同尺寸研究网格尺寸对于替代误差的影响。

1)道路角度对于替代误差的影响

研究道路角度对于替代误差的影响，建立以角度为横轴，替代长度为纵轴的散点图，图 3.39～图 3.43 分别代表网格尺寸为 10 m、20 m、50 m、100 m、300 m 时不同角度得到的替代距离。

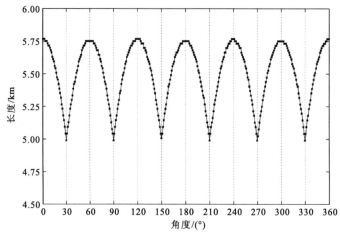

图 3.39　网格尺寸为 10 m 时，角度对替代误差的影响

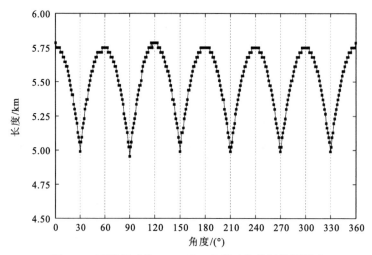

图 3.40　网格尺寸为 20 m 时，角度对替代误差的影响

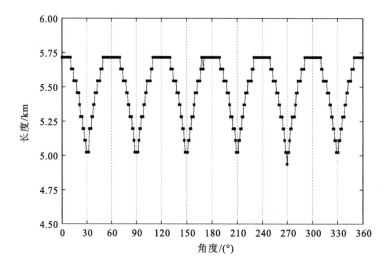

图 3.41　网格尺寸为 50 m 时，角度对替代误差的影响

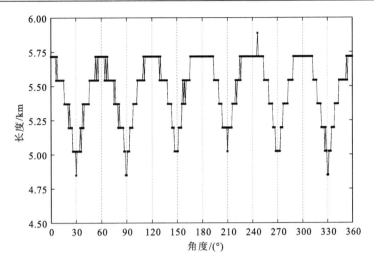

图 3.42　网格尺寸为 100 m 时，角度对替代误差的影响

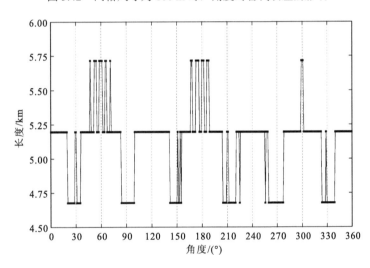

图 3.43　网格尺寸为 300 m 时，角度对替代误差的影响

可以看出，随着角度的变换，替代误差呈现以 60° 为周期的波状起伏的形态。以 0～90° 的区间为例，当角度为 0°（即直线段为水平）和 60° 时，替代误差达到最大值，而且两者的误差相差不大。由于六角格排列形状的特殊性，前后两列六角格总是错落存在，因此 0° 线段在使用六角格替代时，总是会将水平呈现的线段转换为曲折变换的线段，最终导致替代误差增大（图 3.44）；而当线段为 60° 时，将其按照顺时针旋转 60°，将得到角度为 0° 时的情况。当角度为 30° 和 90°（即直线段为垂直）时，同样由于六角格排列形状的特殊性，替代曲线呈现 30° 的直线（图 3.45），即线段和替代线段是平行的，最极端情况存在与线段的起点和终点分别位于两个六角格的中心，那么被替代线段和替代线段不存在任何误差；而当线段为 90° 时，将其按照逆时针旋转 60°，将得到角度为 30° 时的情况。

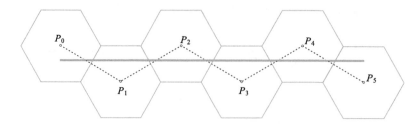

图 3.44　道路替代图(角度等于 0°)

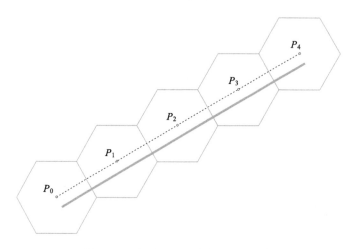

图 3.45　道路替代图(角度等于 30°)

2)网格尺寸对于替代误差的影响

研究网格尺寸对于替代误差的影响,建立以网格尺寸为横轴,替代长度为纵轴的散点图,图 3.46~图 3.50 分别代表角度为 0°、10°、30°、60°、90°时,不同网格尺寸得到的替代距离。

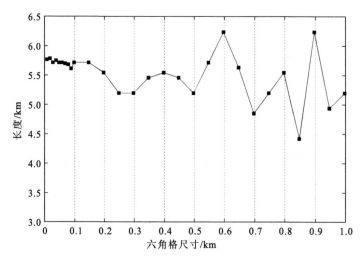

图 3.46　角度为 0°时,网格尺寸对替代误差的影响

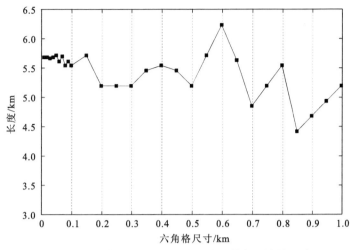

图 3.47　角度为 10°时，网格尺寸对替代误差的影响

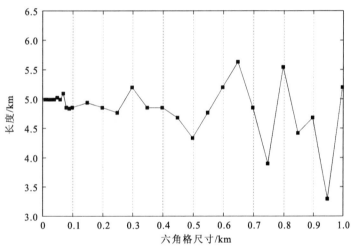

图 3.48　角度为 30°时，网格尺寸对替代误差的影响

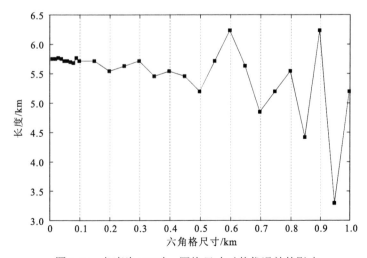

图 3.49　角度为 60°时，网格尺寸对替代误差的影响

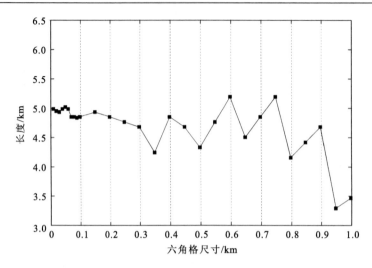

图 3.50　角度为 90°时，网格尺寸对替代误差的影响

可以看出，随着网格尺寸的变大，同一直线段在不同角度时得到的替代误差波动幅度增大，同时 60°的变化波形也受到影响，直至消失。当网格尺寸较大时，替换误差呈现无规律的上下波动，当网格尺寸小于 300 m 左右时，逐渐趋于平稳。

3.7　可视化表达

在仿真推演的过程中，网格模型作为空间环境的基础发挥了重要作用，具体表现在：一是为用户认知空间环境提供可视化服务；二是为仿真模型认知空间环境提供数据服务。用户认知空间环境时，网格模型可以使用不同的颜色或者不同的符号表示不同类型的空间要素，并且以纸质地图、电子地图(统称为网格地图)或者环境仿真等方式提供高逼真的可视化服务。仿真模型认知空间环境时，网格模型使用不同的数据标识表示不同类型的空间要素，为仿真模型提供高精度的数据服务。

用户认知空间环境时，网格模型作为空间环境信息传输的载体，设计与表达应当符合人类的视觉感受规律，适应于人的视觉感受功能。因此，结合仿真推演需求，运用地图学相关理论，诸如地图空间认知理论、地图符号学理论，指导网格模型的可视化设计与表达。据此，本节设计了面向认知的网格模型可视化设计与表达过程模型，如图 3.51 所示。

依据地图感受理论，网格地图符号设计可以借鉴图形符号学的方法。也就是说，可以使用视觉变量研究网格地图符号的构图规律。视觉变量也称图形变量，是引起视觉的生理现象差异的图形因素。这种可以察觉的差异不仅存在于认知的低级阶段——感觉阶段，同时也存在于认知的高级阶段，受到人的认知因素和心理现象的影响。由于人们对变量的认识不尽相同，因此，出现了多个不同的视觉变量体系。1967 年，法国图形学家 Bertin 提出了基本的视觉变量，即形状、尺寸、方向、亮度、密度和色彩，广泛应用于地图学和地图制图领域(王家耀和陈毓芬，2001)。

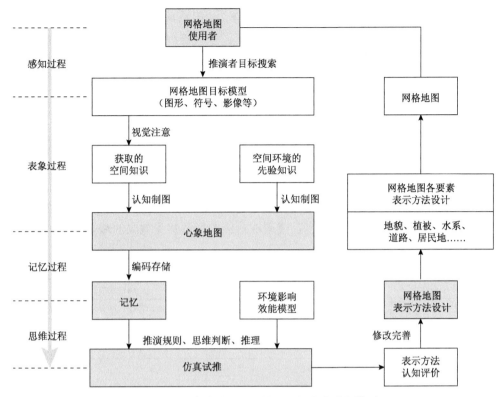

图 3.51　网格模型的可视化设计与表达过程模型

　　网格模型的可视化设计与表达需要依据网格模型符号的构图规律，科学、合理地运用视觉变量，能够极大地提高其图形表达效果。同时需要考虑各种图形变量的构图法则，因为不同的组合能够产生截然不同的视觉效果，这在很大程度上影响用户的空间环境信息的认知效果。

　　视觉变量能够引起视觉感受的多种效果，可以归纳为整体感、等级感、数量感、质量感、动态感和立体感。针对仿真推演的应用特点，在网格地图设计与表达的过程中，需要重点考虑整体感、等级感、质量感和立体感等四种效果(王家耀等，2006a)。

　　(1) 整体感。整体感是指由不同像素组成的一个图形，整体看上去没有哪一种像素特别突出，能够产生整体感的视觉变量包括形状、方向、色彩中的近似色等。由于网格模型中的地形特征、格元属性和格边属性等信息，都对仿真推演过程产生影响，因此表达网格模型时，不能过于突出某一类信息而弱化另一类信息，即需要保持网格模型的整体性。

　　(2) 等级感。等级感是指观察对象迅速而明确地区分出几个等级的视觉感受效果，有效的视觉变量包括尺寸、亮度和密度等。网格模型中的高程、道路等级等信息，在可视化表达时需要呈现出等级感，以便于用户能够快速判断不同等级的要素。

　　(3) 质量感。质量感是指将观察对象区分出几个类别的视觉感受效果，有效的视觉变量包括形状和色彩。网格模型中的格元属性可以分为水系、交通、植被、居民地等多种类型，而格边属性也可以分为公路、铁路、海岸线等多种类型，用户必须能够快速地区分不同类型的属性信息。

(4)立体感。立体感是指通过视觉变量的组合，使用户从二维平面图上产生三维立体视觉的感受效果，尺寸变化、亮度变化、纹理梯度、空气透视、光影变化等都能够产生立体感。网格模型中地形特征的表达，要能够使得用户产生较好的立体感，使其快速地辨别推演区域的地形特征，从而增强用户的空间环境的认知效果，提高推演决策的合理性。

合理地运用视觉变量，可以使网格模型的可视化表达产生最佳的视觉效果，因此网格模型的可视化设计可以参照表 3.6 选择视觉变量。另外，为了增加网格模型符号之间的差别与联系，可以在一个符号中使用两个或多个视觉变量，但是需要注意，视觉变量的相加并不都会增强符号的视觉感受效果。如果联合使用视觉变量，能够使得每种视觉变量都产生最适宜的视觉感受效果，那么联合后符号的总体感受效果将会增强，否则反而会减弱总体感受效果。此外，还应注意视觉变量组合时每个变量的变化方向，例如，递增的尺寸变量系列与递减的亮度变量系列的联合，会造成对应的视觉感受效果的减弱。

表 3.6　网格地图中视觉变量产生的感受效果

感受效果	视觉变量	网格模型属性信息
整体感	形状、方向、色彩(近似色)	地形特征、格元属性、格边属性
等级感	尺寸、亮度、密度	地形特征、格边属性
质量感	形状、色彩	格元属性、格边属性
立体感	尺寸(有规律)、亮度(有规律)、色彩(有规律)	地形特征

网格模型不仅要确保用户获得正确的空间环境认知，更为重要的是，还要通过较少的努力获得相应的认知结果。因此，网格模型可视化设计与表达的过程可以引入"视觉隔离"(visual isolation)(Bertin 称其为选择)的概念。"视觉隔离"表示用户是否能够一眼就察觉网格地图上已识别的各种属性之间的所有关系。在这一过程中，并非所有的视觉变量都可以发挥很好的作用，部分还依赖于划分的属性类别的数量(Kraak and Ormeling, 2014)。

如果希望使用色彩变量区分网格模型中格元属性的定名差异，那么最多可以使用八种不同类别的颜色；如果选择的颜色多于八种，就有可能无法分辨出每一类格元属性的分布情况。正如表 3.7 的描述，可以在网格模型的可视化设计中选择尺寸、色彩、亮度和密度等视觉变量。

表 3.7　网格地图中的视觉隔离

项目	线状符号	面状符号
尺寸	4	5
亮度(灰度值)	4	5
密度/结构	4	5
色彩	7	8
方向	2	-
形状	-	-

结合地图感受理论，面向网格地图的地形特征、格元属性和格边属性三类信息，综合运用色彩设计和符号设计的相关理论与方法，分别设计不同的表达方式，最终构建了网格模型可视化设计与表达的完整体系。

需要特殊说明的是，面向仿真推演的应用不同，那么对于格元属性和格边属性的定义存在差异，将格元属性定义为"陆地格元""海洋格元""森林格元""沙漠格元""沼泽格元""居民地格元""湖泊格元""水陆格元""岛屿格元"九类，在这九类分类的基础之上，可以依据长度、面积、等级等再将它们进行细化。这里按照格元属性进一步细化的结果，简单描述格元属性、格边属性的可视化设计与表达。其他仿真推演应用的可视化设计与表达，可以参照本节执行。

1. 地形特征的可视化设计与表达

地形的表达通常需要满足以下要求：①能够反映地形的形态特征；②能够表示地形的不同类型和分布特点；③可量测性；④能够显示地面起伏状态等。常用的地形表达方法包括写景法、等高线法、晕渲法、晕渲法和分层设色等多种地貌表示方法，目前最为常用的是等高线法、分层设色法和晕渲法（王光霞等，2011）。

平面离散网格模型通过离散网格将整个推演区域剖分成为若干单元，每一个单元内的地形特征可以认为具有相同的性质，因此，可以采用分层设色法描述它。但是，目前多数网格模型的可视化表达中，使用分层设色法时并没有考虑颜色的色调问题，即不同地形景观类型在自然条件下所呈现的色调不同。例如，沙漠地形通常呈现黄色调，平原地形通常呈现为绿色调。对比分析不同地形景观类型所呈现的色调的差异，可以设计与特定地形景观类型（例如平原、丘陵、山地、沙漠戈壁等）相适应的分层设色方案，如表 3.8 所示。

确定了上述四种地形景观类型的主色调之后，可以基于不同的主色调，采用分层设色法分别表示具有不同高程的地形特征，用以生动描述地形的高低起伏、山峦叠嶂。依据网格模型的"视觉隔离"原则，使用颜色变量区分地形特征时，选择的颜色的数量应当不超过 8 种，否则用户将无法一眼察觉出不同地形特征的类型。

表 3.8　地形景观类型特征及其主色调特点

地形景观类型	地形特征	设色特点
平原地形	地势平缓、开阔，高程高差小；农作物、植被分布广泛；交通发达，道路纵横	采用绿色调，高程等级越高，饱和度逐渐增大
丘陵地形	海拔和地貌起伏度略高于平原；植被覆盖面较大，谷地多为稻田、耕地；高等级公路较少	采用黄绿色，高程等级越高，饱和度逐渐增大
山地地形	地貌起伏显著、山高坡陡谷深；居民地小而疏，分布在谷地和山间盆地；道路稀少	采用棕青色，高程等级越高，饱和度逐渐增大
沙漠戈壁地形	地表覆盖大量沙砾；植被稀少；居民地少见；水系要素极不充分；道路分布少	采用棕黄色调，高程等级越高，饱和度逐渐增大

因此，可以将网格模型内的所有高程等间隔划分为 7 个等级，并且采用等间隔设色的方法设计各级高程值对应的颜色值。这样既能够保证高程值具有较高的描述精度，又能够

满足网格模型中色彩的"视觉隔离"阈值要求(汤奋，2016)。

假设第 1 级的高程设色为 $\text{Color}_1(R_1, G_1, B_1)$，第 7 级的高程设色为 $\text{Color}_7(R_7, G_7, B_7)$，那么通过等间隔插值可以得到中间各级的高程设色的 R、G、B 值，如式 (3.70) 所示。计算得到各等级的高程设色颜色之后，将网格高程按照最低高程和最高高程同样划分为 7 级，第 1 级高程(最低高程区间)对应于第 1 级的高程设色，第 7 级高程(最高高程区间)对应于第 7 级的高程设色。

$$\begin{cases} R_i = R_1 + \left[(R_7 - R_1) \times (i-1)/6.0 \right] \\ G_i = G_1 + \left[(G_7 - G_1) \times (i-1)/6.0 \right] \\ B_i = B_1 + \left[(B_7 - B_1) \times (i-1)/6.0 \right] \end{cases} \tag{3.70}$$

据此，可以得到平原、丘陵、山地、沙漠四种地形景观类型的分层设色方案，以及各类地形类型中不同高程等级对应的颜色值，如表 3.9 所示。

表 3.9　各种地貌类型的分层设色方案

高程等级	第1级	第2级	第3级	第4级	第5级	第6级	第7级
平原地貌							
丘陵地貌							
山地地貌							
沙漠地貌							

以河南省登封市某地(丘陵地形)作为网格地图的制图区域，使用尺寸为 200 m 的六角网格(对边距离)对该地区进行划分，利用上述的丘陵地形分层设色方案对网格模型的地形特征进行可视化表达，效果图如图 3.52(a) 所示。

可以看出，图 3.52(a) 中网格模型的整体性较好，且颜色的"视觉隔离"感受性较强，能够快速地分辨邻近的高程类型。但由于图中网格产生的"马赛克"效应，使得该图整体的立体感效果较差。

由于晕渲图在表达地貌起伏时，立体感效果非常形象直观，其设计和制作方法也较为成熟。因此，将地貌晕渲图作为网格模型的底图，然后叠加基于离散网格的分层设色图，就能够实现较好的显示效果，如图 3.52(b) 所示。

采用"晕渲图+分层设色图"对地形景观特征进行表达，关键在于设计出合适的晕渲图，否则将干扰用户的认知过程。结合网格地图的特点，地貌晕渲采用黑白晕渲法，不宜采用彩色晕渲法。因为后者将会严重影响分层设色图中的颜色，使得用户无法正确判断网格的高程等级(汤奋，2016)。

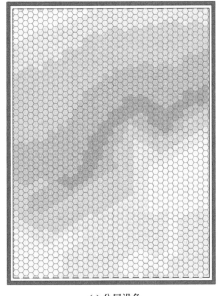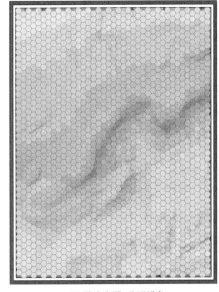

(a) 分层设色　　　　　　　　　　　　(b) 晕渲底图+分层设色

图 3.52　网格地图中地形特征的两种表达方式效果图

（1）地貌晕渲采用黑白晕渲法，不宜采用彩色晕渲法。因为后者将会严重影响分层设色图中的颜色，使得用户无法正确判断网格的高程等级。

（2）地貌晕渲的光源位置宜位于西北方向 45°。因为可以很好地适应用户的认知习惯。

（3）地貌晕渲的垂直拉伸比例应当合理设置。因为恰当的垂直拉伸比例可以反映地貌的起伏状态，随着平原、丘陵、山地的地貌起伏度逐渐升高，对应的晕渲图的垂直拉伸比例可以适当降低。例如，平原地形的垂直拉伸比例可以设置为 5，丘陵地形的垂直拉伸比例可以设置为 3，山地地形的垂直拉伸比例可以设置为 1.5。

2. 格元属性的可视化设计与表达

网格模型中，通常使用网格的格元属性描述水系、植被、居民地。格元的主要作用是说明物体(现象)的性质和分布范围，由于网格模型的格元属性的分布范围受限于离散网格，因此主要通过内部颜色的色相、亮度、纯度、网纹的变化或内部点状符号的形状变化描述格元属性的差异。

1）河流格元的设计与表达

仿真推演过程中，河流格元是主要的水系要素，不同性质的河流对仿真推演造成的影响也不尽相同。因此，根据河流的面积、深度、流速等三类信息，可以划分水域为三个等级分别进行可视化表达。

河流格元属性的表达方案应充分考虑用户的认知习惯，尽量遵循较为成熟的习惯性用法，因此采用蓝色表达水域格元属性。针对三个等级的水域信息，设计的表达方案应能确保用户快速而准确地区分，这里主要使用颜色的亮度变化产生等级感，采用三个 RGB 值等间隔的颜色值对其进行表达，如表 3.10 所示。

表 3.10   河流格元表达方案

河流等级		一级	二级	三级
方案	颜色			
	RGB 值	(160，220，245)	(110，180，230)	(60，140，215)

2）沼泽格元的设计与表达

沼泽格元同样是水系要素的一种，也对仿真推演产生重要影响。但是，不同于河流，沼泽在自然形态上并未完全被水域覆盖，可能存在部分能够通行的区域。因此，依据沼泽的通行能力，可将沼泽分为可通行沼泽、通行困难沼泽和不可通行沼泽。

由于沼泽自然形态的特殊性，不能沿用河流表达的颜色填充法，否则将会引起用户对于沼泽的错误认知。为保持用户视觉感受效果的连贯性，采用普通地图中沼泽要素的设计方案，即使用视觉变量中的色彩和形状表达网格模型中的沼泽格元。

沼泽符号的色彩使用蓝色，用以表示沼泽包含的小块水域，同时使用长短不一、随机分布的线段表示沼泽的水域位置，线段越多表示通行的难度越大，这比较符合用户的认知习惯。因此，设计符号形状时，需要根据沼泽的通行能力等级设计线段的分布样式，力求用户通过沼泽符号能够快速分辨出沼泽的类型。

人的视觉感受基本过程可分为四个环节，即察觉、辨别、识别和解译。其中辨别是察觉差异的过程，受生理学、心理学和心理物理学因素的影响。辨别的心理学因素，主要表现在无目的阅读图画时受醒目符号的吸引，有目的阅读时对特定符号的注视，主要涉及轮廓与主观轮廓、目标与背景、视觉恒常性和视错觉等心理因素，主观轮廓主要是指在图形上没有表现出完整的轮廓，但主观感受时形成轮廓。在沼泽符号设计时，可以充分利用主观轮廓的心理因素对沼泽通行能力等级进行描述，即利用线段在横向上的不等距间隔，构成宽度不同的通道的主观轮廓。用户依据通道的主观轮廓，能够快速辨别通道的不同宽度，进而联想到沼泽对应的通行能力等级。

不失一般性，这里使用了两种不同的形状对沼泽进行描述，分别设计了两种沼泽表示方案，方案 1 仅使用线段，方案 2 则使用混杂纹样的图案。两种设计方案如表 3.11 所示。

表 3.11   沼泽格元表达方案

沼泽类型		可通行沼泽	难通行沼泽	不可通行沼泽
方案	方案1	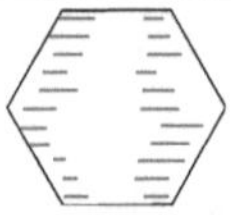	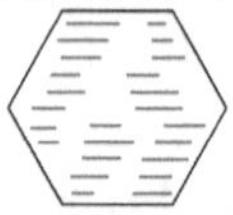	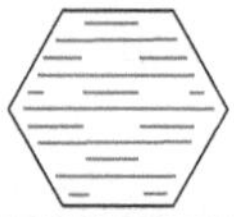
	方案2	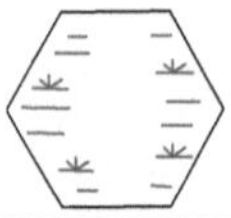	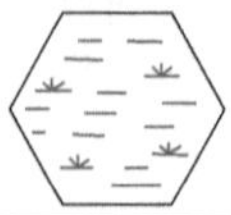	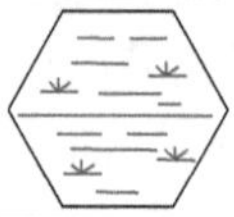

对于可通行沼泽格元，可以明显看到符号内部具有从底部到顶部的"通道"的主观轮廓，以此"通道"表示可通行沼泽；对于难通行沼泽格元，那么符号内部从底部到顶部的"通道"的主观轮廓相对较窄；对于不可通行沼泽格元，那么符号内部均无"通道"。

3）植被格元的设计与表达

植被一般分为森林、灌木林、草地和稻田三种基本类型。在此基础上，为更加精确地描述各类植被要素，可以对上述三种基本类型再进一步细分。细分的依据可以是各类植被要素的核心属性，例如，森林的高度、密度和胸径，灌木林的密度，草地的高度等。

网格模型的植被格元的可视化表达方案应遵循用户的使用习惯，最基础的就是使用绿色表示植被要素。视觉变量中的色彩和形状两个变量能够产生质量感，由于色彩只能选择绿色，因此设计三种基本类型的植被要素的表达方案时，只能使用形状变量，也就是说，使用绿色的不同形状的符号分别表达不同类型的植被属性。

而对于相同类型的植被要素而言，可以根据它们的核心属性划分为不同等级，从而确保用户产生准确的等级感。由表 3.6 可知，视觉变量中的尺寸、亮度和密度三个变量都能够产生等级感，色彩已经确定选择绿色，因此主要选择尺度和密度两个变量描述植被属性的等级。

A. 森林

高度、胸径和密度是森林要素的三个核心属性，每一个属性又可以划分为两个等级，即高林与矮林、粗林与细林、密林与疏林。组合这三个核心属性的等级，可以得到 8 个不同等级的森林，依次为矮林-细林-疏林、矮林-细林-密林、矮林-粗林-疏林、矮林-粗林-密林、高林-细林-疏林、高林-细林-密林、高林-粗林-疏林、高林-粗林-密林。

在充分考虑用户认知习惯的前提下，可以使用尺寸与密度两个变量分别描述三个核心属性。对于高林与矮林而言，可以使用不同高度的符号；但是，如果仅仅通过增大或减小符号的绝对高度，那么网格模型的格元之间缺乏直观的比较，用户难以快速辨识高林与矮林，因此，采用轮廓相似且易于分辨的符号进行区分表达。对于粗林与细林而言，可以直接采用不同粗细的单线进行区分表达。对于密林与疏林而言，可以使用同一符号不同密度的配置进行区分表达。

可视化表达网格模型时，首先表达不同的地形类型，选择不同的地形主色调。因此，为了适应不同的地形主色调的网格地图，确保网格模型的整体感效果，这里设计了两种森林符号表达方案，如表 3.12 所示。其中，方案 1 设计的符号采用线划模式，整体效果较为简洁，突出感不强，较为适用于山地及沙漠地形的网格地图；方案 2 设计的符号采用填充模式，整体效果较为突出，与底图的对比效果显著，较为适用于平原及丘陵地形的网格地图。

B. 灌木林

根据灌木林的核心属性密度，可以分为稀疏灌木林和密集灌木林。为使灌木林产生视觉感受效果中的等级感，可以选择使用尺寸、亮度和密度三个视觉变量。由于灌木林颜色已经确定为绿色，而且主要区别表达灌木林的密度，因此，使用密度变量描述两个不同等级的灌木林。

表 3.12 森林符号表达方案

森林类型		细林/疏林/矮林	细林/疏林/高林	细林/密林/矮林	细林/密林/高林
方案	方案 1	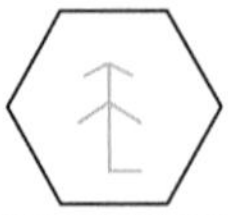	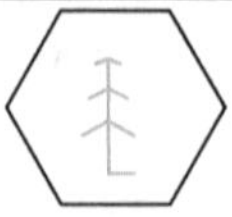	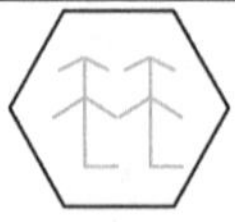	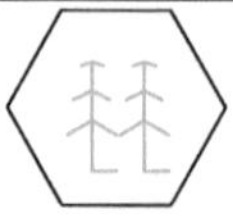
	方案 2				
森林类型		粗林/疏林/矮林	粗林/疏林/高林	粗林/密林/矮林	粗林/密林/高林
方案	方案 1		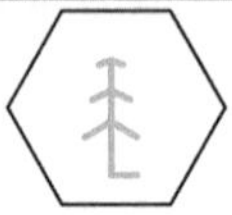		
	方案 2				

　　同时，适应不同地形类型的网格地图的主色调，这里设计了四种表达方案，如表 3.13 所示。基于用户的认知习惯，方案 1 参考了地形图中灌木林的符号设计，即利用环绕符号中心的绿色实心圆的密度表达灌木林的密集性，为确保有效的"视觉隔离"，特意采用了间隔较大的密度值，确保用户能够快速地认知不同密度等级的灌木林。方案 2 直接利用了绿色空心圆的密度表达灌木林的密集性，降低了符号的突出性，比较适用于沙漠地形的网格地图。方案 3 利用了灌木的正射纹理符号的密度表达灌木林的密集性等级，降低了符号的抽象性，但是，采用纹理填充的方式，增强了符号与地图的对比效果，比较适用于平原和丘陵地形的网格地图。方案 4 利用了不同填充密度的植被仿真纹理可视化表达灌木林的密集性等级，仿真纹理经过制图人员的抽象与加工，增强了符号的具象性，更加符合用户的认知习惯和视觉感受规律。

表 3.13 灌木林符号表达方案

	灌木林类型	稀疏灌木林	密集灌木林
方案	方案 1	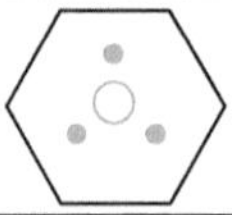	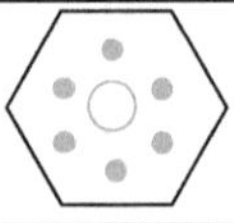
	方案 2	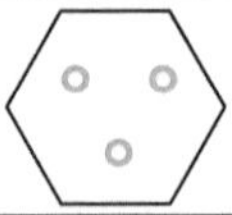	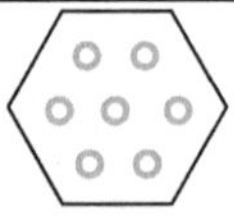
	方案 3	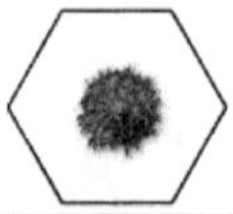	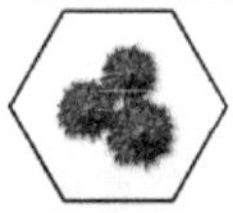
	方案 4	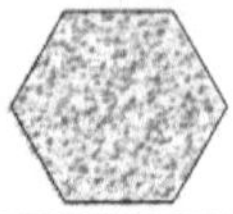	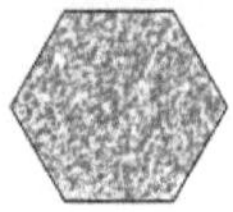

C. 稻田和草地

与森林和灌木林类似，稻田和草地也属于植被要素之一，因此符号色彩仍然延续绿色色系。通常情况下，稻田的种植较为规范，横纵排列有序，在遵循用户认知习惯的前提下，稻田符号在结构上表现为整齐规范。

但是，稻田和草地属于不同类型的植被要素，因此需要区别描述。由表 3.6 可知，能够产生质量感效果的视觉变量包括色彩和形状，在稻田和草地符号的色彩确定的情况下，只能使用形状变量区别描述稻田和草地。为适应不同地形类型的网格地图的主色调，设计了两种稻田与草地的表达设计方案，如表 3.14 所示。

表 3.14　稻田与草地符号表达方案

植被类型		稻田	草地
方案	方案 1	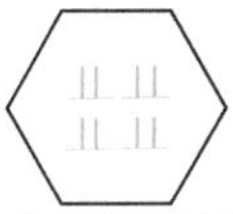	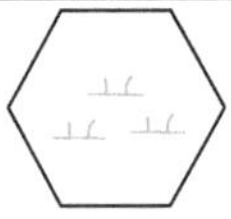
	方案 2	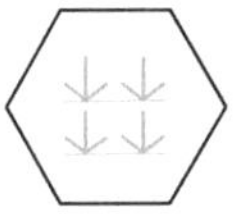	

4）居民地格元的设计与表达

不同类型的居民地对仿真推演的影响各不相同，因此，网格地图有必要区别表达不同类型的城镇；如此一来，用户使用网格地图能够准确而快速地辨识不同类型的城镇，从而做出合理的决策。

依据居民地的规模及其对仿真推演应用的影响，可以分为聚集型和独立型两种。聚集型居民地主要依据建筑物密度，进一步细分为聚集型居民地（高）、聚集型居民地（中）、聚集型居民地（低）三个等级。独立型居民地依据占地面积，进一步细分为小型独立居民地和大型独立居民地两个等级。

由表 3.6 可知，能够产生质量感效果的视觉变量包括色彩和形状，因此可以使用色彩和形状变量区别描述聚集型居民地和独立型居民地。一般情况下，普通地图多采用棕色或黑色表示居民地，网格地图中若采用其他颜色区别聚集型和独立型居民地，不太符合用户长久建立的认知习惯，极易造成混淆。因此，使用形状变量区别描述这两种基本类型的居民地。

对于聚集型居民地而言，可以使用尺寸、亮度和密度三个视觉变量产生等级感。由于不使用色彩变量对居民地基本类型进行区分，因此亮度变量不再适用于聚集型居民地的区分。通常，聚集型居民地使用组合符号或面状符号进行表达（几何符号除外），对于组合符号或面状符号而言，尺寸变量无法有效地区分不同类型的对象。因此，只有密度变量比较适用于不同等级的聚集型居民地的区分描述。

通常，小比例尺普通地图使用几何符号描述不同等级的居民地。这种表达方式也同样适用于网格地图，即通过几何符号的尺寸变量，区分不同等级的聚集型居民地。

通过上述分析，为适应不同地形类型的网格地图的主色调，可以采用透视符号和几何符号表达聚集型居民地，其中，透视符号又分为顶视符号和侧视符号。如表 3.15 所示，聚集型居民地分别设计了两种顶视符号表达方案、两种侧视符号表达方案和一种几何符号表达方案。

表 3.15　聚集型居民地可视化表达方案

等级		聚集型居民地(高)	聚集型居民地(中)	聚集型居民地(低)
方案	顶视方案 1		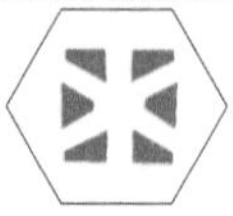	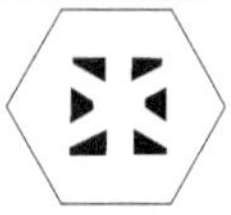
	顶视方案 2		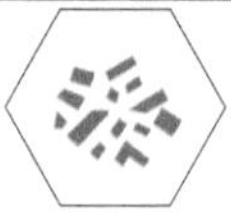	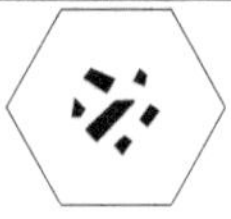
	侧视方案 1			
	侧视方案 2			
	几何符号		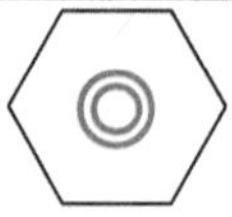	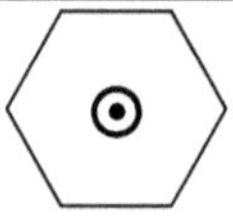

第一种顶视方案充分考虑了网格地图的几何特性，通过构建聚集型居民地符号内部六条通道的轮廓，确保邻近网格中居民地符号的连通性。第一种顶视方案遵循了普通地图中居民地符号的认知习惯，通过构建一个封闭图形的轮廓，吸引用户的注意力，实现较好的认知效果。第一种侧视方案兼顾了居民地符号的抽象性和具象性，第二种侧视方案则强调了符号的抽象性，选择合理的"视觉隔离"，使得用户能够快速地辨识不同的等级。几何符号的设计方案沿用了小比例尺普通地图中居民地的符号方案，符号整体效果较为简洁，比较适用于平原和丘陵地形的网格地图。

不同于聚集型居民度主要使用组合符号或面状符号，独立型居民地主要使用独立符号进行描述。依据占地面积划分为小型居民地和大型居民地。据表 3.6 可知，能够产生等级感的视觉变量包括尺寸、亮度和密度。通常，独立型居民地使用独立符号进行描述，因此可以使用尺寸变量区分不同等级的独立型居民地。

为了增强独立型居民地符号的表达效果，同样可以使用顶视符号、侧视符号、三维符号等区分表达独立型居民地，如表 3.16 所示。

表 3.16　独立型居民地可视化表达方案

居民地等级		小型独立居民地	大型独立居民地
方案	侧视方案		
	顶视方案		
	三维方案		

侧视方案的符号整体效果较为简洁，符合大比例尺普通地图的认知习惯。顶视方案的符号加入了阴影效果，并且使用色彩变量增强表达效果，对比效果较为显著。三维方案的符号具有强烈的透视效果，能够产生较好的立体效果。

5）指示型格元的设计与表达

前文提及，指示型格元是一种特殊的格元，为了突出表达某一要素而将线状要素归类为格元属性。道路就是这样一类特殊的格元。

道路指示型格元表达道路的通达性。美国著名军事地理学家 C. 佩尔蒂尔和 G. 埃特泽尔认为"通达性是军事地理学的核心。这个概念表示从一地到达或攻击另一地的难易程度。通达性不仅取决于距离的远近和有无障碍物，而且取决于道路和运输系统的发达程度以及车站的能力"。因此，根据交通要素对仿真推演的影响，可以将其分为铁路、公路、其他道路。网格模型中的指示型格元除了需要按照本身格元的属性进行表达之外，还需要将交通要素归算到网格中心，利用各中心点的连线进行描述，称为中心线。

根据铁路的运输能力、最大运输速度等属性，可以进一步细分为高速铁路和普通铁路。根据公路的路面质量、行车道数量、路面宽度、最大通行速度等属性，可以进一步细分为高速公路、一级公路、二级公路、三级公路和四级公路。根据其他道路的路面质量、路面宽度、道路纵向坡度等属性，可以进一步细分为大路、小路。

根据视觉感受理论，能够产生质量感的视觉变量包括色彩和形状，因此铁路、公路和其他道路的区分描述可以综合使用色彩视觉变量和形状视觉变量。根据用户的认知习惯，普通地图经常使用黑色表示铁路、棕色表示公路，为保持网格地图的整体性，交通要素的色彩不能过于突出，因此仍然遵循交通要素的色彩运用的传统习惯。其他道路的可视化表达可以使用形状要素使之区别于铁路和公路。

铁路细分为高速铁路和普通铁路，本质上反映了不同等级的差异。由表 3.6 可知，尺寸、亮度和密度视觉变量可以产生等级感；同时根据用户的认知习惯，也可以使用符号区分高速铁路和普通铁路。通常，普通地图使用黑白间隔的符号表示铁路，这限制了利用亮度变量描述铁路的等级。因此，本节主要使用符号和密度变量区分描述高速铁路和普通铁路。

　　根据公路的核心属性，可以进一步细分为高速、一级、二级、三级、四级五个等级。据表 3.6 可知，尺寸、亮度和密度能够产生等级感，公路的色彩已经确定为棕色，并且线状符号主要使用尺寸要素表示不同的等级特征，因此可以使用尺寸和亮度区分描述不同等级的公路。值得注意的是，根据表 3.7 给出的"视觉隔离"参考值，使用尺寸变量描述线状符号的最大等级数量为 4，而网格地图中的公路分为 5 个等级，如果仅仅使用尺寸变量区分公路等级，那么可能造成用户无法准确快速地辨识。因此，本节综合使用尺寸和亮度视觉变量区分描述不同等级的公路。

　　其他道路分为大路和小路两个等级，可以使用尺寸、亮度和密度产生等级感。由于线状符号使用尺寸(粗细)表示等级特征。因此，可以使用尺寸变量区别与描述大路和小路。

　　为适应不同地形特征的网格地图的主色调，设计了多个中心线属性表达方案，如表 3.17 所示。

表 3.17　道路格元的中心线表达方案

属性项		道路等级	轮廓颜色(RGB)	填充颜色(RGB)	样式
方案	铁路方案 1	高速铁路	无	(0, 0, 0)	
		普通铁路	无	(0, 0, 0)	
	铁路方案 2	高速铁路	无	无	
		普通铁路	无	无	
	公路方案 1	高速	无	(242, 95, 37)	
		一级	无	(221, 150, 7)	
		二级	无	(206, 196, 9)	
		三级	无	(165, 165, 165)	
		四级	无	(249, 249, 249)	
方案	公路方案 2	高速	(239, 82, 27)	(239, 205, 6)	
		一级	(0, 0, 0)	(242, 208, 65)	
		二级	(0, 0, 0)	(242, 237, 140)	
		三级	(0, 0, 0)	(165, 165, 165)	
		四级	(0, 0, 0)	(249, 249, 249)	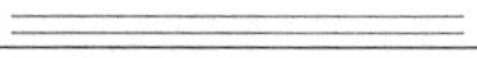
	其他道路方案	大路	无	(0, 0, 0)	
		小路	无	(0, 0, 0)	

　　铁路方案 1 使用了符号变量区分高速与普通铁路，符号使用填充模式具有较好的突出性，比较适用于平原、丘陵地形的网格模型；方案 2 使用密度变量区分高速与普通铁路，符号使用不同密度的黑白间隔降低了突出性，适用于山地、沙漠地形的网格模型。公路方案 1 组合使用了尺寸和亮度变量区分 5 个等级的公路，没有使用轮廓线，整体性较好但对比性较差，适用于山地、沙漠地形的网格模型；方案 2 同样组合使用了尺寸和亮度变量区分 5 个等级的公路，在符号外侧使用了轮廓线，因此整体性较差但对比性较好，适用于平原、丘陵地形的网格模型。

3. 格边属性的可视化设计与表达

网格模型的障碍型格边作为网格与网格之间通断能力的存在属性，需要进行可视化表达，满足用户的视觉需区域。线状水系作为典型的格边属性，既是仿真推演应用的天然障碍，也是交通运输的重要通道，因此，网格地图必须进行准确地描述。线状水系的核心属性包括水深、流速、宽度等，根据这些属性可以将它分为三个等级。

线状符号采用的视觉变量包括色彩、形状和尺寸，能够产生等级感视觉效果的视觉变量涉及尺寸、亮度和密度。由于河流属于水系的一类，根据用户的认知习惯，网格地图中所有河流的色彩均使用蓝色。因此，形状变量适合用于区分不同类型的格边属性，例如，河流与海岸线的区别。但是，考虑到线状符号的几何特征和网格地图的格边的几何特征，如果面向三个等级的河流，可以使用尺寸变量区别描述网格地图的格边属性。

同时，根据"视觉隔离"理论，使用尺寸视觉变量表达线状符号的等级时，尺寸分类不应超过 4 个。使用尺寸变量区别描述上述三个等级的河流时，已经接近"视觉隔离"的上限，这在一定程度上可能会降低用户对于不同等级河流的辨识度。因此，引入了亮度变量，与尺寸变量相结合，实现对不同等级河流的区别描述，这将大大增加格边属性的"视觉距离"，从而确保对不同等级河流的快速、准确地认知。格边属性中河流符号的表达方案如表 3.18 所示。

表 3.18　格边属性中河流符号表达方案

属性项	河流等级	轮廓颜色(RGB)	填充颜色(RGB)	样式
方案	等级 1	无	(10，100，200)	
	等级 2	无	(60，140，215)	
	等级 3	无	(110，180，230)	

4. 推演网格模型可视化示例

前文详细研究了网格模型可视化设计与表达的理论和方法，根据地图空间认知理论提出了网格模型可视化设计与表达的过程模型；分析了网格模型符号设计和色彩设计理论的适用性；根据仿真推演应用需求，分别研究了网格模型的地形特征、格元属性和格边属性的分类分级体系，同时依据不同地形的主色调，结合用户的视觉感受效果，借鉴地图学中的视觉变量设计了适用于地形特征、格元属性和格边属性的多个可视化表达方案(汤奋，2016)。

本节使用提出的可视化表达方案，分别制作了平原地区和沙漠地区的网格地图，如图 3.53 和图 3.54 所示。

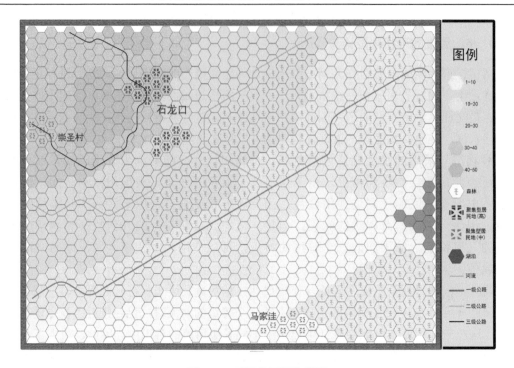

图 3.53　平原地区网格模型

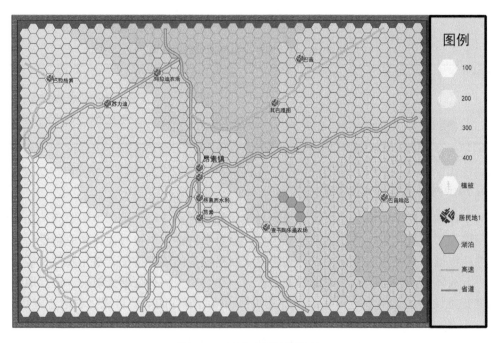

图 3.54　沙漠地区网格模型

3.8　本 章 小 结

本章首先描述了网格模型的建模流程，划分为建模分析、几何建模和属性建模三个主要阶段。几何建模阶段，着重阐述了平面离散网格模型构建的关键技术，包括剖分算法、编码机制、空间定位机制和坐标转换机制，同时分析了网格模型的投影变形误差和替代误差。在属性建模阶段，根据平面离散网格模型的构成，划分为前后关联地形特征建模、格元属性建模和格边属性建模三个步骤，详细阐述地形特征建模、格元属性建模和格边属性建模涉及的关键算法。

本章最后描述网格模型可视化与表达的理论和方法，通过特定的面向仿真推演的应用，同时结合格元属性和格边属性，详细描述了各种可视化方案，制作了相应的可视化案例。

第4章 球面离散网格模型

第3章详细描述了平面离散网格模型的几何建模和属性建模的原理与方法。对于平面离散网格模型而言，它适用于地球表面局部区域的网格化描述。由于采用地图投影方法实现球面坐标到平面坐标的换算，然后基于投影的平面坐标实现网格模型的剖分，因此，存在数据表达不完整、投影误差、替代误差等一系列问题。为了解决上述问题，基于全球层面建立基准统一、编码唯一的球面离散网格模型是较好的解决方案。

本章将从球面离散网格模型的分类、基于多面体剖分的球面离散网格系统、球面离散网格生成算法、球面离散网格变形等方面，详细描述球面离散网格模型建模的基本原理与方法，将推演网格模型从平面离散网格拓展至球面离散网格。

本章主要描述球面离散网格模型的几何建模算法，属性建模算法与平面离散网格模型类似，这里不再赘述。

4.1 平面数据模型的局限性

传统的 GIS 认知与建模主要建立在二维空间框架之上(吴立新等，2005)，但是，与之矛盾的是，现实世界的空间实体和空间现象都处于三维空间当中，基于二维平面的空间数据模型已不能满足人类对空间信息的认知、表达和分析的需求。

基于二维平面的空间数据模型主要存在以下局限性(李德仁，2005)：

(1)投影种类多样，算法复杂。地图投影算法的研究过程中，出现了许多各不相同的投影方法。不同的投影方法使用不同的投影参数，主要是为了满足不同国家和地区的制图需求，但是也造成了空间数据在边界处存在断裂或重叠的现象，导致全球空间数据的不连续。

(2)缺乏对全球多尺度空间数据的管理。国家系列比例尺地图采用不同的地图投影。统一管理全球不同比例尺的空间数据时，通常需要经过复杂的数学变换。

(3)难以满足局部空间数据的快速更新。

以上这些局限，基于二维平面的空间数据模型已经无法满足全球多尺度海量空间数据管理的需求。为了能够在全球范围内有效地管理、分析和表达多尺度海量数据，有学者提出了空间数据的球面数据模型(赵学胜，2004)。同时，随着对地观测技术和定位技术的发展，大范围地球数据的获取成为可能，这使得建立空间数据的球面数据模型的需求变得更加迫切。

4.2 球面数据模型及其分类

基于球面数据模型的空间实体的位置表达模式包括矢量模式和网格模式两种(张永生

等，2007)，因此球面数据模型也可以分为矢量数据模型和网格数据模型。

矢量数据模型以球面坐标表示地球空间实体的位置，如经纬度坐标。大多数投影方式都以地理坐标表达地球实体位置，这种表达方式比较符合人们的思维习惯，占用的存储空间较少，但是同时也存在南北极点附近不收敛、三角函数计算不稳定等局限性。

网格数据模型是指将地球表面按照一定规则划分为若干网格单元，每一个网格单元都有唯一的点与之关联。如果定义了网格单元的边界，那么与网格单元关联的点构成了与边界对应的点集；如果定义了点，那么这些点的 Voronoi 图构成了与之关联的网格单元。规则网格是地球空间信息管理比较适用的离散网格模型，即按照一定规则将地球表面划分为面积、形状近似的网格单元，采用递归剖分的方法建立多分辨率层次网格模型，模型中的每个网格单元都有唯一的地址码与之关联，同时采用地址码在地球表面进行各种操作。

球面离散网格模型的网格单元之间的层次关系可以分为以下三种(张永生等，2007)：

(1)假设网格模型孔径为 n，那么当且仅当第 k 层的网格单元由 n 个第 $k+1$ 层的网格单元组成时，网格模型是一致的(congruent)。

(2)当且仅当第 k 层的每个单元同时也是第 $k+1$ 层的单元中心时，网格模型是对准的(aligned)。

(3)如果网格模型不具备以上两个特性，那么网格模型是不一致的(incongruent)和不对准的(unaligned)。

根据剖分方法的差异，全球离散网格模型主要分为基于地理坐标系统的全球离散网格模型和基于多面体剖分的全球离散网格模型两类。

1. 基于地理坐标系统的全球离散网格模型

基于地理坐标系统的全球离散网格模型，也称为基于经纬度划分的球面网格模型，是指使用经纬线划分地球表面而形成的网格模型，如图 4.1 所示。地理坐标系统符合人类的认知习惯，因此基于地理坐标系统的离散网格模型得到了广泛的应用。另外由于先前的地

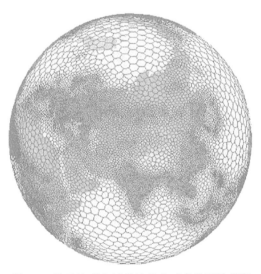

图 4.1　基于地理坐标系统的全球离散网格模型

理信息数据存储、处理算法和软件开发大多基于地理坐标系统，使用这类离散网格模型可以方便地利用已经存在的地理信息数据存储、处理算法和软件开发，这也进一步促进了基于地理坐标系统的全球离散网格模型的应用。

但是，基于地理坐标系统的全球离散网格模型仍然存在一定的局限性，主要表现在：

(1)网格格元的面积不相等。从低纬地区向高纬地区移动时，格元的面积变形不断增大，不同纬度地区的格元面积都不相等。

(2)网格格元的变形较大。当网格从赤道向南北两极移动时，格元变形不断增大；在南北两个极点处，网格单元由四边形退化成为三角形。

(3)经纬网格不具备一致相邻的特性。网格中心到其边邻近格元中心的距离与到其顶点邻近格元中心的距离不相等。

2. 基于多面体剖分的全球离散网格模型

基于多面体剖分的全球离散网格模型是指使用多面体代替球面进行剖分，得到面积相等的格元，然后将面积相等的格元映射到球面，达到等积划分地球表面的目的。能够用于构建全球离散网格模型的多面体包括正四面体、正六面体、正八面体、正十二面体、正二十面体(Sahr and White, 1998)。这五种多面体的平面与球面形式如图 4.2 所示。

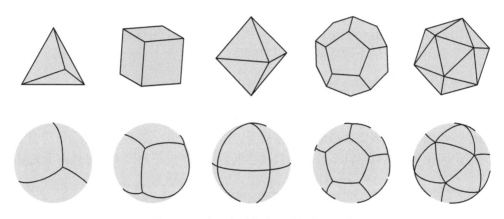

图 4.2　五种正多面体的平面与球面形式

近年来，许多学者或学术组织根据不同的应用需求，选择不同的理想多面体作为全球离散网格模型构建的基础，这些研究对全球离散网格模型理论的发展起到了重要的推动作用。

国内的全球离散网格模型理论研究虽然起步较晚，但也取得了许多成果。

李德仁等(2003)提出了"空间信息多级格网"(spatial information multi-grid, SIMG)的概念，其核心思想是，按照不同经纬格网大小将全国划分为不同粗细层次的网格，采用中心点表示网格单元的地理位置，同时记录与网格紧密相关的基本数据项(例如，经纬度、地心坐标，以及不同类型的投影参数等)。

赵学胜等(2007)采用正八面体作为理想多面体构建了多分辨率全球离散网格模型。将正八面体的两个顶点分别置于南北两极点处，其余四个顶点置于赤道上，边的投影与赤道、本初子午线以及 90°、180°、270°子午线重合。网格剖分采用"经纬度平分法"进行球面三角形细分。为了更好地控制网格的变形和提高网格数据与经纬度坐标的转换效率，对 QTM 网格细分方法进行改进：用经纬线代替大圆弧线作为三角网格的底边。

同时，为了提高 QTM 地址码与经纬度坐标转换的速度，提出了行列逼近法。将南北相邻的两个 QTM 三角形合并成四叉树剖分的菱形块，以菱形块为基本单元进行数据的组织索引，并且采用 Morton 编码进行标识，完成了三角形网格的索引和邻近搜索。

张永生等(2007)、童晓冲(2006)采用正二十面体作为理想多面体构建了多分辨率全球离散网格模型。将正二十面体的两个顶点分别置于南北两极，并将一个顶点置于(0°, 25.565 05°N)；网格剖分采用了孔径为 4 的正六边形剖分。这种剖分方式保持了基本正六边形的朝向，保证了网格数据的规则存储方式；同时保持不同剖分层次上每个三角面中心都有一个正六边形单元，保证了"满足采样点在采样区域中心"条件的层次数据结构建立的可能性。最后，依据孔径为 4 的网格剖分方法设计了正六边形网格的分块存储方案，满足了正六边形网格数据的存取。

为了解决高分辨率网格单元之间的重叠问题，满足网格编码的唯一性，提出了"隶属图形"编码方法。对重叠区域的网格单元设置了不同的优先级，并且规定了不同的高分辨率单元相对于低分辨率单元在编码方式上的优先隶属关系，定义中心 7 个相邻的单元为"基本单元"，然后按照"先中心、后四周"的顺序进行编码。在每一层网格的中心定义该层次上的唯一基本组合，周围其他单元参照基本组合进行编码。

由于"隶属图形"结构存在不完整的六边形基本组合，得到的"七叉树"结构包含六边形、梯形、菱形、三角形等形状的子集共 4 类、19 种组合方式。邻近搜索时需要进行旋转归化处理，层次检索时同样需要分成多种情况进行处理。

在构建多分辨率全球离散网格模型的过程中，可以用于网格剖分的多边形包括三角形、菱形和正六边形三种。相对于三角形和菱形，正六边形具有更多的优势。但是，由于正六边形不具备一致性，即正六边形不可能完整地剖分成为更小的正六边形，或者说，小的正六边形无法完整地组合成大的正六边形，这使得构建多分辨率网格系统存在较大困难。

广义平衡三元组(general balanced ternary, GBT)是平面多分辨率正六边形网格最常用的数据结构，但是，这种结构的网格只有在最高分辨率的时候才呈现正六边形，并且相邻层次的网格之间存在约 19°的旋转，这些局限性极大地限制了 GBT 在创建多分辨率全球离散网格模型中的作用。PYXIS Innovation 公司在 GBT 结构的基础上改进得到的 PYXIS 结构，不仅具有高效的编码机制，而且继承了 GBT 结构利用加法运算表进行地址码运算的优点，适合用于构建多分辨率的全球离散正六边形网格系统。图 4.3 为 PYXIS Innovation 公司开发的 WorldView 系统运行界面。

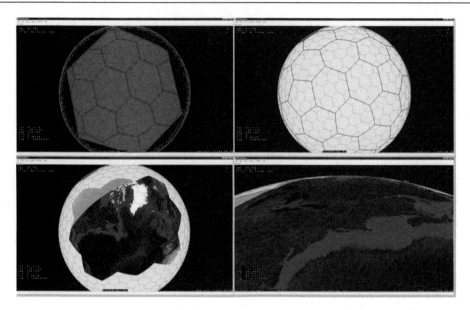

图 4.3　PYXIS Innovation 公司开发的 WorldView 系统运行界面

4.3　球面离散网格模型建模流程

基于多面体剖分的球面离散网格模型的基本构建过程如图 4.4 所示。从图中可以看出，它包括四个步骤：①投影地球表面到内接理想多面体；②展开理想多面体到平面；③递归层次剖分理想多面体面片；④逆投影剖分后的平面网格到球面，得到具有层次结构的球面离散网格模型。

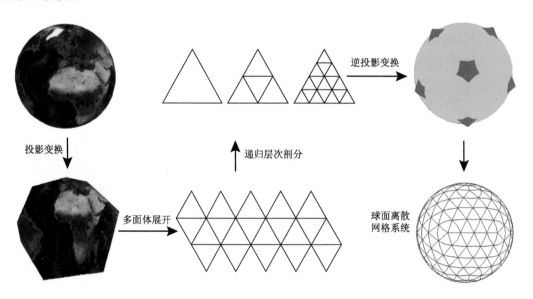

图 4.4　Geodesic DGGs 基本构建过程(引自：赵学胜，2004，有改动)

整个建模过程涉及五个独立的要素：理想多面体、多面体相对于地球表面的定位、多面体与球面的对应关系、多面体面片的层次剖分方法、点在多面体格元中的位置等（赵学胜，2004）。因此，基于多面体剖分的球面离散网格模型由上述五个独立要素确定。

1. 理想多面体

如前所述，只有五种多面体可以将球面细分为网格单元，使得球面多边形全等且每个顶点对应的多边形的数目相等。尽管还可以使用其他的正多面体，但是，上述五种正多面体的应用最为广泛。通常，理想多面体的面片越小，投影变形误差越小（White，2000）。五种正多面体当中，正四面体和正六面体的面片最大，相对来说，它们在投影过程中的变形也最大。正二十面体的面片最小，因此，任何基于正二十面体的全球离散网格模型的变形都相对较小。另外，由于正八面体特有的优势：顶点置于南北两个极点以及本初子午线与赤道的交点上，面片可以与赤道和本初子午线相交形成的球面八分圆一致，这使得它具有广泛的应用领域。

实际的应用过程中也广泛使用去顶正多面体（Heikes and Randall，1995）。例如，去顶二十面体具有 32 个面片，其中包括 12 个五边形和 20 个六边形，因而投影变形比正二十面体更小，并且具有较好的几何性质。从数学上可以证明，去顶二十面体剖分方案与二十面体剖分方案完全等效（贲进，2005）。

2. 多面体相对于地球表面的定位

对于多面体定位而言，定位后的多面体投影到地球表面上的南北半球的球面多边形是否能够关于赤道对称，是球面离散网格模型建模的关键。对于正八面体而言，最常见的就是将八面体的两个顶点分别置于南北两个极点处，同时将其中一个顶点置于本初子午线与赤道的交点处，这样投影得到的南北两个半球上的球面多边形关于赤道对称。

对于正二十面体而言，最简单的方法是将两个顶点分别置于南北两个极点，但是，这样得到的球面多边形并不能赤道对称。Heikes 和 Randall（1995）曾将这样的系统应用于全球气候变化仿真，系统的初始状态是南北半球的球面多边形关于赤道对称，但是随着系统的运行，它将进入到一种南北不对称的状态，归根结底是由底层的球面多边形不对称引起的（贲进，2005）。

需要注意的是，多面体进行定位的有效方法是，给出一个顶点的经纬度坐标，以及该点到邻近顶点的方位角。对于理想多面体而言，给定上述条件就可以推导出其他顶点的位置。Sahr（2003）基于这种方法提出一种定位方式，将南北极点置于二十面体边的中点而不是顶点处，这样不需要做进一步的处理就可以满足关于赤道南北两极对称的要求。在这个前提下，需要尽量减少落在陆地上的顶点的个数，以避免在多面体展开时在陆地上发生破裂。最理想的情况是只有一个顶点落在陆地上，位于中国四川省境内。这种定位信息可以描述为将一个顶点置于东经 11.25°，北纬 58.282 52°，到邻近顶点的方位角是 0°（赵学胜，2004）

3. 多面体与球面的对应关系

确定多面体与球面的对应关系,实质上是选择一种投影方式,用以在球面或椭球面创建一个与正多面体类似的拓扑关系。常用的基本实现方法包括直接球面剖分和间接球面剖分(Kimerling et al., 1999)。直接球面剖分需要在球面或椭球面创建剖分以对应于多面体面片的剖分;间接球面剖分也称为地图投影方式,即通过地图逆投影将多面体面片剖分映射到球面或椭球面。

直接球面剖分是最简单的方式,使用多面体面片格元的边对应的大圆弧线进行球面剖分。这种剖分方式带来的一个主要问题是,对应于平面三角形边的大圆弧线并不相交于一点,这一点与平面三角形不同。因此,更多时候是采用地图投影的方式进行球面或椭球面的剖分。

通常,只要能够将平面面片上的直线投影成对应球面上的大圆弧线,就可以采用这种投影方式建立多面体与球体之间的对应关系。目前具有这种属性的投影包括 Snyder 等积多面体投影、Full's Dymaxion 投影等。然而,如果为了得到球面面积相等的网格,那么适宜采用 Snyder 等积多面体投影;不过,这种投影方式也存在一定的网格形状变形。

4. 多面体面片的层次剖分方法

三种基本剖分多边形可以用于多面体面片的层次剖分,它们分别是正三边形、正四边形和正六边形。从几何学的角度来看,这三种多边形网格具有邻接关系一致性、网格单元紧凑性和网格单元误差性等特性。

第一,邻接关系的一致性。

正三边形网格具有三个边邻近网格(A、B、C)和九个点邻近网格(1、2、3、4、5、6、7、8、9),网格中心到边邻近网格中心的距离和到点邻近网格的距离不相等[图 4.5(a)],因此,正三边形网格的邻近关系不具备一致性。正四边形网格具有四个边邻近网格(A、B、C、D)和四个点邻近网格(1、2、3、4),网格中心到边邻近网格中心的距离和到点邻近网格的距离也不相等[图 4.5(b)],因此,正四边形网格的邻近关系同样不具备一致性。对于六边形而言,网格只有六个边邻近网格(A、B、C、D、E、F),不存在点邻近网格,并且网格中心到邻近六个网格中心的距离相等[图 4.5(c)],因此,正六边形网格的邻近关系具备一致性。

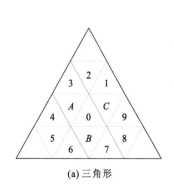

(a) 三角形

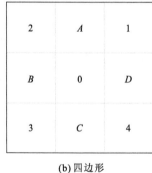

(b) 四边形　　　　　　　(c) 六边形

图 4.5　邻接关系图

第二，网格单元的紧凑性。

网格单元的紧凑性可以定义为：在分辨率一定时，某一区域内的网格采样点的个数。当网格单元的分辨率相同时，也就是说网格单元面积相等，那么同一区域内的正三边形、正四边形和正六边形网格采样点如图 4.6 所示。

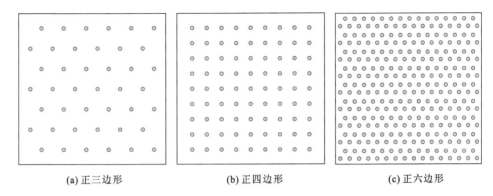

(a) 正三边形　　　　　(b) 正四边形　　　　　(c) 正六边形

图 4.6　三种类型的网格采样点对比图

可以看出，正六边形网格的采样点数目最多，正四边形次之，正三边形采样点数目最少。也就是说，正六边形网格较其他两种图形更为紧凑，采样精度也更高。

第三，网格单元的误差性。

误差性是指正多边形在不能等距量度的对角线方向上的距离与等距方向上的距离之间的误差。以等距方向上的距离为单位长度 1，那么正三边形在对角线方向上的误差为 2，正四边形在对角线方向上的误差为 $\sqrt{2} \approx 1.414$，而正六边形在对角线方向上的误差为 $2/\sqrt{3} \approx 1.155$，如图 4.7。可以看出，正六边形的误差性最小。

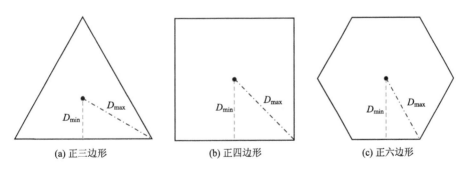

(a) 正三边形　　　　　(b) 正四边形　　　　　(c) 正六边形

图 4.7　三种类型的误差比较

在五种理想多面体中，变形相对较小的理想多面体包括正二十面体、正十二面体和正八面体，这三类多面体都包含有正三边形面片，因此，这类多面体层次剖分通常采用正三边形剖分。如果将一个正三边形的每条边等分成 n 段，同时以平行于原正三边形的边的方式连接所有端点，那么可以将一个正三边形细分成 n^2（n 为任意正整数）个更小的正三边形，这类剖分方式被称为第 I 类剖分。按照上述方法递归剖分下去，可以得到孔径为 n^2，具有一致性、对准的全球离散网格系统。如果将一个正三边形的每条边等分成 $n = 2^m$ 段（m 为正整数),过割点做垂直于边的垂线,同样可以剖分正三边形,这类剖分方式被称为第 II 类剖分。但是,它递归剖分所得到的是不一致且非对准的全球离散网格模型。

对于平面离散网格而言,正四边形是最常用的剖分多边形,但是,几何特性决定了它无法应用于三角形面片的理想多面体的剖分。White(2000)指出了两个邻接的三角形可以拼接成一个菱形。菱形以类似于正四边形四叉树的方式进行递归剖分,由于基于菱形的网格具有与基于正四边形的网格相一致的拓扑关系,因而可以直接运用基于四叉树的运算法则。但是与正四边形网格一样,基于菱形的网格不具有一致的邻接关系,即一个菱形网格具有四个边邻近网格和四个点邻近网格,网格中心到边邻近网格中心的距离不等于到点邻近网格中心的距离。

近年来,正六边形作为离散网格系统的基础剖分多边形受到越来越多的关注。在三种基本多边形中,正六边形具有以下特性:

(1)正六边形最为紧凑。与正三边形和正四边形相比,在同等分辨率情况下,正六边形的采样密度最大,采样精度最高。

(2)正六边形具有一致的邻近关系。正六边形网格只有边邻近网格,不存在与之共用一个顶点的邻近网格,并且网格中心到邻近网格中心的距离相等。

(3)正六边形具有等方向性。

(4)正六边形具有最好的角分辨率。正三边形的角分辨率为 120°,正四边形的角分辨率为 90°,而正六边形的角分辨率为 60°;这有助于提高模式识别、影像匹配的精度。

(5)正六边形平面覆盖率高。与正三边形的和正四边形的相比,在边长相等的情况下,正六边形的面积最大。

上述正六边形的特性,使得用它作为基本剖分多边形的球面离散网格模型在全球环境监测、全球气候仿真等仿真领域得到了广泛的应用。

但是,正六边形也存在一定的局限性,主要表现在:

(1)无法完整将正六边形剖分成为更小的正六边形,或者说,无法将多个大小相同的正六边形完整组合成为更大的正六边形。

(2)仅仅使用正六边形无法无缝、无叠的覆盖地球表面,例如,正十二面体的 12 个顶点处各需要生成一个正五边形。

基于正六边形的离散网格系统同样存在第 I 类剖分和第 II 类剖分两种方式,对应的孔径值也有不同的取值空间,目前主要存在 3、4、7、9 等四个孔径值,最终得到的离散网格系统的一致性和对准性也随着剖分方式和孔径值的不同而有所不同。

5. 点在多面体网格中的位置

确定点在多面体网格中的位置,实质上是将网格与定位点关联起来。为了方便起见,点在多面体网格中的位置通常选择网格区域的中心点。

6. 球面离散网格模型实例

根据上述球面离散网格模型理论的描述,构建特定的球面离散网格模型需要确定五个相互独立的设计要素,这里简单描述如何确定这五个相互独立的要素。

1）理想多面体

在五种理想多面体中，正二十面体的面片数目最多、面积最小，因此投影变形也最小。与正二十面体对应的是去顶正二十面体，它具有 32 个面片，其中包括 12 个五边形和 20 个六边形，投影变形较正二十面体更小，更为重要的是，去顶正二十面体剖分与正二十面体剖分完全等效。因此，这里选择去顶正二十面体作为初始多面体。

2）多面体相对于地球表面的定位

多面体进行定位首要考虑的是，投影后的南北半球的球面多边形是否能够关于赤道对称。常用的正二十面体定位方式，以及 Full 提出的定位方式得到的投影多面体，都无法满足对称性要求，而 Sahr 提出的定位方式不需要做进一步的处理，就可以满足赤道对称的要求，因此，采用 Sahr 提出的定位方式。

3）多面体与球面的对应关系

在构建全球网格的过程中，需要尽量保证网格的网格面积相等。因此，可以采用 Snyder 等积多面体投影，结合所选择的理想多面体，即可以采用 Snyder 等积正二十面体投影确定去顶正二十面体与球面的对应关系。

4）多面体面片的层次剖分

面向仿真推演的应用通常采用正六边形建模空间环境要素，所以可以使用正六边形作为球面离散网格模型的基础剖分多边形。由于网格孔径值越小，得到的网格的分辨率越丰富，同时由于正六边形网格的最小孔径值为 3，因此，选择孔径为 3 的正六边形剖分方法用以构建多分辨率全球离散网格模型。

5）点在多面体格元中的位置

为了方便起见，采用常规的方式确定点在多面体格元中的位置，即选择正六边形的中心点作为网格的定位点。

综上所述，为满足全球范围内仿真推演的需求，确定了球面离散网格模型所需的五个相互独立的要素（表 4.1），用以构建全球离散网格模型。

表 4.1　全球离散网格系统的五个要素

要素名称	要素内容
理想多面体	去顶正二十面体
多面体相对于地球表面的定位	南北两个极点置于二十面体边的中点，同时一个顶点置于东经 11.25°，北纬 58.28252°，到邻近顶点的方位角为 0°
多面体与球面的对应关系	Snyder 等积正二十面体投影
多面体面片的层次剖分方法	孔径为 3 的六边形剖分
点在多面体网格中的位置	网格中心点

为了区分各种不同类型的网格模型，Sahr(2003)提出了基于正二十面体施耐德等积投影的全球离散网格系统的命名方法，形式为 ISEApG。其中，ISEA 代表正二十面体施耐德等积投影(Icosahedral Snyder equal area projection)，p 代表网格系统的孔径(对于多孔径的网格系统而言，代表占多数的网格的孔径值)，G 代表剖分的基本多边形：三角形(triangle)、菱形(diamond)、六边形(hexagonal)，分别记为 T、D、H。按照这种命名规则，这里所描述的全球离散六角网格模型可以命名为 ISEA3H。

4.4　球面离散网格几何建模算法

根据第 4.3 节的描述可知，完整的球面离散网格模型由理想多面体、多面体的定位、多面体与球面的对应关系、多面体面片的层次剖分和点在网格中的位置五个基本要素唯一确定。其中，多面体与球面的对应关系和多面体面片的层次剖分是球面离散网格生成的关键步骤，这里着重进行深入分析和研究。

1. 施耐德等积多面体投影基本原理

通常，多面体与球面对应关系的确定有两种实现方法，即直接法和投影法。直接法直接在球面上进行，投影法通过投影方法将平面上划分好的网格映射到球面上，具有较高的效率和灵活性。使用投影法时，必须确保尽可能均匀地、对称地处理整个地球表面(包括两极地区)，同时确保应具备等积或等角等特性。

美国地图投影学家施耐德提出了一种适用于多种多面体的等积投影方法，它在保证经纬网连续的同时减小了投影变形误差，这种投影被称为"施耐德等积多面体投影"(Snyder equal-area polyhedral projection，SEA projection)。

贲进(2005)从宏观角度阐述了施耐德投影的基本原理，明确了建立等积多面体投影的思路，首先采用方位投影确定各面在球面上对应区域的边界，然后根据投影条件进一步求得区域内部的对应关系，并且推导了等积理想多面体的相关常数，如表 4.2 所示。

如表 4.2 所示，去顶正二十面体的两行分别对应于正六边形和正五边形面片；$C_1 = \sqrt{25 + 15\sqrt{5}}$，$C_2 = \sqrt{50 + 10\sqrt{5}}$，$C_3 = \sqrt{50 - 10\sqrt{5}}$，$C_4 = \sqrt{58 + 18\sqrt{5}}$，$C_5 = \sqrt{25 + 4\sqrt{5}}$，$C_6 = 10\sqrt{3} + \sqrt{25 + 10\sqrt{5}}$，$C_7 = \sqrt{250 + 110\sqrt{5}}$。

表 4.2　等积理想多面体的相关常数

多面体	a	θ	$\sin g$	G	R'
正四面体	$\dfrac{2}{3}\sqrt{3\sqrt{3}\pi}$	$\dfrac{\pi}{6}$	$\dfrac{2\sqrt{2}}{3}$	$\dfrac{\pi}{3}$	$\dfrac{2\sqrt{3}\pi}{6}$
正六面体	$\dfrac{\sqrt{3}\pi}{6}$	$\dfrac{\pi}{4}$	$\dfrac{\sqrt{6}}{3}$	$\dfrac{\pi}{3}$	$\dfrac{\sqrt{6}\pi}{6}$
正八面体	$\dfrac{\sqrt{6\sqrt{3}\pi}}{6}$	$\dfrac{\pi}{6}$	$\dfrac{\sqrt{6}}{3}$	$\dfrac{\pi}{4}$	$\dfrac{\sqrt{3}\pi}{3}$

续表

多面体	a	θ	$\sin g$	G	R'
正十二面体	$\dfrac{2}{3}\sqrt{\dfrac{3\pi}{C_1}}$	$\dfrac{3\pi}{10}$	$\dfrac{2C_2}{5\left(\sqrt{15}+\sqrt{3}\right)}$	$\dfrac{\pi}{3}$	$\dfrac{C_7}{10}\sqrt{\dfrac{\pi}{3C_1}}$
正二十面体	$\dfrac{2}{15}\sqrt{15\sqrt{3}\pi}$	$\dfrac{\pi}{6}$	$\dfrac{\sqrt{3}}{15}C_3$	$\dfrac{\pi}{5}$	$\dfrac{\sqrt{5\sqrt{3}\left(14+6\sqrt{5}\right)\pi}}{30}$
去顶正二十面体	$\sqrt{\dfrac{4\pi}{3C_1+30\sqrt{3}}}$	$\dfrac{\pi}{3}$	$\dfrac{4}{C_4}$	$\dfrac{\sqrt{3}\pi}{6C_6}+\dfrac{\pi}{3}$	$\sqrt{\dfrac{\left(7+3\sqrt{5}\right)\pi}{2C_6}}$
		$\dfrac{3\pi}{10}$	$\dfrac{2}{5C_5}$	$\dfrac{C_1\pi}{30C_6}+\dfrac{3\pi}{10}$	$\sqrt{\dfrac{\left(125+41\sqrt{5}\right)\pi}{30C_6}}$

施耐德投影的具体算法与上述原理类似。如果投影中心的经纬度为 $A\left(B_0,L_0\right)$，基本单元内任意一点的经纬度为 $T(B,L)$，那么计算步骤如下。

(1)计算 AT 的球面距离和方位角。

$$\begin{cases} z = \arccos\left[\sin B_0\sin B + \cos B_0\cos B\cos\left(L-L_0\right)\right] \\ \alpha = \arctan\dfrac{\cos B\sin\left(L-L_0\right)}{\cos B_0\sin B - \sin B_0\cos B\cos\left(L-L_0\right)} \end{cases} \tag{4.1}$$

若 $z>g$，那么表明 T 与 A 的距离过大，投影应该在多面体的另外一个面片上。这种情况下，需要利用几何关系将 α 的起始边从过 A 点的经线变换为大弧 AB（图 4.8）。

(2)调整步骤(1)中变换得到的方位角，使其落入区间 $\left(0,\dfrac{\pi}{2}-\theta\right]$ 之内，并且记录调整角度 $\Delta\omega$。

(3)根据式(4.2)计算 q，如果 $z>q$，表明 T 与 A 的距离过大，投影应该落在多面体的另一个面片上。

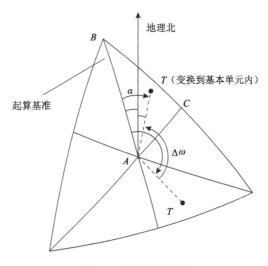

图 4.8　方位角的变换

$$q = R \cdot \text{arctg} \frac{\text{tg} \dfrac{g}{R}}{\cos\alpha + \sin\alpha \cdot \text{ctg}\theta} \tag{4.2}$$

(4) 利用步骤 (2) 中的 $\Delta\omega$ 对 δ 的值进行调整，代入式 (4.3) 便可以求得 T 的投影坐标 $T'(x, y)$。

$$\begin{cases} x = \rho\sin\delta \\ y = \rho\cos\delta \end{cases} \tag{4.3}$$

根据投影坐标反算经纬度的过程可参照上述步骤执行。

通过施耐德等积多面体投影，建立了球面和多面体表面的对应关系，可以将多面体面片的层次剖分问题转换到平面来解决。因此，只需要在多面体表面构建平面网格，再通过施耐德投影逆变换将其映射到球面上即可。

根据 Sahr 等 (2003) 的论述，可将孔径为 4、类型为三角形 (triangle) 的等积三角形网格记为 "ISEA4T"，将孔径为 4、类型为四边形 (diamond) 的等积四边形网格记为 "ISEA4D"，将孔径为 3、类型为六边形 (hexagonal) 的等积六边形网格记为 "ISEA3H"，将孔径为 4、类型为六边形 (hexagonal) 的等积六边形网格记为 "ISEA4H"。

为了描述网格构建过程，可以按照离散网格坐标系、过渡坐标系、归算坐标系、顶点坐标系和逆 ISEA 投影坐标系五个坐标系的变换结算，阐述网格的生成算法 (贲进，2005)。

2. ISEA4T 网格生成算法

与其他三类网格相比，ISEA4T 网格的生成算法相对简单，网格属性如表 4.3 所示。

在离散网格坐标系下，坐标 (i, j) 仅仅描述了单元之间的相对位置及索引顺序，并不是两点之间的欧氏距离。因此，将四边形划分为多个条带，从原点 O 开始，I 方向的坐标依次为 0、1、2、3……。同一条带中，单元中心的 I 坐标均相同，J 坐标由下至上依次递增。若目标网格的剖分层次为 $n(n \geqslant 0)$，那么相关参数值如表 4.4 所示。

表 4.3　ISEA4T 的网格属性

属性	值
拓扑多边形	三角形
孔径	4
剖分方法	类型 I
是否对准	是
是否一致	是

表 4.4　ISEA4T 网格生成相关参数

参数	值
I 方向的格元数	2^n
J 方向的格元数	2^{n+1}
各四边形上格元索引偏移量	2^{2n+1}
四边形左下角点坐标	$\left[\text{quadnum}, (0,0) \right]$
四边形右上角点坐标	$\left[\text{quadnum}, \left(2^n - 1, 2^{n+1} - 1\right) \right]$

网格建模算法必须能够自动处理离散网格坐标系下的所有网格单元，因此涉及网格单元的检索，而采用行优先的顺序检索算法，能够保证在检索过程中网格单元位置的变化与坐标的递进一致性，最后确定网格单元的中心和边界点的位置。

假设三角形网格边长为 $\sqrt{3}$，由几何关系可以计算得到离散网格坐标为 (i, j) 的中心点在过渡坐标系下的坐标如式(4.4)所示。

$$\begin{cases} \tilde{x}_{center} = \sqrt{3} \cdot i - \dfrac{\sqrt{3}}{4}(j+1) \\ \tilde{y}_{center} = \sqrt{3} \cdot j + \dfrac{1}{2}(j\%2) \end{cases} \tag{4.4}$$

网格单元的边界点可以依据三角形单元的方向分为两种情况计算，当三角形"向上"时，三角形顶点坐标如式(4.5)所示。

$$\begin{cases} \tilde{x}_A = \tilde{x}_{center} - \dfrac{\sqrt{3}}{2} & \tilde{y}_A = \tilde{y}_{center} - \dfrac{1}{2} \\ \tilde{x}_B = \tilde{x}_{center} & \tilde{y}_B = \tilde{y}_{center} + 1 \\ \tilde{x}_C = \tilde{x}_{center} + \dfrac{\sqrt{3}}{2} & \tilde{y}_C = \tilde{y}_{center} - \dfrac{1}{2} \end{cases} \tag{4.5}$$

当三角形"向下"时，顶点坐标如式(4.6)所示。

$$\begin{cases} \tilde{x}_A = \tilde{x}_{center} - \dfrac{\sqrt{3}}{2} & \tilde{y}_A = \tilde{y}_{center} + \dfrac{1}{2} \\ \tilde{x}_B = \tilde{x}_{center} + \dfrac{\sqrt{3}}{2} & \tilde{y}_B = \tilde{y}_{center} + \dfrac{1}{2} \\ \tilde{x}_C = \tilde{x}_{center} & \tilde{y}_C = \tilde{y}_{center} - 1 \end{cases} \tag{4.6}$$

经过上述计算，能够得到基本的网格单元(即剖分层次为0)。根据 ISEA4T 网格的特点可知，第 n 层的网格可由基本网格单元缩放得到。由于网格剖分是在正二十面体表面进行的，通过顶点实现面的检索，因此可以将归算坐标系的原点平移到顶点处。过渡坐标系 $\tilde{X}\tilde{O}\tilde{Y}$ 到归算坐标系 XOY 之间的变换可表示式(4.7)。

$$\begin{cases} x = \dfrac{1}{2^n \sqrt{3}}\left(\tilde{x} + \dfrac{\sqrt{3}}{2}\right) \\ y = \dfrac{1}{2^n \sqrt{3}}\left(\tilde{y} + \dfrac{1}{2}\right) \end{cases} \tag{4.7}$$

式中，2^{-n} 为缩放系数，与网格的剖分层次有关。

正二十面体的三角面是逆施耐德投影的基本处理单元，在得到了特定层次的网格单元之后，还需要将顶点和边界点分解到各个面片上。根据坐标计算顶点所在区域，再进行后续运算。

顶点坐标系到逆 ISEA 投影坐标系的变换，可以分解为三角形的平移和坐标系的旋转两个步骤实施。由于每个三角形的位置和方向不同，因此变换参数也有差异。

最后，利用逆施耐德投影将平面单元映射到球面，完成 ISEA4T 网格的构建。

3. ISEA4D 网格生成算法

利用四分法剖分正二十面体的面片，可以得到 ISEA4D 网格。由于菱形网格单元可分解为两个三角形，因而 ISEA4D 网格的生成算法与 ISEA4T 网格类似。但是，由于菱形是中心对称图形(三角形不是中心对称图形),可以将离散网格坐标系的原点设置在菱形的几何中心。ISEA4D 网格属性如表 4.5 所示。

假设 ISEA4D 网格的剖分层次为 $n(n \geq 0)$,那么相关参数值如表 4.6 所示。ISEA4D 网格单元的检索顺序与 ISEA4T 类似。

表 4.5　ISEA4D 的网格属性	
属性	值
拓扑多边形	菱形
孔径	4
剖分方法	类型 I
是否对准	否
是否一致	是

表 4.6　ISEA4D 网格生成相关参数	
参数	值
I 方向的格元数	2^n
J 方向的格元数	2^{n+1}
各四边形上格元索引偏移量	2^{2n}
四边形左下角点坐标	$[\text{quadnum}, (0,0)]$
四边形右上角点坐标	$[\text{quadnum}, (2^n-1, 2^n-1)]$

假设菱形网格单元的边长为 1,由几何关系可得离散坐标为 (i, j) 的中心点在过渡坐标系下的坐标为式(4.8)。

$$
\begin{cases}
\tilde{x}_{\text{center}} = i - \dfrac{1}{2} \cdot j \\
\tilde{y}_{\text{center}} = \dfrac{\sqrt{3}}{2} \cdot j
\end{cases}
\tag{4.8}
$$

对于菱形而言,并不存在方向问题(三角形分为向上和向下两种类型)。菱形网格单元的边界点由式(4.9)计算得到。

$$
\begin{cases}
x_A = \tilde{x}_{\text{center}} - \dfrac{1}{4} & y_A = \tilde{y}_{\text{center}} - \dfrac{\sqrt{3}}{4} \\
x_B = \tilde{x}_{\text{center}} + \dfrac{3}{4} & y_B = \tilde{y}_{\text{center}} - \dfrac{\sqrt{3}}{4} \\
x_C = \tilde{x}_{\text{center}} + \dfrac{1}{4} & y_C = \tilde{y}_{\text{center}} + \dfrac{\sqrt{3}}{4} \\
x_D = \tilde{x}_{\text{center}} + \dfrac{3}{4} & y_D = \tilde{y}_{\text{center}} + \dfrac{\sqrt{3}}{4}
\end{cases}
\tag{4.9}
$$

经过上述计算,能够得到基本的网格单元(即剖分层次为 0)。ISEA4D 网格的归算坐标系与 ISEA4T 类似,只是原点的平移量不同,即 $\left(\Delta x = \dfrac{1}{4}, \ \Delta y = \dfrac{\sqrt{3}}{4} \right)$。过渡坐标系 $\tilde{X}O\tilde{Y}$ 到归算坐标系 XOY 之间的变换可表示为式(4.10)。

$$
\begin{cases}
x = \dfrac{1}{2^n}\left(\tilde{x} + \dfrac{1}{4}\right) \\[3mm]
y = \dfrac{1}{2^n}\left(\tilde{y} + \dfrac{\sqrt{3}}{4}\right)
\end{cases}
\tag{4.10}
$$

式中，2^{-n} 为缩放系数，与网格的剖分层次有关。

经过上述步骤，就可以得到特定剖分层次的 ISEA4D 的平面网格。接下来，将该平面网格通过顶点坐标系并利用逆施耐德投影将平面单元映射到球面，完成 ISEA4D 网格构建。

4. ISEA4H 网格生成算法

相比于三角形和四边形网格的生成，正六边形网格的生成更加复杂。原因有二：①正六边形无法无缝无叠地完全覆盖二十面体表面，其中必须存在一定数量的五边形，网格构建过程中必须处理"网格碎片"的问题；②孔径相同的正六边形网格存在多种剖分方式，网格构建过程中必须考虑多种情况。

对于正六边形而言，通过中心点可将其剖分为六个三角形；对于五边形而言，通过中心点则可将其剖分为五个三角形。因此，六边形网格的构建可参照 ISEA4T 网格的生成算法。在几种六边形网格中，利用第 I 类剖分方法得到的六边形网格具有较理想的性质（贲进，2005）。ISEA4H 网格属性如表 4.7 所示。

分析 ISEA4H 网格的剖分方式可以发现，十二个五边形单元均匀分布在正二十面体的顶点上，且正二十面体的每条边均通过单元中心。因此，可以将离散网格坐标系的原点直接设置在正二十面体的顶点处。需要注意的是，在四边形的顶点和边界处，每个网格单元只有部分有效，需要缩小网格坐标系的范围，将一侧边界上的单元归入其他面片进行处理，而仅分解另一侧边界上的格元。

假设 ISEA4H 网格的剖分层次为 $n(n\geqslant 0)$，那么相关参数值如表 4.8 所示。

表 4.7　ISEA4H 的网格属性

属性	值
拓扑多边形	六边形
孔径	4
剖分方法	类型 I
是否对准	是
是否一致	否

表 4.8　ISEA4H 网格生成相关参数

参数	值
I 方向的格元数	2^n
J 方向的格元数	2^{n+1}
各四边形上格元索引偏移量	2^{2n}
四边形左下角点坐标	$[\text{quadnum},(0,0)]$
四边形右上角点坐标	$[\text{quadnum},(2^n-1,2^n-1)]$

由于正二十面体的南北极点也需要进行处理，因此将四边形的索引（quadnum）范围扩展为 0~11，0 和 11 两个虚拟四边形上只有一个单元，即[0, (0, 0)]和[11, (0, 0)]，其余步骤与 ISEA4T 类似。

假设正六边形网格单元的边长为 $\dfrac{\sqrt{3}}{3}$，由几何关系可得离散坐标为 (i,j) 的中心点在过渡坐标系下的坐标为式(4.11)。

$$\begin{cases} \tilde{x}_{\text{center}} = i - \dfrac{1}{2} \cdot j \\[2mm] \tilde{y}_{\text{center}} = \dfrac{\sqrt{3}}{2} \cdot j \end{cases} \qquad (4.11)$$

对于正六边形而言，同样不存在方向问题(三角形分为向上和向下两种类型)。正六边形网格单元的边界点由式(4.12)计算得到。

$$\begin{cases} x_A = \tilde{x}_{\text{center}} & y_A = \tilde{y}_{\text{center}} + \dfrac{\sqrt{3}}{3} \\[2mm] x_B = \tilde{x}_{\text{center}} - \dfrac{1}{2} & y_B = \tilde{y}_{\text{center}} + \dfrac{\sqrt{3}}{6} \\[2mm] x_C = \tilde{x}_{\text{center}} - \dfrac{1}{2} & y_C = \tilde{y}_{\text{center}} - \dfrac{\sqrt{3}}{6} \\[2mm] x_D = \tilde{x}_{\text{center}} & y_D = \tilde{y}_{\text{center}} - \dfrac{\sqrt{3}}{3} \\[2mm] x_E = \tilde{x}_{\text{center}} + \dfrac{1}{2} & y_E = \tilde{y}_{\text{center}} - \dfrac{\sqrt{3}}{6} \\[2mm] x_F = \tilde{x}_{\text{center}} + \dfrac{1}{2} & y_F = \tilde{y}_{\text{center}} + \dfrac{\sqrt{3}}{6} \end{cases} \qquad (4.12)$$

上述计算得到的网格单元，只需要经过缩放变换就可转换到归算坐标系，如式(4.13)所示。

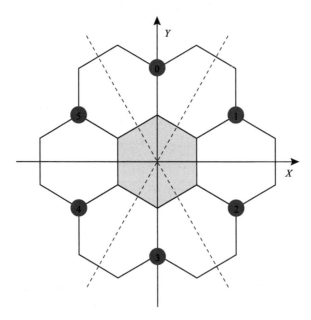

图 4.9　极点顶点坐标系

$$\begin{cases} x = \dfrac{1}{2^n} \cdot \tilde{x} \\[2mm] y = \dfrac{1}{2^n} \cdot \tilde{y} \end{cases} \tag{4.13}$$

式中，2^{-n} 为缩放系数，与网格的剖分层次有关。

　　针对四边形边界上的网格单元，需要将顶点分为两类进行处理，即南北极点和一般顶点。南北极点上(0 和 11 号顶点)上都有一个五边形单元，可以依次分解到 1-0-4-3-2 号以及 17-18-19-15-16 号三角形上(贲进，2005)，建立如图 4.9 中的顶点坐标系。

　　在剩下的 10 个一般顶点中，1～5 号的无效三角形在上方，可以建立图 4.10 所示的顶点坐标系，且其坐标轴的方向与归算坐标系一致。同理可以构建 6～11 号顶点的坐标系。

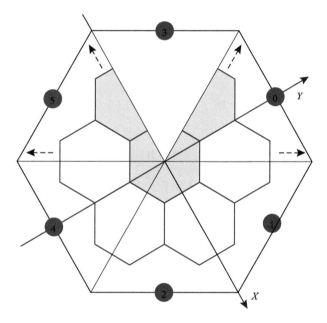

图 4.10　一般顶点坐标系

　　假设归算坐标系下，某单元的边界点为 $V_i\left[\text{quadnum} = \text{qn}, \text{coord} = (x_i, y_i)\right]\,(0 \leqslant i \leqslant 5)$。根据网格构建步骤，首先在顶点坐标系中求得 V_i 所在三角形的索引 $j\,(0 \leqslant j \leqslant 5)$，然后得到顶点详细信息，最后判断并设置 V_i 是否需要保留。如果需要，则将 V_i 转换为顶点坐标并保存，否则，设置为无效。

　　最后，通过逆 ISEA 投影坐标系将每个单元映射到球面就可得到 ISEA4H 网格。

5. ISEA3H 网格生成算法

　　利用剖分算法构建孔径为 3 的六边形网格时，网格剖分方法随剖分层次不断变化：奇数层采用类型 II 剖分，偶数层采用类型 I 剖分，如图 4.11 所示。

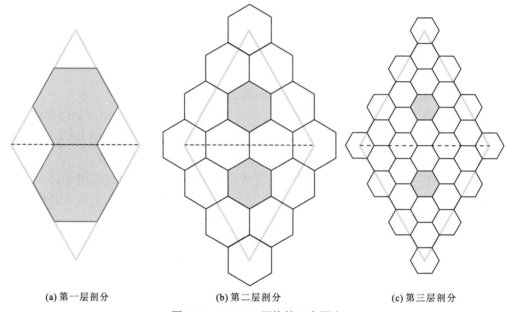

<table>
<tr><td>(a) 第一层剖分</td><td>(b) 第二层剖分</td><td>(c) 第三层剖分</td></tr>
</table>

图 4.11　ISEA3H 网格的 3 个层次

　　ISEA3H 网格的生成算法是类型 I 剖分方法和类型 II 剖分方法的组合，在剖分层次相同的情况下，其网格坐标参数与对应的类型 I 或类型 II 网格并不相同，计算参数如表 4.9 所示。

表 4.9　ISEA3H 网格生成相关参数

参数	值
I 方向的格元数	$3^{\frac{n+1}{2}}$ （n 为奇数）
	$3^{\frac{n}{2}}$ （n 为偶数）
J 方向的格元数	$3^{\frac{n+1}{2}}$ （n 为奇数）
	$3^{\frac{n}{2}}$ （n 为偶数）
各四边形上格元索引偏移量	2^{2n}
四边形左下角点坐标	$\left[\text{quadnum}, (0,\ 0) \right]$
四边形右上角点坐标	$\left[\text{quadnum}, \left(2^n - 1, 2^n - 1 \right) \right]$

　　假设类型 I 和类型 II 两种网格的边长均为 $\dfrac{\sqrt{3}}{3}$，类型 I 网格中单元中心的网格坐标为 $P_1(i, j)$，类型 II 网格中单元中心的网格坐标为 $P_2(i, j)$，即 P_2 的网格坐标与 P_1 相同。在类型 I 网格中，P_1 的过渡坐标为 $P_1\left(i - \dfrac{1}{2} \cdot j, \dfrac{\sqrt{3}}{2} \cdot j \right)$，$P_2$ 的过渡坐标为 $P_2\left(\dfrac{\sqrt{3}}{3} \cdot i - \dfrac{\sqrt{3}}{6} \cdot j, \dfrac{1}{2} \cdot j \right)$。结果表明：$OP_2$ 缩小 $\sqrt{3}$ 倍之后得到了 OP_1。边界点的位置只需将坐标绕 P_2 点逆时针旋转 $30°$ 即可。

　　通过上述步骤，可以在不改变索引顺序的前提下建立类型 I 与类型 II 两种网格的转换关系。最后，通过逆 ISEA 投影坐标系将每个单元映射到球面就可得到 ISEA3H 网格。

6. 实验结果分析

根据第 4.3 节确定的五个独立的设计要素,可以按照图 4.4 所示的球面离散网格模型构建流程生成 ISEA3H 网格。为了满足不同分辨率层次的网格生成的需要,设计并实现了全球网格和局部高精度网格两种生成算法,并且可以根据精度的需要对生成的网格点进行加密处理,同时选择相应的网格点编码方法。选取地球半径 R =6371.008 771 4 km,则截顶二十面体的边长为(Kimerling et al., 1999):

$$L = \sqrt{\frac{4\pi}{30\sqrt{3} + 3\sqrt{25 + 10\sqrt{5}}}} \cdot R = 2650.471\,458\,36 \text{ km}$$

计算得到的全球离散六角网格系统的相关指标如表 4.10 所示。

表 4.10　DGHGS 相关指标表

分辨率层次	格元总数	六边形格元面积/km²	格元距离/km
1	32	17 002 195.878	4 430.851
2	92	5 667 398.626	2 558.153
3	272	1 889 132.875	1 476.950
4	812	629 710.958	852.718
5	2 432	209 903.653	492.317
6	7 292	69 967.884	284.239
7	21 872	23 322.628	164.106
8	65 612	7 774.209	94.746
9	196 832	2 591.403	54.702
10	590 492	863.801	31.582
11	1 771 472	287.934	18.234
12	5 314 412	95.978	10.527
13	15 943 232	31.993	6.078
14	47 829 692	10.664	3.509
15	143 489 072	3.555	2.026
16	430 467 212	1.185	1.170
17	1 291 401 632	0.395	0.675
18	3 874 204 892	0.132	0.390

需要指出的是,在每一层网格中 12 个五边形格元的面积等于六边形格元面积的 5/6,格元距离的量算是在施耐德等积正二十面体投影空间的平面上进行的。

从表 4.10 可以看出,当网格分辨率约为 400 m 时,对应网格剖分层次为 18,所得到的网格单元为 3 874 204 892 个。

各层次网格的效果如图 4.12 所示。它们分别展示了第 1 至 8 层分辨率的 ISEA3H 全球离散六角网格,各层网格对应的网格格元数目分别为:32、92、272、812、2 432、7 292、21 872、65 612。图 4.13 为加载遥感影像的 ISEA3H 球面离散六角网格。

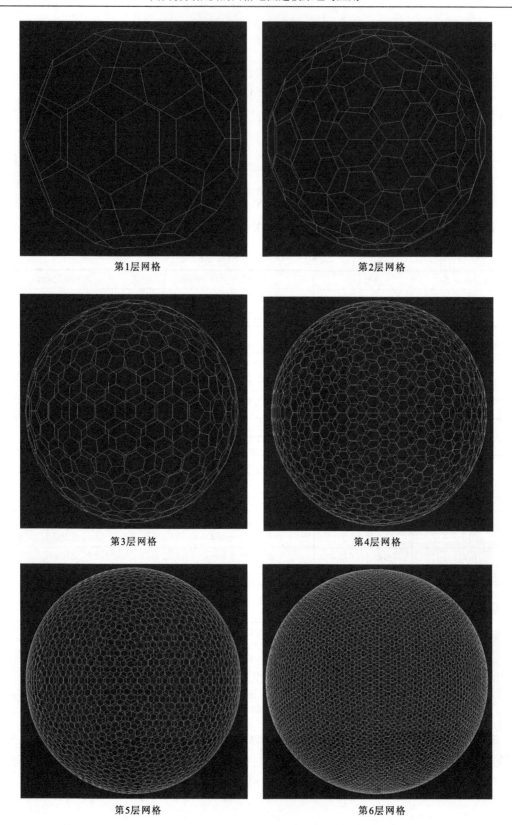

第1层网格

第2层网格

第3层网格

第4层网格

第5层网格

第6层网格

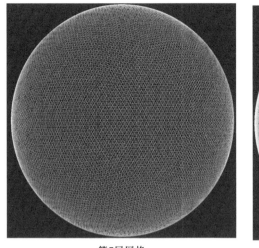

第7层网格　　　　　　　　　　　　　　　　　第8层网格

图 4.12　第 1 至 8 层分辨率的 ISEA3H 网格

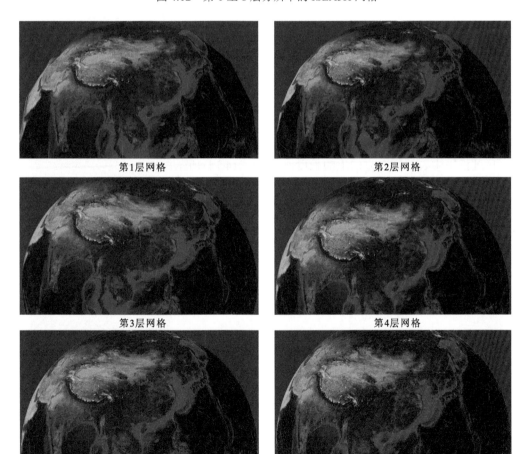

第1层网格　　　　　　　　　　　　　　　　　第2层网格

第3层网格　　　　　　　　　　　　　　　　　第4层网格

第5层网格　　　　　　　　　　　　　　　　　第6层网格

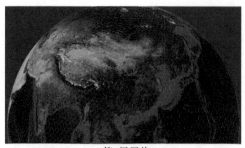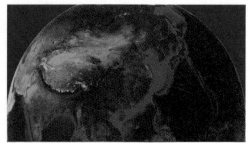

第7层网格　　　　　　　　　　　　　　　第8层网格

图 4.13　第 1 至 8 层分辨率的 ISEA3H 网格(叠加遥感影像)

4.5　球面离散网格变形分析

理想情况下，球面离散网格中格元边长、夹角和面积都应该相等，但地图投影的内在变形规律决定了所有网格单元的指标只能近似，而无法完全相同。首先需要分析施耐德等积投影的变形规律，贲进(2005)提出采用球面格元个数、格元面积、等积球冠直径、最大/最小边长比、最大/最小夹角比以及格元周长均方差等六项指标定量分析球面离散网格的变形规律。

1. 施耐德等积投影变形分析

由于施耐德等积投影属于等积投影，因此只存在距离变形和角度变形，因此可以给出施耐德等积投影的变形计算公式(贲进，2005)。

(1)过投影中心的径向方向上的长度比 h' 如式(4.14)所示。

$$h' = \frac{1}{R}\frac{\partial\rho}{\partial\frac{z}{R'}} \tag{4.14}$$

其中：

$$\begin{cases} \dfrac{\partial\rho}{\partial\frac{z}{R'}} = \dfrac{R'\cos\dfrac{z}{2R'}}{f} \\[6mm] f = \dfrac{2\cos\delta\cdot\sin\dfrac{q}{2R'}}{\tan\dfrac{g}{R}\cdot\left(1 - \dfrac{2S_{ABD}\cot\theta}{R'^2\left(\tan\dfrac{g}{R}\right)^2}\right)} \end{cases} \tag{4.15}$$

(2)径向垂直方向的长度比 k' 如式(4.16)所示。

$$k' = \frac{1}{R\sin\frac{z}{R'}}\sqrt{\left(\rho\frac{\mathrm{d}\delta}{\mathrm{d}\alpha}\right)^2 + \left(\frac{\partial\rho}{\partial\alpha}\right)^2} \tag{4.16}$$

其中：

$$\frac{\mathrm{d}f^{-1}}{\mathrm{d}\alpha} = \frac{2R^2}{R'^2\tan\frac{g}{R}}\sin\frac{q}{2R'}(\sin\delta - \cot\theta\cos\delta) - \frac{\left(\sin\frac{q}{R'}\right)^2(\sin\alpha - \cot\theta\cos\alpha)}{2f\tan\frac{q}{2R'}\tan\frac{q}{R}} \tag{4.17}$$

且

$$\begin{cases} \dfrac{\mathrm{d}\delta}{\mathrm{d}\alpha} = \dfrac{R^2 \cdot f^2}{R'^2} \\[2mm] \dfrac{\partial\rho}{\partial\alpha} = 2R'\sin\dfrac{z}{2R'} \cdot \dfrac{\mathrm{d}f^{-1}}{\mathrm{d}\alpha} \\[2mm] f = \dfrac{2\cos\delta \cdot \sin\dfrac{q}{2R'}}{\tan\dfrac{g}{R}\left(1 - \dfrac{2S_{ABD}\cot\theta}{R'^2\left(\tan\dfrac{g}{R}\right)^2}\right)} \end{cases} \tag{4.18}$$

(3)方位角变形比如式(4.19)所示。

$$\frac{\mathrm{d}\delta}{\mathrm{d}\alpha} = \frac{R^2 f^2}{R'^2} \tag{4.19}$$

2. ISEA4T 网格变形分析

ISAE4T 网格的球面格元个数、格元面积、等积球冠直径、格元周长均方差等四项指标计算公式表示为式(4.20)。

$$\begin{cases} \mathrm{num} = 20 \times 4^n \\[2mm] \mathrm{area} = \dfrac{\sqrt{3}}{2^{2(n+1)}}L^2 \\[2mm] \mathrm{rad} = 4R \cdot \arcsin\left(\dfrac{1}{2^{n+1}}\sqrt{\dfrac{\sqrt{3}}{\pi}} \cdot \dfrac{L}{2R}\right) \\[2mm] \sigma_C = \sqrt{\dfrac{1}{n-1}\sum_{i=1}^{n}\left(C_i - \overline{C}\right)^2} \end{cases} \tag{4.20}$$

可以得到，ISEA4T 的六项指标数值如表 4.11 所示。

表 4.11 不同层次 ISEA4T 网格的指标数值

层次	格元个数	面积/km²	等积球冠直径/km	边长比	夹角比	周长均方差/km
0	20	25 503 281.425	5 746.990	1.0	1.0	0.0
1	80	6 375 820.356	2 855.171	1.131	1.239	396.992
2	320	1 593 955.089	1 425.344	1.165	1.363	195.172
3	1280	398 488.772	712.393	1.201	1.453	75.308
4	5 120	99 622.193	356.162	1.233	1.530	30.507
5	20 480	24 905.548	178.077	1.253	1.579	11.675
6	81 920	6 226.387	89.038	1.265	1.614	4.442
7	327 680	1 556.597	44.519	1.275	1.638	1.680
8	1 310 720	389.149	22.259	1.282	1.654	0.648
9	5 242 880	97.287	11.130	1.286	1.664	0.259
10	20 971 520	24.322	5.565	1.288	1.671	0.109

3. ISEA4D 网格变形分析

ISAE4D 网格的球面格元个数、格元面积、等积球冠直径、格元周长均方差等四项指标计算公式表示为式(4.21)。

$$\begin{cases} \text{num} = 20 \times 4^n \\ \text{area} = \dfrac{\sqrt{3}}{2^{2n+1}} L^2 \\ \text{rad} = 4R \cdot \arcsin\left(\dfrac{1}{2^n} \sqrt{\dfrac{\sqrt{3}}{2\pi}} \cdot \dfrac{L}{2R} \right) \\ \sigma_C = \sqrt{\dfrac{1}{n-1} \sum_{i=1}^{n} \left(C_i - \overline{C} \right)^2} \end{cases} \tag{4.21}$$

可以得到，ISEA4D 的六项指标数值如表 4.12 所示。

表 4.12 不同层次 ISEA4D 网格的指标数值

层次	格元个数	面积/km²	等积球冠直径/km	边长比	夹角比	周长均方差/km
0	10	51006 562.849	8 199.500	1.0	1.0	0.0
1	40	12751 640.712	4 046.360	1.131	2.382	0.0
2	160	3187 910.178	2 016.794	1.165	2.696	181.166
3	640	796 977.545	1 007.607	1.201	2.842	98.919
4	2560	199 244.386	503.705	1.233	2.947	52.975
5	10 240	49 811.097	251.840	1.253	2.998	27.883
6	40 960	12 452.774	125.919	1.265	3.035	14.516
7	163 840	3 113.194	62.959	1.275	3.060	7.440

续表

层次	格元个数	面积/km²	等积球冠直径/km	边长比	夹角比	周长均方差/km
8	655 360	778.298	31.480	1.282	3.076	3.774
9	2 621 440	194.575	15.740	1.286	3.087	1.901
10	10 485 760	48.644	7.870	1.288	3.094	0.954

4. ISEA4H 网格变形分析

ISAE4H 网格的球面格元个数、格元面积、等积球冠直径、格元周长均方差等四项指标计算公式表示为式(4.22)。

$$\begin{cases} \text{num} = 20 \times 4^n + 2 \\ \text{area} = \dfrac{\sqrt{3}}{2^{2(n+1)}} L^2 \\ \text{rad} = 4R \cdot \arcsin\left(\dfrac{1}{2^n} \sqrt{\dfrac{\sqrt{3}}{2\pi}} \cdot \dfrac{L}{2R} \right) \\ \sigma_C = \sqrt{\dfrac{1}{n-1} \sum_{i=1}^{n} \left(C_i - \overline{C} \right)^2} \end{cases} \tag{4.22}$$

可以得到，ISEA4H 的六项指标数值如表 4.13 所示。

表 4.13　不同层次 ISEA4H 网格的指标数值

层次	格元个数	面积/km²	等积球冠直径/km	边长比	夹角比	周长均方差/km
0	12	—	—	1.0	1.0	0.0
1	42	12 751 640.712	4 046.360	1.191	1.122	0.0
2	162	3 187 910.178	2 016.794	1.196	1.278	23.694
3	642	796 977.545	1 007.607	1.231	1.348	11.429
4	2 562	199 244.386	503.705	1.235	1.385	5.782
5	10 242	49 811.097	251.840	1.242	1.426	3.091
6	40 962	12 452.774	125.919	1.248	1.450	1.580
7	163 842	3 113.194	62.959	1.253	1.464	0.798
8	655 362	778.298	31.480	1.255	1.472	0.400
9	2 621 442	194.575	15.740	1.257	1.477	0.200
10	10 485 762	48.644	7.870	1.258	1.480	0.100

上表中，前三项指标仅统计了 ISEA4H 网格中的正六边形格元。

5. ISEA3H 网格变形分析

ISAE3H 网格的球面格元个数、格元面积、等积球冠直径、格元周长均方差等四项指标计算公式表示为式(4.23)。

$$\begin{cases} \text{num} = 10 \times 3^n + 2 \\ \text{area} = \dfrac{\sqrt{3}}{2 \cdot 3^n} L^2 \\ \text{rad} = 4R \cdot \arcsin\left(\sqrt{\dfrac{\sqrt{3}}{2 \cdot 3^n \cdot \pi}} \cdot \dfrac{L}{2R}\right) \\ \sigma_C = \sqrt{\dfrac{1}{n-1}\sum_{i=1}^{n}\left(C_i - \bar{C}\right)^2} \end{cases} \tag{4.23}$$

可以得到，ISEA3H 的六项指标数值如表 4.14 所示。

表 4.14 不同层次 ISEA3H 网格的指标数值

层次	格元个数	面积/km²	等积球冠直径/km	边长比	夹角比	周长均方差/km
0	12	--	8 199.500	1.0	1.0	0.0
1	32	17 002 187.616	4 678.970	1.118	1.111	0.0
2	92	5 667 395.872	2 691.252	1.197	1.224	67.977
3	272	1 889 131.957	1551.868	1.170	1.192	10.507
4	812	639 710.653	895.602	1.231	1.356	11.497
5	2 432	209 903.551	517.005	1.216	1.207	3.397
6	7 292	69 967.850	298.479	1.240	1.418	3.677
7	21 872	23 322.617	172.325	1.252	1.248	1.672
8	65 612	7 774.206	99.491	1.250	1.456	1.257
9	196 832	2 591.402	57.441	1.269	1.264	0.646
10	590 492	863.800	33.164	1.255	1.472	0.422

上表中，前三项指标仅统计了 ISEA3H 网格中的正六边形格元。

6. 网格变形对比分析

根据表 4.11～表 4.14，可以对比四种网格的误差幅度。

四种网格在 1～10 层的剖分层次上，各层次中对应的网格单元的数量对比及其随剖分层次的变化如图 4.14 所示。为了更直观地显示对比结果，对网格单元的数量取自然对数。

四种网格在 1～10 层的剖分层次上，各层次中对应的网格单元的面积对比及其随剖分层次的变化如图 4.15 所示。为了更直观地显示对比结果，对网格单元的面积取自然对数。

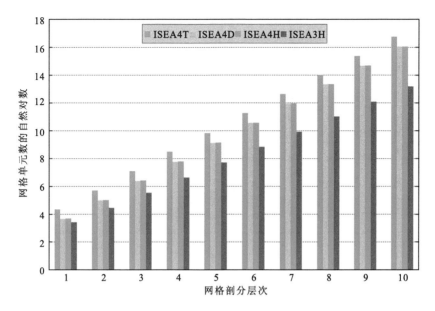

图 4.14　四种网格各层次的网格单元数量的自然对数

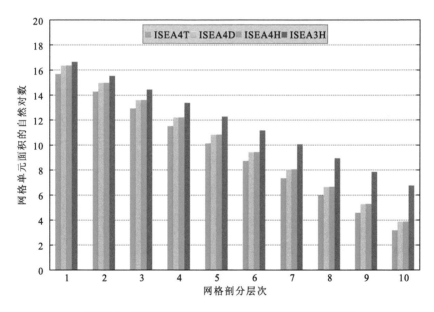

图 4.15　四种网格各层次的网格单元面积的自然对数

　　四种网格在 1~10 层的剖分层次上，各层次中对应的网格单元的等积球冠直径对比及其随剖分层次的变化如图 4.16 所示。为了更直观地显示对比结果，对网格单元的等积球冠直径取自然对数。

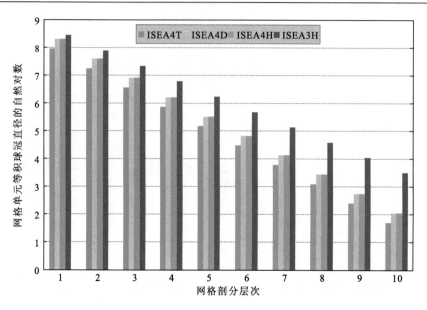

图 4.16　四种网格各层次的网格单元等积球冠直径的自然对数

四种网格在 1~10 层的剖分层次上，各层次中对应的网格单元的边长比对比及其随剖分层次的变化如图 4.17 所示。

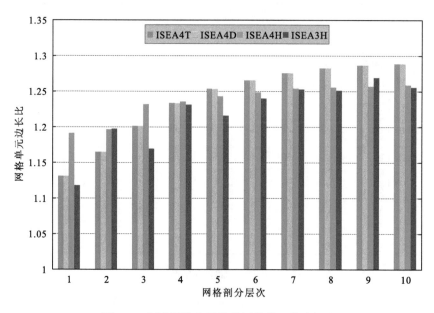

图 4.17　四种网格各层次的网格单元的边长比

四种网格在 1~10 层的剖分层次上，各层次中对应的网格单元的夹角比对比及其随剖分层次的变化如图 4.18 所示。

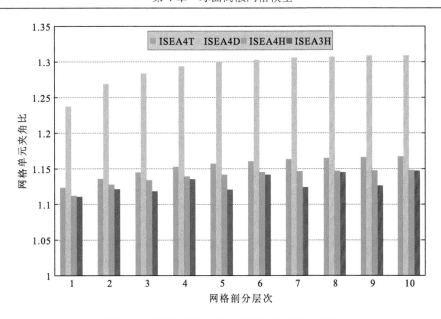

图 4.18　四种网格各层次的网格单元的夹角比

四种网格在 1～10 层的剖分层次上，各层次中对应的网格单元的周长均方差对比及其随剖分层次的变化如图 4.19 所示。为了更直观地显示对比结果，对网格单元的周长均方差取自然对数，并加上数值 3，以确保所有的值都大于 0。

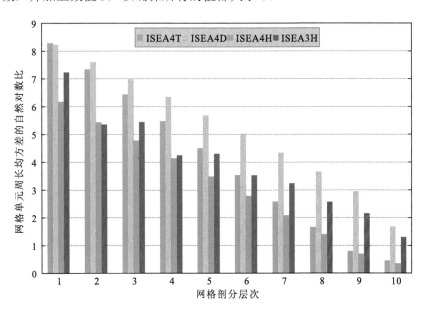

图 4.19　四种网格各层次的网格单元周长均方差的自然对数

通过上述分析可以得出以下结论：

(1)四种网格的数量均随剖分层次的增加呈指数级增加，第 18 层的网格单元的数量为3 874 204 892 个。

(2)四种网格的分辨率均随剖分层次的增加呈指数级减少，第 30 层的网格具有米级的空间分辨率。

(3)四种网格的最大/最小边长比和夹角比都随剖分层次的增加而递增，但总体呈现出收敛的趋势，网格形状变形越来越平稳。

(4)四种网格的单元周长均方差都呈指数级减少，其中 ISEA4T 网格的衰减速度最快，ISEA4H 网格的周长均方差最小。

4.6　本章小结

随着对地观测技术、环境模拟技术等研究的深入，人们的兴趣区域已经扩展到全球，传统的平面数据模型已经无法满足全球空间信息的应用需求。本章围绕球面离散网格构建问题，深入研究了球面数据模型、球面离散网格构建方法及误差分析等内容。

(1)分析了平面数据模型的局限性，从投影算法、全球空间数据多尺度管理和局部数据更新等三个方面进行阐述，论述了球面数据模型研究的必要性。

(2)论述了球面数据模型的基本原理，将球面离散网格系统划分为基于地理坐标系、基于多面体剖分的球面离散网格模型两种。

(3)系统阐述了基于多面体剖分的球面离散网格模型构建的基本步骤，深入讨论了网格构建的五个要素，即理想多面体、多面体相对于地表的定位、多面体与球面的对应关系、多面体面片的剖分方法以及点在多面体格元中的位置。

(4)深入论述了球面离散网格的生成算法，首先阐述了施耐德等积投影的正、逆投影算法，然后给出了 ISEA4T、ISEA4D、ISEA4H、ISEA3H 四种网格的核心生成算法，并以 ISEA3H 为例将网格系统进行可视化表达。

(5)分析了施耐德等积投影存在的距离和角度变形规律，并从球面格元个数、格元面积、等积球冠直径、最大/最小边长比、最大/最小夹角比以及格元周长均方差等六项指标，对四种球面离散网格的变形规律进行了定量化分析。

第 5 章　球体离散网格模型

第 3 章和第 4 章分别描述了平面离散网格模型和球面离散网格模型的几何建模和属性建模的原理与方法。平面离散网格模型描述地球表面局部区域的网格化信息，而球面网格模型将推演网格模型从平面离散网格拓展至地球表面全局区域的网格化信息。两者的研究对象维度通常是 2 维对象，例如，道路、河流、植被等地理环境要素大多表现点、线、面等 2 维的矢量对象模型，少数表现为 2.5 维的场模型；但是，随着空间环境研究对象逐渐拓展至气象环境要素、电磁环境要素，它们大多表现为以 3 维形式存在的体对象模型。因此，以二维形式存在的平面离散网格模型(或者球面网格模型)显然不能满足空间环境要素的统一表达；而包含属性信息的体素或立体网格模型是实现空间环境要素统一表达的基础。

本章首先简单描述用于三维数据场可视化的体绘制和体模型技术，体绘制不仅可以显示三维数据场的"表面细节"，而且可以显示空间数据的"内部细节"；然后描述空间环境的体素模型，包括基本概念、基本体元和数据结构，提出空间环境体要素的分类方法；最后以体素模型为基本支撑，描述基于体素模型的空间环境建模的基本思路。

5.1　体绘制与体模型

1. 体绘制

1) 基本概念

体绘制是指三维数据场的可视化，它源于英文"volume rendering"，也可以翻译为"体渲染"。

Wikipedia 认为，"volume rendering"是"In scientific visualization and computer graphics, volume rendering is a set of techniques used to display a 2D projection of a 3D discretely sampled data set." 即"在计算机可视化和计算机图形学中，体绘制是将 3D 离散采样数据集通过 2D 投射显示出来的技术。"

Levoy(1988)认为，"volume rendering describes a wide range of techniques for generating images from three-dimensional scalar data"，即"体绘制描述了一系列的'根据三维标量数据产生二维图片'的技术"。

体绘制技术的核心在于显示空间数据的"内部细节"，而不仅仅局限于显示"表面细节"。因此，体绘制是将三维体数据中的所有体细节同时显示在二维图片上的技术。在这一过程中并不需要产生中间几何图元。体绘制技术的优点是能够从所产生的图像中观察到三维数据场的整体和全貌(图 5.1)，而不只是显示出人们感兴趣的等值面。

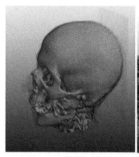

图 5.1　体绘制示例图（来自 Wikipedia）

利用 CT、MRI 或 PET 技术采集和重建可以得到的一组二维切片图像的典型三维数据集。例如，CT 图片展示的是人体的肌肉和骨骼信息，而不是表面信息。普通照相机拍出的照片与 CT 仪器拍出的 CT 图像，虽然都是二维图片，但包含的信息却完全不同。

体绘制是科学可视化领域中的一个技术方向，其最终目标是在一幅图片上展示空间体细节。例如，基于面模型绘制的一个坦克模型，从模型外部只能观察到坦克模型表面的特性，而难以描述坦克模型内部的细节。但以体渲染得到的坦克模型，却可以从外部观察到坦克模型内部的构造和细节。

体绘制技术最先应用在医疗领域，医疗领域的巨大需求推动了体绘制技术的快速发展，另外体绘制可以用于地质勘探、气象分析、分子模型构造等科学领域。体绘制技术也能用于强化视觉效果，自然界中很多自然现象都是不规则的体，例如，流体、云、烟等，它们很难用常规的几何元素进行建模，使用粒子系统的模拟方法也不能尽善尽美，但是使用体绘制却可以达到较好的模拟效果。

2）体素

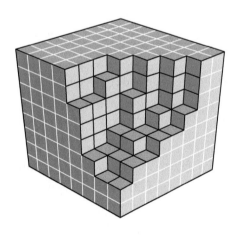

图 5.2　体素单元构成

"素"是指"带根本性的物质或构成事物的基本成分"。"体"有"事物的主要成分""实体""立体"的含义。王充在《论衡》中指出："天之与地，皆体也"。voxel 是"volumetric pixel"或"volumetric picture element"的缩写，国内学界对于 voxel 的翻译大多遵从"像素"的概念，将其翻译为"体素"。

Wikipedia 将体素描述为"是组成三维空间的最小单元，一个体素表示三维空间中规则网格的值；体素相当于二维空间中像素的概念"。图 5.2 中的每个小方块代表一个体素。体素不存在绝对空间位置的概念，它仅仅体现三维空间空间中的相对位置，这一点与像素类似。

体素数据按照统一的规则网格进行组织，网格的点相互连接形成了六面体单元（如立方体)。均匀的 n 维网格的优点是数据结构组织比较简单,在计算机内存中可以进行紧密的排列(以 n 维数组的形式),并且能够快速地查询。

常见的体素数据由 $n \times m \times t$ 个体素组成,即在 X、Y、Z 方向上分别有 n、m、t 个体素。在数据表达上,体素代表三维数组中的一个单元。在实际的仪器采样中,会给出体素相邻间隔的数据描述,单位是 mm,例如 0.412 mm 表示该体数据中相邻体素的间隔为 0.412 mm。

但是,均匀的网格灵活性稍差,可以使用其他的网格结构表达离散的数据。例如,四面体(图 5.3)、变形的六面体,或者完全不同的单元类型(如棱镜)。

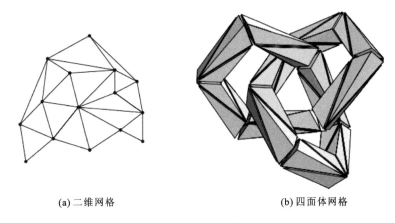

(a) 二维网格　　　　　　　　　　(b) 四面体网格

图 5.3　四面体网格示例

总之,体素适用于 3 维形式存在的体要素,它是空间环境体要素的抽象、建模、存贮、转化,并且用于表达输出的具有一定尺寸的最小体积单元。

3)体纹理

体纹理的概念比较混乱,很多文献没有严格区分 2D texture、3D texture、volume texture 之间的区别。很多人认为"只要是用于仿真技术中的纹理都称之为 3D texture",这是一种错误的理解。本质上,纹理的 2 维、3 维区别在于根据所描述的数据的维数确定,2D texture 指的是纹理仅仅描述了空间的面数据,3D texture 描述了空间环境的三维数据。3D texture 的另一个术语是 volume texture。它定义为"三维纹理",即体纹理,是传统 2D 纹理在逻辑上的扩展。二维纹理是一张简单的位图图片,用于为三维模型提供表面点的颜色值;而三维纹理,可以被认为由很多张 2D 纹理组成,用于描述三维空间数据的图片。三维纹理通过三维纹理坐标进行访问。简而言之,volume texture 就是按照一定规则将三维数据存放在 XY 像素平面所得到的纹理。

三维纹理包含三维信息,而不是二维信息。增加的第三维使开发人员在查看纹理的宽度和高度信息的同时,也可以访问其纵深部分信息。在效果上,3D 纹理可以使用真实的 3D 材料(例如,木质颗粒和大理石花纹)填充空心对象。传统的 2D 纹理只能描绘对象的表面,而 3D 纹理能够定义其内部属性。

2. 体模型

三维建模过程中，空间对象使用水平的 (x, y) 和垂直的 z 坐标描述，同时允许同一坐标平面上存在多个具有不同 z 值的空间对象，从而为体积计算、剖面分析、结构分析，以及更深入的地理过程分析提供数据模型。三维空间环境模型的构建，能够更准确、更逼真地构建空间环境的表示模型、影响模型和预测模型，从而更好地为用户提供决策依据。

基于体模型的三维空间建模在三维地学模拟、陆地海洋的统一建模、三维动态地学过程模拟等领域取得了相应的研究成果。根据体元的规整性，史文中和吴立新(2005)将体模型划分为规则体元、非规则体元和混合体元。

1) 规则体元构模

规则体元包括结构实体几何(CSG-tree)、体素(voxel)、八叉树(octree)、针体(needle)和规则块体(regular block)五种模型(图 5.4)。

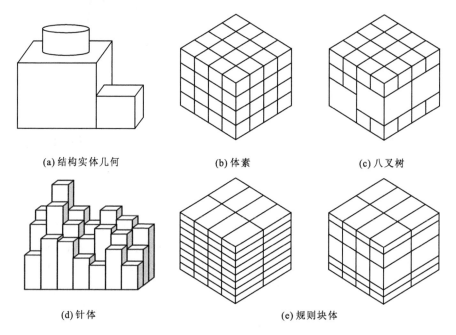

(a) 结构实体几何　　　　　　(b) 体素　　　　　　(c) 八叉树

(d) 针体　　　　　　　　(e) 规则块体

图 5.4　规则体元构模分类(史文中和吴立新，2005)

表 5.1 比较了上述五种常见规则体元三维空间数据模型的优缺点。

表 5.1　规则体元构模对比

模型名称	模型基本特征	优点	缺点
CSG-tree (结构实体几何)	利用预先定义好的形状规则的基本体元(如立方体、球体、圆柱体等)通过几何变换和布尔操作描述空间对象	描述结构简单的空间物体时效率较高	对复杂的不规则的三维地物建模效率低

续表

模型名称	模型基本特征	优点	缺点
voxel (体素)	利用一组规则的体素对模拟的空间的进行剖分	结构简单，操作方便	对实体的空间关系描述较为困难
needle (针体)	用一组具有相同界面尺寸的不同长度或高度的针状柱体对三维空间进行剖分	结构简单，操作方便	表达不规则的、非定形的对象较为困难
octree (八叉树)	利用八叉树对体素模型的改进	结构简单，存取方便，与体素模型相比比较节省空间	
regular block (规则块体)	将要建模的空间分割成规则的 3D 立方网格(block)	对属性渐变的三维空间构模效率较高	对有边界约束的构模会引起数据的急剧膨胀

通常，规则体元适用于无采样约束的面向场物质的连续空间，因此，地形、气象、海洋、污染、电磁等要素都可以采用规则体元进行建模。

2）非规则体元构模

非规则体元包括四面体网格模型(tetrahedral network，TEN)、金字塔模型(pyramid)、三棱柱模型(tri-prism，TP)、地质细胞模型(geocelluar)、非规则块体模型(irregular block)、实体模型(solid)、3D-voronoi 图模型和广义三棱柱模型(generalized tri-prism，GTP)8 种模型(图 5.5)。

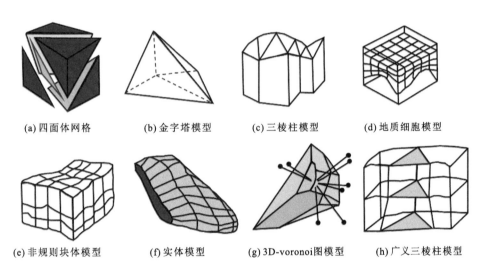

(a) 四面体网格　　　(b) 金字塔模型　　　(c) 三棱柱模型　　　(d) 地质细胞模型

(e) 非规则块体模型　　　(f) 实体模型　　　(g) 3D-voronoi图模型　　　(h) 广义三棱柱模型

图 5.5　非规则体元构模分类(史文中和吴立新, 2005)

非规则体元特别是 TEN 和 GTP 模型在地质研究领域应用较多，主要用于研究地下地质构造、矿藏分布、地下矿井钻探等领域。

5.2　空间环境体素模型

1. 体素概念模型

数据模型是对空间环境进行认知、简化和抽象表达，并组织抽象结果形成有用、能反映现实世界真实状况数据集的桥梁。借鉴 GIS 空间数据模型的划分方法，空间环境体数据模型由概念模型、语义模型、逻辑模型和物理数据模型四个有机联系的层次组成(陈常松，2003)，如图 5.6 所示。概念模型是指使用不同的方法从不同的角度或视图认知空间环境产生的不同概念，目标是确定需要处理的空间对象或现象，明确空间对象或现象之间的相互关系，从而决定数据库的存储内容。按照空间环境中对象和现象自身的特点，概念模型可以分为基于特征的模型、场模型和网络模型。

语义模型是对概念模型的进一步抽象与概括，得到基于框架环境体要素的概念模式和基于关系的概念模式(廖学军等，2010)。

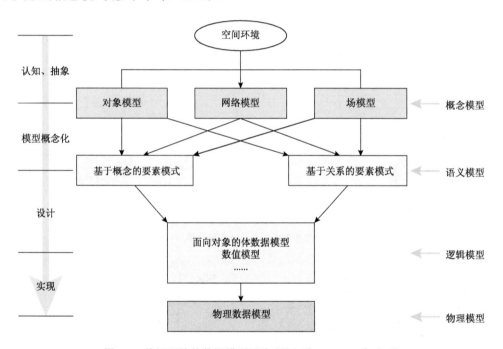

图 5.6　战场环境体数据模型层次(贾奋励，2010，有改动)

逻辑模型描述框架环境数据的逻辑结构，来源于概念模型，采用不同的实现方法表达数据项、记录项之间的关系。基于体素模型的空间环境逻辑模型主要包括面向对象的体数据模型和数值模型等。

物理数据模型是概念模型在计算机内部具体的存贮形式和操作机制，通过一定的数据结构，完成空间数据的物理组织、空间存取，以及索引方法的设计，实现操作专题信息，完成几何数据模型与专题、语义数据模型的关联(王润怀，2007)。由于计算机的数字特性，数据项必须进行离散化处理和操作，因此，空间环境空间必须进行离散化处理(王润怀，

2007)，空间环境的体数据模型就是离散化表达的一种。

空间环境是复杂的、多变的，各个要素之间又相互联系、相互影响。利用体素模型实现空间环境各要素的综合建模与表达，主要是通过对特定区域内的各个环境要素进行抽象，然后利用规则的体元实现网格剖分，每一个体元记录当前环境各要素的属性，例如，高程、气温、湿度等属性。

目前，大多数信息系统都基于二维形式描述空间环境，即将地球看成一个曲面，然后展平为一个平面，或者直接使用当前曲面(或球面)。其中，大地参考系统以本初子午线和赤道作为基本参考，使用经度(X)、纬度(Y)和高度(Z)表示地球表面的上某一点的坐标信息。基于体素模型的空间环境建模使用体元网格描述地表及其上下的空间要素。图 5.7 表示一个包含数百万个体元(或体素)的投影块(project block)，坐标通过体素坐标 X、Y、Z 记录。左图描述了地形表面的一个列的高度值，通过渲染体素的上表面描述地形表面的一小部分。在投影块之间，大量的环境要素变量可以进行移动和传递。例如，描述气象环境降雨的形成，是通过在空气体元中累积云雨，然后溅落到地面，整个降雨过程都可以在体素模型中得到模拟，集成气象、地形等多要素的属性值。

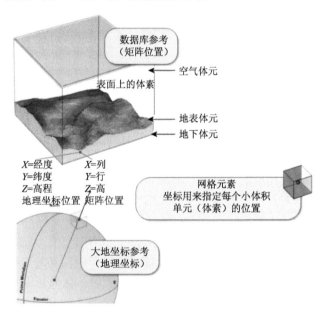

图 5.7　二维表面的三维扩展

2. 体素模型基本体元

实现空间环境的体建模，首先需要抽象出最基本的单元，然后通过基本单元的组合实现各环境要素的描述。最基本的单元可以称为空间环境的基本体元。空间环境的基本体元是体素模型的基本要素。借鉴地理空间信息数据的基础结构设计的原则，基本体元的结构设计应当遵循以下原则。

(1)用户需求原则。空间环境的基本体元应当可以让用户更快更好地使用空间环境的信息资源，为用户更好地了解环境、利用环境提供服务。因此，用户需求是最终的权衡标准。

(2) 简单性和准确性原则。空间环境的基本体元应该简洁明了、易于理解，并且能够使用户准确地利用基本体元实现各环境要素的描述和刻画。因此，需要在简单性和准确性之间找到一个平衡点。

(3) 专业性和通用性原则。空间环境的基本体元需要考虑环境的特点，不同的环境要素提取相似或相近的特征。因此，需要考虑空间环境的通用性。

(4) 互操作性与转换性原则。空间环境的基本体元能够实现不同要素体元之间的转换，并且可以进行互操作。

(5) 易扩展性原则。空间环境的基本体元只能提供最广泛意义的描述，对于具体的环境应用还需要更加精细地描述。因此，允许使用者在不破坏标准内容的条件下，可以对基本体元进行扩展。

空间环境的基本体元是一个抽象的概念。几何形式上，它表现为立方体体元。理论上，人们可以通过基本体元实现任一环境对象的体建模。为了更好地描述和表达空间环境对象，按照物质的状态可以将基本体元划分为"固体体元""液体体元"和"气体体元"，如图5.8所示。

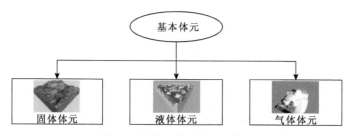

图 5.8　战场环境基本体元构成

固态、液态和气态是物质的三种存在状态，基本体元按照这三种状态进行抽象，实现各环境要素的体建模，并且可以通过三种体元的相互转化，实现空间环境的动态变化。

基本体元具有三个基本特性。

(1) 固体体元具有"不可进入"性。一般情况下，固体体元的状态相对固定，地理环境中的地形、各类地物等可以使用固体体元进行描述。对于电磁环境而言，由于电磁波在固体状态的物质中一般难以传播，因此，相对于电磁波，固体体元具有"不可进入"性。

(2) 液体体元具有"流动"性。液体体元由于自身的重力或其他外力的作用而呈现出动态性。空间环境中的降雨、水体等可以通过液体体元进行描述。

(3) 气体体元具有"扩散"性。对于气体体元而言，由于其密度小，在一定的空间范围内，具有自然扩散的属性。空间环境中的标量场，例如，温度场、气压场、风场等可以利用气体体元进行建模。

以建筑物为例说明基本体元如何实现体建模。如果不考虑建筑物内部的空气，那么建筑物由一个个的固体体元按照一定的规则堆积而成，每个固体体元都包含有建筑体的密度属性，表示不同的材料组成，如图5.9(a)所示；如果考虑建筑物内部的空气，那么利用固体体元和气体体元实现建筑物的构造，在空气与建筑的交界采用混合体元进行建模，如图5.9(b)所示。

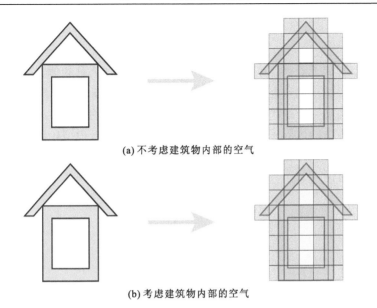

(a) 不考虑建筑物内部的空气

(b) 考虑建筑物内部的空气

图 5.9　基本体元对物体的构造示例

3. 体素数据结构

基本体元按照一定的逻辑规则实现空间环境各要素的建模。常用的基本体元的逻辑组织结构包括网格体素模型、稀疏体素模型、基于权限网格的体素模型和八叉树体素模型。

1) 网格体素模型

网格体素模型是最简单、最基础的体素模型，它将体数据划分为体素"切片"，进而生成均匀的体素网格。查询和处理体素数据模型时，通过逐一遍历切片的方式来处理体素模型。对于空间环境各要素进行体素化的过程中，这种方法实现简单，但是容易造成数据的大量冗余，占用大量的系统内存，计算量大，运算缓慢。地形在 XYZ 方向上的每一个位置都包含了一个体素，这样没有地形的"空"位置造成了数据的冗余。使用网格体素模型切分建筑物，体素模型的"空气"位置的信息存储，将对不需要研究内部空气的应用造成数据冗余(图 5.10)。

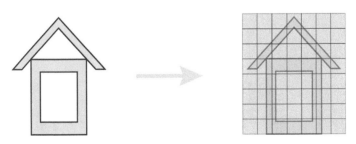

图 5.10　网格体素模型示意图

2) 稀疏体素模型

稀疏体素模型不同于网格体素模型，它仅仅存储了包含信息的体素。只有当这些含有信息的体素需要显示时，它才会被计算。例如，一个体素存储了红、绿、蓝和透明度 4 个值。所有体素高效而又完全的"包裹"模型，没有任何冗余的体素生成。稀疏体素模型的生成完全循着实物模型的边界进行采样，它从形状上更加贴近模型轮廓。如果我们假定建筑物的内部空气不存在，只将建筑物的建筑体进行高效的存储，建立一个被"掏空的"建筑物体素模型（图 5.11）。

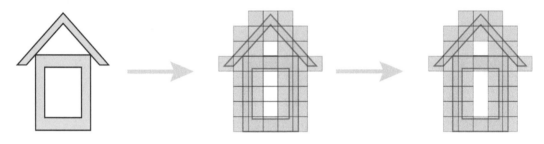

图 5.11　稀疏体素模型

3) 基于权限网格(permission grids)的体素模型

多边形面的简化算法基本上没有考虑多边形简化带来的相似性误差的评估。基于权限网格的体素模型不仅提供了较好的多分辨率的体素简化方法，更重要的是体素的简化包含了相似性误差质量的评估。例如，在快速的碰撞检测模型中，为了得到精确的结果，就需要对简化的网格误差进行几何误差评估。如图 5.12 和图 5.13 所示，每个输出的相似点都保证在指定距离模型表面的距离 ε（误差容限）内，然后根据精度 ρ（$\rho = \varepsilon / l$，l 为体素的尺寸）进行模型的体素化简化和误差判断。

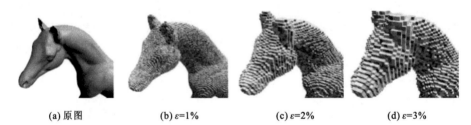

(a) 原图　　　　(b) ε=1%　　　　(c) ε=2%　　　　(d) ε=3%

图 5.12　指定网格精度，不同误差下的体素化模型结果（Zelinka and Garland，2002）

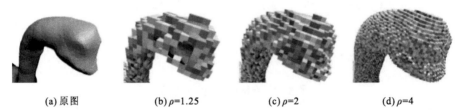

(a) 原图　　　　(b) ρ=1.25　　　　(c) ρ=2　　　　(d) ρ=4

图 5.13　指定误差水平，不同网格精度下的体素化结果（Zelinka and Garland，2002）

4)八叉树体素模型

(1)传统八叉树体素模型。八叉树是一种基于空间递归划分原理,由嵌套节点组成的三维空间数据的层级数据结构。每个节点有一个父节点和 8 个或者 0 个子节点,不包含子节点的节点称之为叶节点。八叉树数据结构可认为是四叉树数据结构在三维空间中的扩展,如图 5.14 所示,空间体数据通过递归的细分生成树形的八叉树结构(蒋秉川等,2013)。

八叉树数据结构将同质的信息存储在父节点内,从而实现数据的高效压缩,由于自身遍历和索引的效率较高,目前广泛地应用于大多数模型的体素化过程中。在进行地形建模时,"空"体素或者比较平坦的区域(可以称之为"同质")有时能够达到数据集的 50%以上,同质的体素被建模成统一的块。在进行编码时,内部结构相同的体素信息被统一存储在父节点体素中,这样就大大降低了信息存储量。

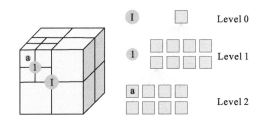

图 5.14　传统八叉树结构示意图

(左图表示八叉树在空间的细分;右图表示通过节点生成的树形结构,Level 2 节点的分辨率最高)

(2)"点-域"八叉树。"点-域"八叉树细分的内部点是可变的。节点的八个子节点的边界体积可以通过细分的位置指定。"点-域"八叉树通常不是通过中心节点进行细分,因此,可能会将体积划分为相对较大和相对较小的部分。与传统的八叉树相比,"点-域"八叉树细分次数相对较少,子体积可以直接放置在与数据指针相邻的位置(图 5.15)。

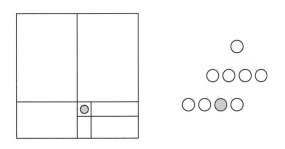

图 5.15　"点-域"八叉树二维示意图

(3)KD-Tree。KD-Tree 是将包围体划分成两个轴对齐的子体积,每个内部的节点在指定的位置沿着指定的轴细分。轴可以作为树的节点的高度函数进行选择,因此细分轴不用精确存储每个树的节点。KD-Tree 占用的内存比传统八叉树和"点-域"八叉树占用的内存都小。然而,KD-Tree 需要更多的节点,当然也就需要更长的树的遍历。如图 5.16 所示,起初沿着 x 轴进行细分,然后沿着 y 轴、x 轴细分,最后再沿着 y 轴细分,直到数据指针作为数据存储为叶节点。

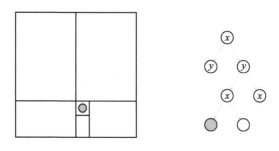

图 5.16   KD-Tree 二维示意图

Greeff(2009)对比分析了三种八叉树数据结构，他认为，KD-Tree 和"点-域"八叉树能够利用较少数量的体素存储数据，但是由于需要更多的节点来表示树，因此最终占用的内存也较多。在数据更新方面，"点-域"八叉树和 KD-Tree 需要用额外的内存存储更新部分的八叉树数据。综合考虑内存占用、数据更新等方面的因素，标准八叉树比较适合作为地理数据存储结构，实现起来相对简单。

5.3   空间环境体要素分类方法

1. 空间环境体素模型适应性分析

由于体绘制自身的特点，体素模型和体绘制方法并非完全适合空间环境所有要素的建模与表达。因此，是否采用体素模型的方法进行建模，主要由不同的用途、不同的分辨率以及环境要素自身的特点决定。下面讨论空间环境中适合进行体建模的要素，以及不同的环境要素采取的体绘制方法。

1) 陆地环境要素特点分析

陆地环境要素中，各要素主要呈现固态和液态两种状态，因此适合采用固体体元和液体体元实各环境要素的建模。

(1) 地貌。地形分为地貌和地物，其中地貌描述地球表面的起伏变化。陆地地貌分为山地、丘陵、平原和高原荒漠 (游雄，2012)。通常，通过等高线描述不同地貌的几何形态、高程与高差、坡度与坡向。地貌的建模与应用层级和空间分辨率密切相关。当应用比例尺为中小比例尺时，用户主要关心整个区域的发展态势，而并不会仅仅专注某一小范围区域的地形变化。例如，微地貌的描述使用点符号表达，地貌起伏形态通过 2 维等高线描述。当应用比例尺为大比例尺或目视比例尺时，往往需要精细地描述和刻画局部地区的地形，例如，悬崖、山洞等，此时，2 维的等高线或 2.5 维的 DEM 将难以刻画这些真三维的空间对象，适合采用体建模的方法实现。

表 5.2　陆地环境要素特点分析

环境要素		固体体元	液体体元	气体体元	定形	非定形	体建模	直接体绘制	间接体绘制	要素自身属性	可用于体建模的属性
地貌		●			●			○		◆	地貌类型(陷口、陡崖、冲沟等)、坡度、坡向	空间位置
陆地环境要素	地物	植被	●			●			—		—	种类、高度、密度、深度、面积、区域轮廓	—
		河流		●			●		○		◆	流速、流向、宽度、深度、面积、区域轮廓	水的属性；密度、温度等
		湖泊		●		●			○		◆	宽度、深度、面积、区域轮廓	水的属性；密度、温度等
		冰川	●			●			○		◆	类型、密度、覆盖面积、厚度	密度、温度
		沼泽	●			●			○		◆	类型、覆盖面积	密度
		水库	●			●			○		◆	深度、宽度、面积、轮廓	密度、温度
	地下	地下水		●			●		○		◆	流速、流向、宽度、深度、面积、区域轮廓	密度、温度
		地质	●			●			○		◆	土壤类型、地质构造	土壤类型、密度、地质构造

注：●表示固、液、气及定形非定形的状态；○表示空间环境要素既可用体建模，也可用面建模；◎表示通常只用体建模；◆表示采用的体绘制方法；— 表示不适合体建模方法。

　　(2)地物。植被是地球上任一地区所覆盖的植物群落的总体(张为华等，2013)。通常通过区域面建模和属性描述的方式描述植被，这种方法可以很好地展现植被的影响，体建模不适用植被的描述和表达。对于河流、湖泊等其他而言，需要分析河流、湖泊等地物的盐碱度、温度，以及水体变化对周围环境带来的影响等，因此适合对水体进行体建模。在表达损毁的建筑物时，如果仅仅为了表示空间环境的逼真效果，往往可以借助动态纹理贴图实现相应的效果，但是，如果分析建筑物的损伤程度，那么需要对建筑物进行体建模，分析建筑物的内部结构和构造。

　　(3)地下。目前的空间环境描述很少能描述到地下，对于地下结构的建模与分析研究主要集中在地质领域。地下设施的建模通常预先建立地下设施的三维模型，然后放置在地下所处的位置。关键问题在于三维模型是独立的，难以与地形紧密匹配。因此，体建模的方法适用于地下要素的三维建模，通过对地下采样点的体建模，实现地下要素的表达。

　　2)海洋环境要素特点及分析

　　海洋环境中的海底地貌和底质适合采用固体体元进行建模，海水体适合采用液体体元进行建模，海面大气环境则多采用气体体元进行建模。对海洋环境而言，除了航标、海底障碍物、浮标、浮游生物等对象外，海底地形、温度场、盐度场、密度场、风场、海流场、磁场等属于场对象，比较适合使用体建模和直接体可视化的方法。对于海水体的建模，如果仅仅表示战场的海洋效果，提供逼真的海洋环境，那么可以采用海面动态纹理的方式实现。对于大范围、大区域的水体建模，采用体素模型的方法将导致非常低下的效率。因此，海洋环境中的场对象和局部范围的海水体的模拟可以采用直接体绘制的手段表达。

表 5.3 海洋环境要素特点分析

海洋环境构成	海洋环境要素		固体体元	液体体元	气体体元	定形	非定形	体建模	直接体绘制	间接体绘制	要素自身属性	可用于体建模的属性
海底	海底地貌		●				●		○	◆	类型(山脉、盆地、丘陵、高原)、坡度、坡向	高程
	海底底质		●				●		○	◆	类型(泥、沙、砾石、碎石)、密度	密度
海水体	海水体			●			●		◎		温度、盐度、深度、密度	盐度、密度
海面	海面大气环境	海面风场			●	●		◎	◆		风向、风速、能见度、压强、温度、密度	压强、能见度、温度、密度
		海面电磁场			●	●		○	◆	◆	大气折射参数、修正折射指数、波导类型、强度	强度
海空	海面上空的云、雾等				●	●		○	◆		气压、气温	气压、气温

3) 气象环境要素特点及分析

气象环境主要采用液体体元和气体体元进行建模(表 5.4)。气象环境要素大多是场对象，可以采用直接体绘制的方法，实现诸如温度场、气压场等的可视化和分析。气象环境各要素多属于动态现象，例如，云的形成与扩散、降雨、降雪、风等，对动态现象的描述通常采用等值面提取、直接体绘制及过程模型等方法实现过程模拟。

表 5.4 气象环境要素特点分析

气象环境要素	固体体元	液体体元	气体体元	定形	非定形	体建模	直接体绘制	间接体绘制	要素自身属性	可用于体建模的属性
风			●		●	◎	◆		风向、风速、能见度、气压、气温	能见度、压强、密度、温度
雨		●			●	○	◆		降雨量、积水深度、气压、气温、能见度	气压、气压、密度、能见度
雪		●			●	○	◆		积雪厚度、气压、气温、能见度	气压、密度、能见度
雾			●		●	○	◆		气压、气温、能见度	气压、气温、能见度、密度
云			●		●	○	◆		气温、气压、能见度	气温、气压、能见度

气象环境数据主要通过各类气象观测系统得到，产品包括可见光云图和气象云图。体绘制的优势是能够展现体数据场的内部信息，揭示体数据场内部变化规律。因此，通过对云层、雨雪、风场等的大量气象数据的体可视化，直接输出为计算机图像，可以在屏幕上绘制出某一时刻的云层形态、雨雪的运动效果以及台风的压强、温度等信息，从而直观地了解某一时刻、某一地点的气象状况。

4) 电磁环境要素特点及分析

电磁波在固体和液体中基本不传播，因此将电磁环境要素归为气体体元。如表 5.5 所示，除了电磁辐射源外，电磁环境要素都是场对象，适合体建模，如果面向空间各点的电磁强度和信噪比建立体数值模型，那么可以利用直接或间接的体绘制方法进行可视化。

表 5.5　电磁环境要素特点分析

电磁环境要素	固体体元	液体体元	气体体元	定形	非定形	体建模	直接体绘制	间接体绘制	要素自身属性	可用于体建模的属性
电磁辐射源	●		●				—	—	雷达类型、电磁设备类型	—
背景磁场			●	●		○	◆	◆	频段范围、强度、信噪比	电磁强度、信噪比
大功率民用电磁干扰			●	●		○	◆	◆	种类、频段、强度、密集度、信噪比	电磁强度、密集度、信噪比

2. 空间环境体要素分类

通过空间环境要素建模的适应性分析，根据各环境要素，以及体素模型和体绘制的特点，可以对空间环境中适合进行体建模和体可视化的各类对象和现象进行抽象和分类，如图 5.17 所示。

(1) 场对象。按照体数据属性值的物理特性分为标量场和矢量场。场对象通常不可视，但是可以通过体素模型建模，以及体可视化方法实现场要素的建模与表达，表达场内部的属性信息。标量场的可视化主要揭示各类物质的空间分布。标量场主要包电磁场、温度场、密度场、盐度场等。矢量场包括风场、声场和流场等。矢量场体数据的属性值是多维向量值，不仅有数值的大小，还包含方向的属性等，例如，速度场、加速度场、风场等。对于矢量场的表达，流向和强度适用特定形状图标表示，例如，使用箭头代表流向，箭头大小表示流速或动力大小。

例如，基于体素模型的电磁态势表达，是对指定区域的电磁场进行体元剖分，然后通过体绘制的方法(直接体绘制或间接体绘制法)实现电磁场的可视化。如图 5.18 所示，采用切片技术实现电磁态势的体可视化，首先使用多个平面沿不同方向对特定的空间区域进行切分，然后根据切面上各网格点电磁场量的值，按一定的规则设置相应的颜色和透明度，从而在切面上生成形象直观的电磁场量分布图像(周桥，2008)。电磁环境的体可视化侧重于指定区域内电磁强度的分布情况，为电磁环境的控制提供更好的决策支持。

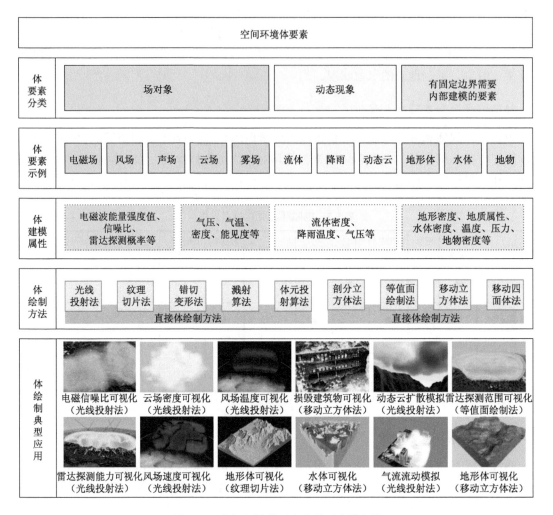

图 5.17　空间环境体要素分类及表达方法

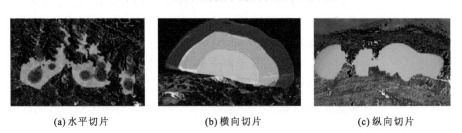

(a) 水平切片　　　　　(b) 横向切片　　　　　(c) 纵向切片

图 5.18　基于体素模型电磁场可视化效果(切片显示)

　　基于体素模型的电磁环境建模，能够使用户从不同高度和不同方面切割电磁环境，从而查看电磁环境的内部信息，可以与地理环境、气象环境结合，通过模拟各种电磁设备的干扰情况，实现电子对抗过程的模拟仿真。

　　海底声场、温度场等的体建模，能够使用体可视化的方法，实现声呐探测场的可视化，实现水下潜艇的最佳航路规划。具体方法是利用直接体绘制方法绘制出三维水下声场，并利用预积分体可视化方法提高声场体绘制的生成的图像质量。以三维水下声场为威胁模型，运用 CUDA 对大规模数据场环境下对航路进行规划，为潜艇的战术行动优化提供可靠的技术支持，为决策者应用视觉数据解决水下作战探测与反探测过程中的决策问题提供快速有效的途径，如图 5.19 所示。

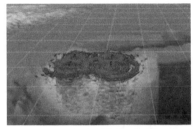

(a) 声呐探测场的体绘制效果(臧涛等，2008)　　(b) 利用声场实现航路规划(邱华，2011)

图 5.19　航路规划示意图

　　(2) 空间环境中的动态现象。这类现象具有明显的动态特征，主要是要素与要素之间的动态影响。由于体建模可以根据不同类型的要素属性进行基本体元的扩展，在表达各环境要素对同一体素的影响时，可以考虑不同要素的综合影响。例如，水污染可认为是污染物体素对水体体素影响致使水体体素的属性发生变化的过程；水土侵蚀是水体素通过外部作用力使得水体体素对土壤体素进行侵蚀的过程。这里，以动态云的形成和扩散为例描述空间环境动态现象的建模过程。云的形成和扩散主要是云内部的气体和含水量随着外力的变化而不断变化的过程，例如，将 t 时刻在位置 p 处的云密度表示为 $\rho = \rho(p, t)$，这是与时间相关的动态标量场，决定了某一时刻云的形状。动态云运动的过程实质上就是从初始的云密度场向目标密度场变化的过程，在变化的过程中相邻形状近似，并在此过程中保持云动力学属性和云的外形真实感。徐江斌 (2010) 运用几何势场控制方法模拟了云的自然运动变化过程，最终实现的云的运动变化模拟效果。

　　(3) 空间环境中具有明显边界，需要描述内部属性特征的要素。

　　• 地形体建模。基于体素模型的陆地环境表达能够充分地描述和刻画地球表层空间的地理信息，包含地形的地表信息和地下的地质信息，诸如位置信息、湿度、温度、土质、盐碱度和密度等。图 5.20 展示了基于体素模型的陆地环境建模的效果。整个陆地环境由一个个的"立方体"即"体元"构成。

　　对地形环境的建模，可以利用激光扫描点云数据实现对真实地形的采样，然后构建规则网格的体素模型。地形体建模的优势是可以实现洞穴、拱形、悬崖等复杂地形的建模表达，由于体元的属性可以独立描述与存储，因此能够表达地表以下及地表以上的地理对象，并且可以进行三维的空间操作和空间分析。

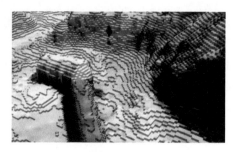

(a) 细分辨率　　　　　　　　　　　　　　　(b) 粗分辨率

图 5.20　不同分辨率的体素地形环境表达效果(来自 http://www.atomontage.com)

• 基于体素模型的水体模拟。不局限于模拟河流或湖泊的表面，主要是对水体进行体素剖分，每个体素都实现了对水体的采样，可以记录水体的温度、深度、盐度等，从而能够更准确地体现河流或湖泊对人类活动的影响。如图 5.21(b)的水体渲染的截面所示，它与水体表面建模[图 5.21(a)]不同，水体模型由大量的体素构成。

(a) 水体表面模型　　　　　　　　　　　　(b) 水体体素模型

图 5.21　基于体素模型的水体模拟

• 建筑物体建模。基于面模型的建筑物建模主要通过三角面片叠加纹理的方式实现，具有很好的可视化效果。但是，当人们需要了解和分析建筑物的内部构造时，可以使用建筑物的体素模型，对建筑物的每一个体素赋予不同的材料属性，例如，混凝土、砖、水泥和钢筋等。当建筑物内部包裹的空气进行体素化建模后，就可以分析气体在建筑物内部的扩散过程。图 5.22 表达的就是损毁的建筑物模型(来自 http://www.atomontage.com)。

图 5.22　可以损毁的建筑物

5.4 基于体素模型的环境建模

疏理了空间环境各要素中哪些要素适合进行体建模和体可视化,并且对空间环境的体要素进行分类之后,就可以利用体素模型实现空间环境体要素的建模了。基于体素模型的空间环境建模主要分为以下几个步骤:

(1)给定一定区域的空间环境,确定建模的对象,得到给定区域的"边界包围体"。

(2)根据应用的需要,确定体素的分辨率(即 1 个体素单元所表示的真实空间的大小),以及需要建模的空间环境对象的要素,进行对象的要素属性抽取。

(3)利用基本体元剖分需要建模的体空间,然后根据不同的要素属性值,采用插值算法计算体素的 8 个角点的属性值。各个立方体之间存在相邻的关系,可利用每个立方体实体填充地理要素的内部实体。

(4)根据 8 个角点的不同的属性值,以及不同类型的地理要素,实现不同地理要素的等值面的可视化,例如,地形表面的可视化,地下不同阈值的等值面提取,以及其他要素(降雨量)的直接体可视化等。图 5.23 总结了基于体素模型实现空间环境建模的一般流程。

这里以八叉树体素结构实现地形体的建模为例,说明基于体素模型的空间环境的建模过程。地形体包含地形表面、地下地质和地上空气。首先,确定指定区域的"边界包围体",指定地形体素的分辨率。然后,对地形表面、地下地质和地上空气进行体素分割,分别用固体、液体(地下水)和气体元体素对体积进行离散化。

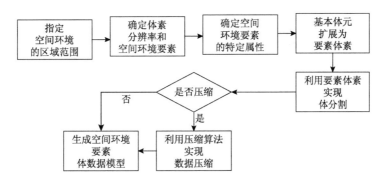

图 5.23 基于体素模型的空间环境建模流程

如图 5.24 所示,针对地形土壤体素,需要对固体体元进行扩展,添加土壤要素的要素属性,例如,土壤类型、含水量、渗水能力、压缩能力、抗剪能力和扬尘能力等。利用八叉树数据结构对相同类型属性的地形进行压缩,然后,通过间接可视化的方法实现多分辨率的地形等值面提取。

本质上,各环境要素的体建模方法是相同的,都是利用基本体元实现各环境要素的构建。对于特定区域的空间环境的要素进行建模时,各环境要素的体素都是基本体元的扩展,在空间上采用立方体分割,将各类要素的属性值统一在一个体元内建模,每一个体素可以记录不同的陆地、海洋、气象和电磁的相关属性信息,进而实现空间环境各要素的统一建模。如果针对任意一种要素进行分析或表达时，就可以提取整个体素模型内具有相同要素类型的属性值。理论上讲，可以实现空间环境的统一建模，形成统一的体素模型(图 5.25)。在具体实现过程中，数据的压缩、存储和索引是建模的核心问题，体数据本身非常庞大，如何提高数据存储和索引的效率，是问题的关键所在。

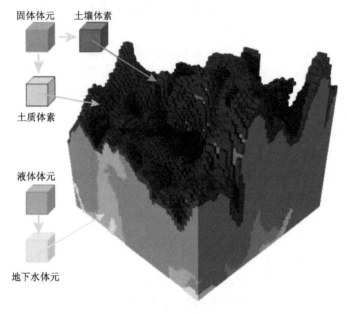

图 5.24　基本体元实现地形体建模的示意图

图 5.25　基于体素模型的战场环境统一建模示意(来自 www.tested.com)

5.5　本 章 小 结

本章首先简单描述了用于三维数据场可视化的体绘制和体模型技术，体绘制不仅可以显示三维数据场的"表面细节"，而且可以显示空间数据的"内部细节"；然后描述空间环境的体素模型，包括基本概念、基本体元和数据结构，提出了空间环境体要素的分类方法；最后以体素模型为支撑，描述了基于体素模型的空间环境建模的基本思路。

第6章 兵棋推演系统中的网格模型应用

兵棋，作为一种模拟演绎战争的工具，是人类战争实践的产物。现代意义的兵棋，起源于19世纪普鲁士的宫廷战争游戏。20世纪70年代之后，随着计算机技术、测绘技术、作战模拟技术的发展，现代兵棋进入了一个崭新的历史阶段。近十几年以来，它在高技术局部战争中的运用实践，把现代兵棋推进到了一个全新的发展时期。

兵棋地图，或者说是面向兵棋的网格模型，始终是兵棋的重要组成部分，它为兵棋推演提供了基本的环境模型，任何兵棋推演活动只有在精确兵棋地图的支撑下，才有可能取得令人信服的推演结果，进而辅助指挥员制定行动方案，获得一个又一个的胜利。

本章首先描述兵棋的基本组成，理顺兵棋发展的演进历程；其次简单介绍兵棋推演的基本概念，了解兵棋的不同分类体系，以及兵棋推演的基本流程；再次，以《战争艺术》和VASSAL两款兵棋系统为例，详细介绍适用于兵棋推演系统的网格模型；最后简单描述兵棋系统在军事领域的应用。

6.1 兵　　棋

1. 兵棋的基本组成

兵棋由棋盘、棋子和规则三要素组成。兵棋的棋盘称为兵棋地图，1.4节细节描述了兵棋地图的基本概念，此处不再赘述；这里着重描述兵棋的棋子和兵棋的规则，宏观呈现兵棋的完整形态。

1) 兵棋的棋子

兵棋中的每一个棋子都代表一定的作战单位，或者战场事件。

代表作战单位的棋子叫"单位算子"（unit counters）。典型的单位算子如图6.1所示。它上面通常标有攻击力值、防御力值、机动点值、军兵种、主要装备、作战代号、番号等主要信息，以及目标类型、武器级别、射程等附属信息。

单位番号、级别、兵种用于确定棋子的隶属关系。例如，"10/5""团""摩"组合起来代表"摩托化部队第5师第10团"。单位的装备往往以其主要装备的剪影轮廓来表现，这比文字、标号更容易识别，在众多单位算子密集排列时能一目了然。

攻击力值和防御力值是对阵模拟不可缺少的参数，前者用于进攻战斗，后者用于防御战斗；战斗力值等同于攻击力值或防御力值，在攻防战斗中都可使用；空战力值、封锁力值、空地战力值属于空中单位，依次用于空战、轰炸封锁和对地攻击的战果裁决；机动点值、飞行半径表明该单位的机动能力，用于确定它在不同的地形上一次能走多远。

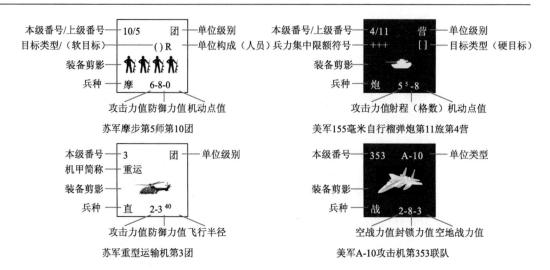

图 6.1　兵棋"单位算子"棋子

目标类型根据所模拟作战的具体情况而定，通常以"（）"代表软目标，这是指地面单位中无装甲防护的单位；以"[ ]"代表硬目标，是指地面单位中有装甲防护的单位。单位构成用于区分同一个单位的人员和车辆两部分，这对于确定机械化、摩托化单位的乘车或徒步两种状态很有用。兵力集中限额用于计算一个棋格中最多可以进入多少个单位。射程用于确定射击 6 有效范围。

空中单位算子通常标有作战半径、空战能力值、对地攻击力值、电子战能力等参数。水面 / 水下单位通常标有攻击力值、防护力值、航速值、防空能力值等参数。此外，单位算子的正面和背面都有不同的意义。

代表战场事件的棋子叫"事件算子"（matter counters），主要用于记录伤亡、破坏、突发事件等动态战场情况。例如，伤亡算子的正反面分别标有 1、2、3 等数字。当某单位伤亡达 1/4 时，就在其单位算子上放一个"1"数字面朝上的伤亡算子；当该单位伤亡达 2/4 时，就将伤亡算子的"2"数字面朝上……，当该单位全部伤亡时，就将其单位算子与伤亡算子一起从地图中拿掉，表示它被全歼了。破坏算子上印有"摧毁""半摧毁"等字样，突发事件算子印有"滩头阵地""空降场""瘟疫""饥荒""暴乱"等字样，有的桥梁、隧道、机场、码头被摧毁，可以在其相应格中放一个破坏算子。建立了滩头阵地或空降场，某地发生瘟疫、饥荒或暴乱，都可以在棋格中放置一个相应的事件算子(图 6.2)。

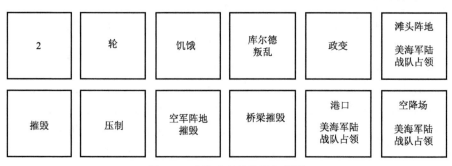

图 6.2　兵棋"事件算子"棋子

2) 兵棋的规则

兵棋规则是指推演实施过程中必须遵循的依据和规范,是确保推演符合实际情况,保证推演逼真性的重要条件。

兵棋规则包括实体约束规则和实体作战规则两大类。实体约束规则是指推演过程中对各种作战行动进行约束限制的规则,例如,兵力运用约束规则、装备使用约束规则、环境约束规则、交战关系约束规则等。实体作战规则是指各种作战行动执行中所遵循的规范或依据。实体作战规则又可以根据实体的类型区分为指挥规则和任务执行规则两大类。指挥规则是指挥机构在实施作战指挥过程中所必须考虑的相关依据和规范,包括态势判断、目标选择及分配、兵力与火力分配、武器使用、指挥协同、效果评估等方面的规则;任务执行规则是指兵力和装备实体在执行任务中必须考虑的相关依据和规范,可以分为行动控制规则和行动执行规则。行动控制规则主要是根据战场态势、自身的状态和执行的任务所做出的行动控制,主要包括:态势判断、目标选择、兵力与火力运用、效果评估等规则;行动执行规则是指执行具体行动所考虑的规则,包括机动规则、侦察规则、武器运用规则、交战规则等。

规则主要来源于对战争经验的总结提炼和对演习、试验数据的长期积累,并且结合概率原理进行设计。规则是兵棋的核心要素。"严格式兵棋"的规则周密、详细、具体,主要包括布局规则、作战顺序(回合)规则、机动规则、战斗结果裁决规则等。通常一款兵棋分为一份《基本规则》和若干《补充规则》。《基本规则》是兵棋推演必须自始至终遵循的主要规则,包括兵力兵器的调动、作战空中支援及所有基本的战斗、战斗支援、战斗保障、战斗指挥职能的裁判方法。《补充规则》对《基本规则》中的功能在各兵种、勤务范围内分别做了大量补充,对特定专业的受训人员加以详细的指导。

兵棋推演时,对抗双方通过对棋子时间和空间上的调动,代表某个作战单位的作战行动,尔后由裁判员依据规则进行裁决,对于需要依据概率确定的战斗结果则通过掷骰子取随机数的方法来确定。这样逐步推演每一步行动,形成近似于实战的战场态势,达成与对手进行对抗的目的。因此,骰子是手工兵棋中裁决战斗结果的一种重要工具。例如,在战斗结果表里,某种防空武器对飞行高度为 1 500 m 的直升机杀伤概率是 70%,那么,当使用 10 面骰子投掷时,掷到的数为 1～7 的任意一个数时,就裁决这架直升机被击落,否则,就裁决未被击中。在计算机兵棋中,则使用取随机数的方法代替掷骰子进行推演的裁决。可见,骰子是手工兵棋最具有特色的一个要素。通过掷骰子,可以在一定程度上比较逼真地体现战争中的偶然性和不确定性因素。

2. 现代兵棋的发展

由于文化传统、习惯和其他因素的影响,东方的古代棋戏,以及后来发展起来的沙盘推演、图上作业等,始终停留在以定性方法研究问题为主,依靠指挥员或组织者个人经验和主观判断规定推演行动和裁决交战结果的水平之上,缺乏严格的规范双方对抗行动所必须遵循的规则。因此,以中国为代表的这些国家表现出重谋略、轻技术,重防守、轻进攻的特点。但是,西方的古代棋戏,则是渐渐由抽象走向具体,棋盘、棋子、规则日益复杂多样化，孕育出了现代意义上的兵棋(彭希文，2010)。

1)严格式兵棋的诞生

17 世纪，随着火器的大量运用和新兵种的出现，战争形态和军队编成与古代有了很大改变，战争变得越来越复杂，象棋、围棋等已不能准确地模拟战争。人们开始对原有棋类进行改进并不断加入新的军事元素。19 世纪，欧洲战事频繁，人们对利用棋类推演当时的实际作战有着强烈的需求。

1811 年，普鲁士冯·莱斯维茨按照 1∶2 372 的比例，用胶泥做出地形模型，用小瓷方块表示军队和武器，用一张概率表和一个骰子选取随机数，按照自己制定的一本详细规则模拟军队的交战过程。这套兵棋就是真正意义上的现代兵棋，它形象有趣，可以逼真地预测当时战场的实际作战活动。普鲁士国王腓特烈·威廉三世非常喜欢这种游戏，并且将其取名为"克里格斯贝尔"(Kriegsspiel)，意为"战争游戏"。同时，威廉三世还下令在波茨坦宫中展开对手之间的比赛表演，专供高级官员和外国贵宾欣赏。这种战争游戏一直是为宫廷和上流社会提供的一种战争娱乐和教育工具。

1816 年，俄罗斯大公尼古拉访问波茨坦宫，在看完这种兵棋表演之后，他感到十分兴奋。他认为这种兵棋能把历史信息、动态局势和潜在风险有机结合起来，推演者可以按照作战决心利用兵棋模拟作战情景与进程，而且军事行动效果可以由掷骰子等规则来确定，因此充满了无穷的魅力。他立即把这种兵棋带回克里姆林宫，并且向前来拜访的贵宾炫耀。兵棋很快传遍了欧洲，成为上层社会娱乐活动的时尚。

19 世纪 20 年代，欧洲大陆相对和平，兵棋的革新也逐渐式微。由于莱斯维茨的兵棋难以操作，人们对它的热情逐渐减弱。正当莱斯维茨兵棋可能被扫入历史的垃圾堆中时，冯·莱斯维茨的儿子约翰·冯·莱斯维茨在父亲的鼓励和影响下，提出了新的改进思路。他把实际地形、军事经验和时间概念引入兵棋，使它成为一套基于数学计算的图板式模拟体系。

1824 年，约翰·冯·莱斯维茨在柏林出版了他的兵棋详细规则，书名为《用兵棋器械进行军事对抗演习的指南》。随书出版的还有一张比例尺为 1∶8 000 的地图，代表交战双方 26 个营、40 个中队、12 个炮兵连、1 个辎重排的棋子，骰子和标尺等工具。这本书被视为现代兵棋诞生的标志。它确立了现代兵棋的一些基本的概念，例如，规则体系结构、回合制、随机数、战斗结果表等，特别是详细介绍了兵棋的各种规则。除去所模拟的作战行动已经发生巨大变化之外，单就兵棋的构成要素而言，目前的手工兵棋与 1824 年的兵棋在设计思路上并无本质变化(图 6.3)。

这本书的出版使约翰·冯·莱斯维茨受到许多欧洲君主的邀请，前去做兵棋表演。普鲁士陆军参谋长卡尔·冯·穆福林将军看完表演后，当众宣布："这根本不是作战游戏，它是一种作战训练，我将向全军推荐这种模型。"事后，参谋长发布命令，要求把兵棋作为军官训练和计划作战的一种手段。这标志着兵棋由宫廷游戏演变为作战模拟。

不幸的是，约翰·冯·莱斯维茨的成就遭到一些同事的嫉妒和打击。他被调到托儿高一个孤立的边境要塞服役。这使他的情绪极度沮丧，于 1827 年自杀。然而，他发明的兵棋却如星星之火，很快在世界许多国家发展起来，并且风靡全欧洲。

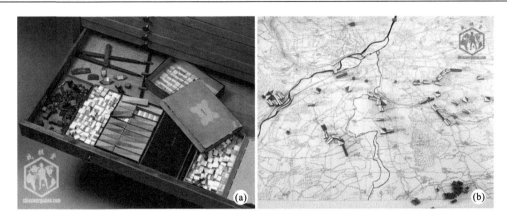

图 6.3　莱斯维茨兵棋(选自：战旗堂)

随着时间的推移，这种兵棋在军队的普及程度反而有所下降。原因是大量的规则表格和烦琐的裁决过程使其很难得到进一步的推广和应用。

1828 年，柏林成立兵棋协会，当时还是中尉的老毛奇接触到兵棋后，如获至宝。为了推广兵棋，他专门成立了"马格德堡兵棋推演俱乐部"。30 年来，尽管兵棋的发展之路坎坷不平，但老毛奇始终坚信兵棋对于赢得战争具有极其重要的作用。1858 年，老毛奇就任普鲁士参谋总长之后，把这种战争游戏正式引入到总参谋部训练。他利用手中权力强力推广兵棋，甚至要求报考参谋学院的军官必须具备兵棋推演的经历。

1871 年，普法战争以普鲁士的胜利而告终，世界各国军队开始纷纷学习和效仿普鲁士设立总参谋部，并采用普鲁士的训练方式，这为兵棋传播和扩大影响提供了契机。1872 年，兵棋继总参谋部和军事学院之后，成为普鲁士军人对近代军事科学的第三大发明而载入史册，并相继被世界各军事先进国家效仿。

2) 自由式兵棋的诞生

约翰·冯·莱斯维茨发明的兵棋是一种"严格式兵棋"。这种兵棋必须严格按照规则确定作战行动的进程方向和中间结果。规则主要来源于作战经验的总结，偶然性引发的事件不是由演习裁判决定，而是由各种概率模拟方法决定，即通过随机方法抽取。例如，掷骰子、抽一张牌、掷一枚硬币或者选一个随机数等。预先对每一个偶然事件规定所有可能的结果，并且列入规则。因此，只要规则合理，模拟的结果就相当客观。但是，"严格式兵棋"非常烦琐，推演起来十分费力，以至于裁判和控制人员需要花费很多时间学习规则，并且进行繁复的对阵计算。按照详细规则推演时，双方均不能有丝毫偏离。"严格式兵棋"往往带有一大本厚厚的规则，裁判人员必须熟悉这些规则，达到随时评判每步行动的要求，才不致影响正常的推演过程。每次推演时，规则都提供同一种程序、方法和数据，这特别适合使用机器进行辅助运算，因此计算机兵棋和战场仿真都直接沿用了"严格式兵棋"的方法。这也是人们把"严格式兵棋"的产生视为兵棋诞生标志的根本原因。

"严格式兵棋"要求进行繁复的计算。随着时间推移，不断加入新的标准和参数，用以表现新武器、新战术和新态势。细节越来越繁杂的结果是，裁判的演变成为计算员。除了计算之外，裁判的作用还在于决定使用参数的时机。这样使得兵棋更为真实，却矫枉过正，显得有些过分追求严密和精确，反而违背了兵棋推演的初衷。推演过程不断进行大量非必要的计算，再加上规则复杂、记录繁琐等原因，整个推演变得缓慢、单调而乏味，这在很大程度上影响了兵棋的推广。1862 年以后，许多普鲁士军官尝试简化和革新"严格式兵棋"，但一直未能如愿。直至 1866 年普鲁士战争和 1870 年普法战争的需求，才进一步促进了人们改进"严格式兵棋"的步伐。

1866 年，普鲁士在"七星期战争"中击败奥地利，随后击败法国，举世震惊。很多专家将德国的胜利归功于兵棋，认为兵棋具有无可比拟的优势，理应成为重要的教育训练工具。但是对于初学者而言，一开始就要应付各种表格、计算损失等，实在过于困难，减少规则和表格可以增加兵棋的实用性。

1876 年，普鲁士陆军上校冯·凡尔第改革了"严格式兵棋"，把它变成一种随意性较强的图上作业，把裁决规则修改为主要依据裁判员的个人判断，取消了书面规则与图表，由此出现了"自由式兵棋"。

"自由式兵棋"不是取消了规则，而是将它们隐含在具有丰富作战经验和知识的裁判人员和控制人员头脑中。"自由式兵棋"推演过程中，很少需要详细的记录，不需要大量固定的规则，更多的是依靠裁判人员的评估能力，对每步行动作出临场裁定和评价，并且可以随时暂停推演。因此，裁决员在推演中至关重要，裁决的质量直接决定了推演的质量。

"自由式兵棋"的导演通常由军阶较高的军官担任。同时派出末端调理人员，与导演一起"出情况"，引导受训双方作出对抗性决策。演习开始后，导演和末端条理人员严密注视对阵双方的行动，随时宣布哪方处于优势，命令双方按照导演人员的要求调整部署。"自由式兵棋"降低了准备工作的要求，人为主观因素较多，迎合了一部分文化素质较低的军队的训练需要。因此，正当有些人围于"严格式兵棋"的复杂和枯燥时，"自由式兵棋"的出现便备受欢迎。

"自由式兵棋"带给了后人很大的影响。冯·凡尔第的本意是为了简化推演，便于人们推广和运用兵棋，更加重视人的作用和价值。正因为如此，许多国家组织的兵棋推演实质上更贴近于"自由式兵棋"。大多数战略级别的"研讨式"推演也更加侧重于"自由式兵棋"。如果使用了不合理的规则和裁决表组织严格式推演，那么结果可能反而不如"自由式兵棋"推演的科学。但是，"自由式兵棋"的出现也存在一些负面影响。"自由式兵棋"推翻了固定的程式和严格的裁决表格，推演过程中随意裁决的现象必然容易滋生，讨好"长官意志"的情况必然容易盛行。推演结局不再依据规则进行裁定，而是由权利最大的人员决定。在这种情况下，人们很难通过推演兵棋获得有价值的感悟。

6.2　兵棋推演

1. 兵棋推演的基本概念

兵棋推演是为了训练、检验或预测某一作战问题，运用兵棋组织实施的一系列虚拟对抗活动。它具有形象直观、应用广泛、效费比高、贴近实战的特点，是研究作战问题的一个重要方法。

实施兵棋推演的要素通常包括兵棋、想定和推演者三个部分。其中,兵棋是推演的物质基础,它为组织实施模拟活动提供了一种客观的对抗平台和裁决工具。想定是推演的前提条件,它是如何使用兵棋的一种背景说明。与传统演习或图上作业中的想定不同的是,兵棋的想定不是导演计划或者指挥情况,而是对抗双方推演前的作战背景、兵力部署等推演条件和推演规定。推演者是兵棋推演的核心,兵棋是由推演者驱动,整个推演过程是人在回路中的对抗过程。

2. 兵棋推演的基本流程

1)推演准备

兵棋推演的准备工作,根据对抗推演的规模大小、推演目的、问题多少,决定繁简程度。单一兵种、单一科目、小规模的对抗推演,除简单的物资技术准备之外,不需要其他准备。规模较大的对抗推演,需要较为充分的准备,例如,拟定推演计划,并且根据推演计划做好文书、物资、技术、人员等工作,同时视情组织试推演。

(1)文书准备。兵棋推演的文书是组织者为准备和实施兵棋推演而拟制的各种文件的统称,包括推演计划文书、想定文书等。推演过程中,双方按实际对抗的结果作为下回合处置的初始态势,只有当推演进程不能体现必要的训练重点或难点问题时,才需要导裁机构依据想定文书干预对抗双方的交战态势。

(2)组建导裁机构。导裁机构是组织与实施兵棋推演的实体。它的主要职能不是导演和调理,而是保证推演的顺利实施和裁决结果的公正合理。导裁机构包括推演总指挥、导裁员、推演操作员、勤务和技术保障员等。导裁员的作用类似于传统演习中设立的导演助理和调理员,其主要职能不是根据"导演意图""出情况",而是根据推演要求和兵棋规则,客观地反映和裁判推演双方的作战行动和战场态势,并向推演者讲解规则。

(3)确定推演编组。受训人员的推演编组根据推演课目、推演规模、对抗形式,结合推演单位的实际情况确定。通常可以分为同一指挥层级的单级推演和两个或两个以上指挥层级的多级推演。推演过程中尽可能安排每名受训者都充当一个推演角色。

推演角色的分配方法有三种方法。一是指定,导裁部直接指定推演人员的职务。这种方法比较贴近实战,多用于对抗性兵棋推演。二是选定,推演人员以相同职务各自分析、判断、处置情况,然后由导裁部选择接近基本方案分配职务。这种方法多用于研究性兵棋推演。三是轮换,当推演情况较多时,为使更多推演人员充当主要角色,可以推演若干回合之后轮换一次职务。

(4)场地、器材和技术准备。兵棋推演的场地、器材和技术准备是推演的物质基础和基本保证,包括推演室、显示设备、通信设备、兵棋系统等。计算机兵棋推演的主要准备工作是确保兵棋系统的稳定运行,尽可能做到推演有软件、硬件有备份、态势有保存。

(5)兵棋系统操作练习。当兵棋推演的受训者是军事人员,并且由他们直接担任兵棋系统推演操作时,应当专门组织受训者对兵棋系统进行操作练习,熟悉系统功能,掌握使用方法,以提高推演效果。

（6）组织试推。为了保证兵棋推演的顺利实施，通常在正式推演前应组织导裁、保障人员进行试推，必要时也可以纳入部分受训者。试推的方式有两种：一是按回合或作战进程试推；通常从初始态势开始推演 1～2 个回合或按照作战进程选取某一段来推演。二是按训练问题或行动试推；例如，联合登陆作战通过对直前火力准备行动的预演，可以重点完成对空对地突击、海上火力突击、岸炮火力突击、开辟通道等行动的检验。这样一来，不仅可以使受训者得到真实的推演体验，同时可以完成对整个兵棋系统以及导裁机构、场地、技术、保障等方面的检验。

2）推演实施

推演实施，是指从导裁部发出对抗指令开始起至完成最后一个推演内容的过程，是兵棋推演的主体部分。它既可以按科目不间断地实施连贯推演，也可以按照作战行动或节点实施分阶段推演，设置可以对重点问题进行反复推演。无论采用何种推演方式，通常是逐回合展开，每个回合的基本程序是分析态势、筹划决策、输入命令、裁决结果。

（1）分析态势。推演开始前，由导裁部以集中讲解、分组讲解等方式介绍初始态势。推演开始后，每一个回合双方的对抗结果作为下一个回合的对抗条件。由于兵棋主要通过棋盘、棋子、注记反映战场态势，因此需要仔细研究每一个棋格、棋子和注记所代表的状态和信息，同时紧密结合战报和推演数据掌握战场态势。

（2）筹划决策。筹划决策是实施对抗推演的中心环节。推演者按照各自的作战原则和指挥程序，定下决心、制订行动方案。这些决心或行动方案不能直接驱动兵棋的推演，一般需要根据兵棋所支持的行动和命令，将决心或行动方案细化，转换为推演所需的表现形式，以便能将行动命令输入兵棋系统进行裁决。

（3）输入命令。行动命令既可以由受训人员直接输入，也可以由专门操作人员输入。前一种方式可以使受训人员与对抗推演的关系更加密切，使训练更贴近实战环境。后一种方式容易在受训者与命令输入员之间产生隔阂，适合训练时间较紧张或受训者对计算机操作不熟悉的情况。

（4）裁决结果。对抗双方的行动命令输入兵棋或处置时间结束时，导裁部根据双方在本回合做出的决策和行动，按照兵棋规则裁决对抗结果。裁决结果再通过各种通信方式显示在作战板或屏幕上，把战场信息传递给受训对象。当推演态势从根本上偏离了特定训练或研究问题的态势时，可以由导裁部依据想定进行人为干预。对于手工兵棋而言，干预方法由导裁部直接在作战板或地图上调整棋子或注记改变态势；对于计算机兵棋系统而言，干预方法由推演操作员输入干预指令。推演过程中应尽可能不干预或少干预每个回合的交战结果，利用双方对抗的随机态势来训练和研究问题。

3）复盘总结

复盘总结是对兵棋推演过程中的各项工作、各个环节进行全面地、系统地、重点地评估和鉴定的活动。通过每个回合态势的回顾和作战行动的分析，使零星的、表面的感性认识，上升到系统、本质的理性认识，达到总结经验教训、查找薄弱环节、比较方案优劣的目的。

(1)复盘总结的时机与内容。连贯推演的过程中，一般不做讲评和总结，只在整个推演结束之后进行。分阶段推演的过程中，可以选择在某一交战回合或阶段结束后进行阶段讲评，也可以选择某一局部地区的作战行动进行单独讲评。复盘总结由推演总指挥负责。多个编组进行对抗推演时，也可以由各组的导裁员组织实施。讲评内容包括双方决心处置是否得当、裁决的依据和理由、双方得失的分析、推演可能产生的结局等。

(2)复盘总结的方法。通常逐回合回放推演过程或从某一回合开始复盘推演。复盘总结的方法主要有两种：一是对抗双方摆出各自的交战态势，分别讲述决心处置的依据，然后进行讨论；二是导裁员依据双方的作战原则和决心处置，通过态势分析和数据计算，做出裁决和讲评。

6.3　兵棋推演中的网格模型

1. 《战争艺术》的网格模型

1)《战争艺术》概述

《战争艺术》是 Matrix 公司制作的卓越的兵棋系统。它基于回合策略，支持惊心动魄的电子邮件对抗推演。《战争艺术》覆盖了 1813～2015 年间的各个真实战役或假想战争，从莱比锡战役到第一次世界大战，从第二次世界大战的东线、西线直至太平洋战场，从朝鲜战争到越南战争，从假想的中苏冲突到冷战变热战的富尔达战役，从第一次中东战争到第五次中东战争，从海湾战争到科索沃战争，历史一步步被还原、被假定。每一场战争的设定既精确又严肃，既专业又不缺乏趣味性，做到战争与艺术的完美结合。

2)《战争艺术》的网格模型地图

3.7 节分别从地形特征、格元属性和格边属性三个方面详细阐述了推演网格模型的可视化设计与表达，并且给出了相应的可视化示例。这里需要明确的是，3.7 节结合仿真推演需求，运用了地图空间认知理论、地图符号学理论等相关理论，指导了网格模型的可视化设计与表达。它们更多的是从理论层面描述地形特征、格元属性、格边数据的可视化设计与表达方法，并不代表除了上述可视化设计与表达结果就没有其他的设计方案了。从更广泛意义来看，上述可视化设计与表达方案仅仅是作者的实践结果；其他推演网格模型的用户同样可以根据相应的设计原理，基于不同属性信息设计适合各自的可视化设计与表达方案，例如，《战争艺术》提供的可视化表达方案。

《战争艺术》的网格属性被划分为地形类、水系类、城镇居民地类、植被类、道路类、地质类和军事相关类七大类四十一小类。

地形类包括开阔地、旱地、沙地、沙丘、荒地、泥地、雪地、丘陵、山、高山十小类，如表 6.1 所示。

水系类包括沼泽、泛滥的沼泽、浅水、深水、河流、大河、运河、大运河、锚地等九小类，如表 6.2 所示。

表 6.1 《战争艺术》中地形类表达方案

大类	小类	小类名	小类	小类名
地形类	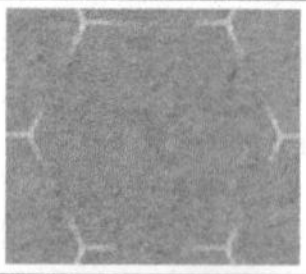	开阔地	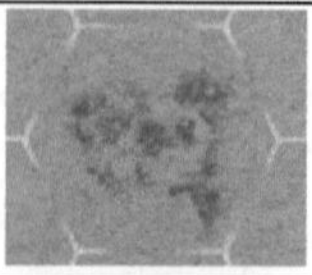	泥地
	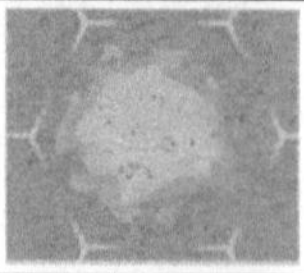	旱地	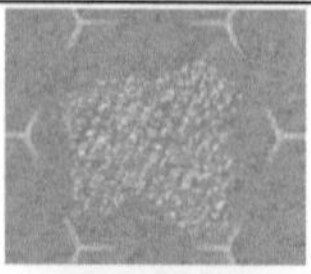	雪地
	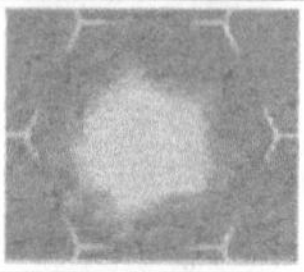	沙地	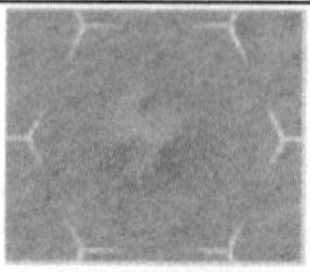	丘陵
	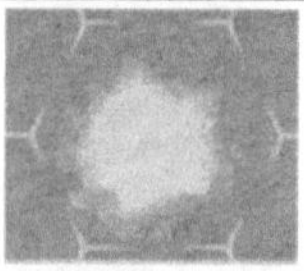	沙丘	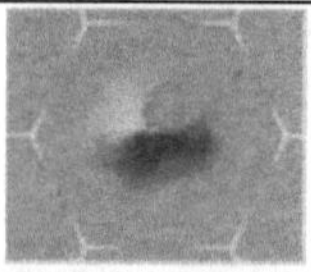	山
	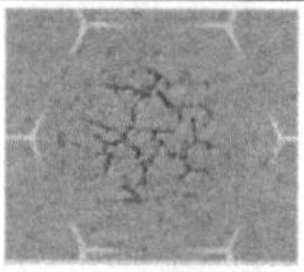	荒地	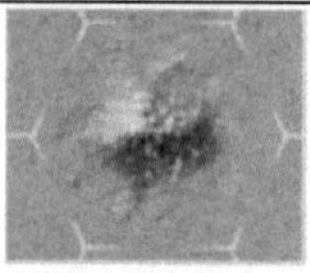	高山

表 6.2 《战争艺术》中水系类表达方案

大类	小类	小类名	小类	小类名
水系类	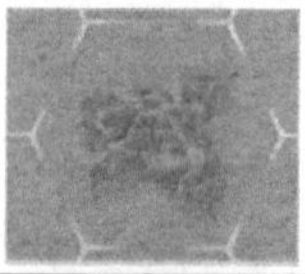	沼泽	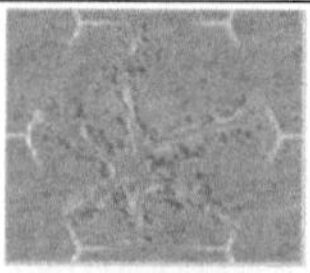	河流
	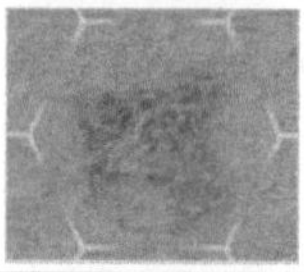	泛滥的沼泽	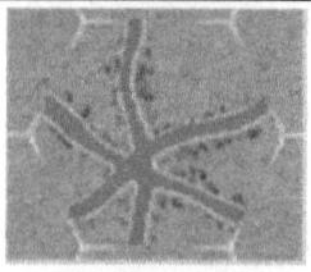	大河
		浅水	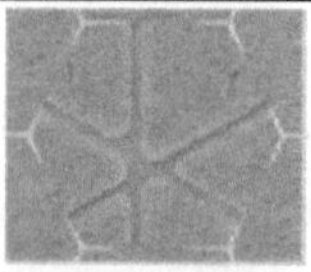	运河
	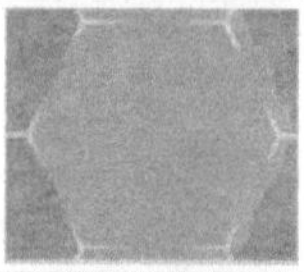	深水		大运河
		锚地		

　　城镇居民地类包括城镇和大城市两小类，又根据相应的废墟形式增加了城镇废墟和大城市废墟两小类，总共形成四小类城镇居民地，如表 6.3 所示。

表 6.3　《战争艺术》中城镇居民地类表达方案

大类	小类	小类名	小类	小类名
城镇居民地类	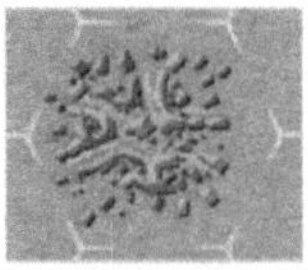	城镇	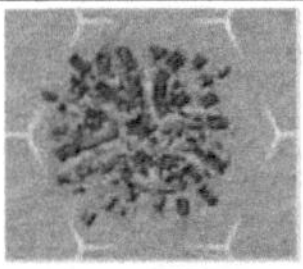	城镇废墟
	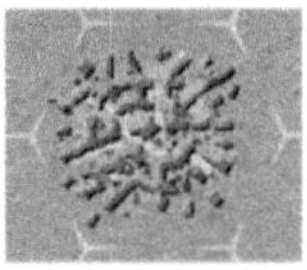	大城市	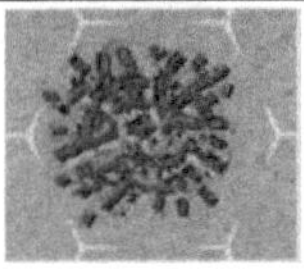	大城市废墟

　　植被类包括农田、灌木篱笆、常绿森林、森林、小树林、丛林等六小类，如表 6.4 所示。

表 6.4　《战争艺术》中植被类表达方案

大类	小类	小类名	小类	小类名
植被类	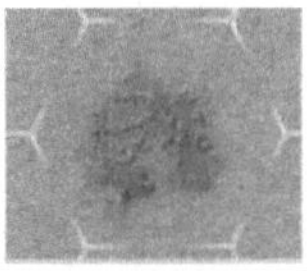	农田	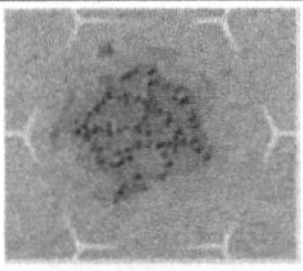	灌木篱笆
	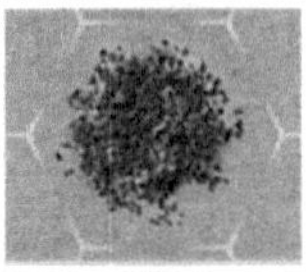	常绿森林	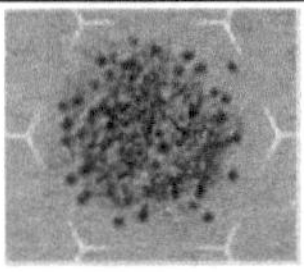	森林
	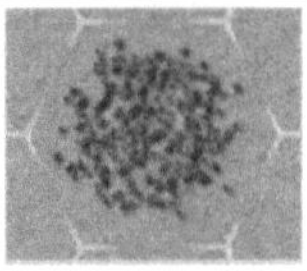	小树林	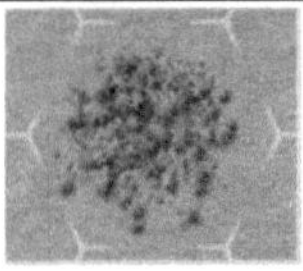	丛林

　　地质类包括乱石、旱谷、断崖、大断崖、山峰等五小类，如表 6.5 所示。

表 6.5　《战争艺术》中地质类表达方案

大类	小类	小类名	小类	小类名
地质类	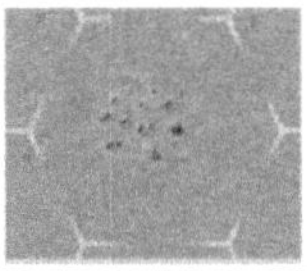	乱石	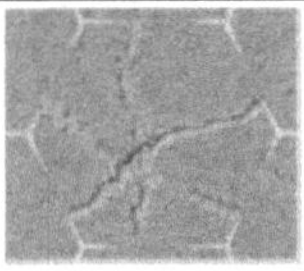	旱谷

续表

大类	小类	小类名	小类	小类名
地质类		断崖	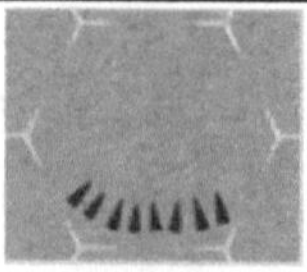	大断崖
		山峰		

交通类包括公路、高等级公路、铁路、损坏的铁路、机场等五小类，如表 6.6 所示。

表 6.6　《战争艺术》中交通类表达方案

大类	小类	小类名	小类	小类名
交通类	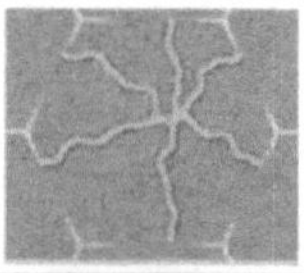	公路	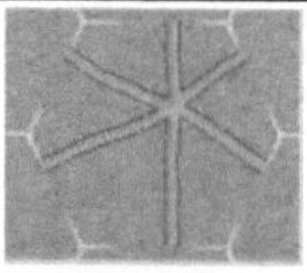	高等级公路
	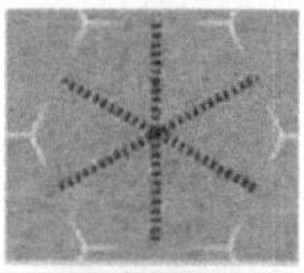	铁路	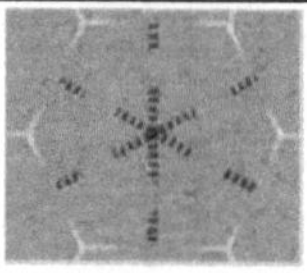	损坏的铁路
		机场		

军事相关类包括永备工事、污染区域等两小类，如表 6.7 所示。

表 6.7　《战争艺术》中军事相关类表达方案

大类	小类	小类名	小类	小类名
军事相关类	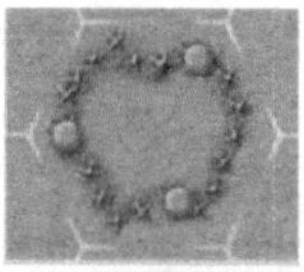	永备工事		污染区域

　　《战争艺术》基于上述网格属性划分，形成网格模型地图的构成基础；网格模型制图人员可以依据真实的地图数据，根据网格属性的特性，对地图数据进行划分归类，分别归并到上述的四十一小类地图要素当中。如此一来，真实的地图数据就被制作成为网格模型地图，最终用于仿真推演。

《战争艺术》制作了 1813～2015 年间的各个真实战役或假想战争的网格模型地图。各个真实战役或假想战争的网格模型地图基于真实的地图数据，首先采用正六边形网格(六角格)进行剖分，然后为每一网格赋予不同的属性信息，属性信息参照地形类、水系类、城镇居民地类、植被类、道路类、地质类和军事相关类等六大类四十一小类。

3) 网格模型的定位作用

推演网格模型的第一个主要作用是定位棋子。

对于兵棋推演而言，定位指通过正六边形网格确定推演棋子的位置。推演开始时，根据实际的或者假想战争中敌对双方的当前兵力部署，确定代表兵力的棋子在推演网格模型中的位置。这是兵棋推演的初始状态，也是作战态势推移演变的基础。对于实际战争情况而言，这一点非常重要！只有这样，兵棋推演才能处于复现实际战争过程的准确的初始状态；只有这样，兵棋推演的结果才有可靠的初始依据。

推演时，根据敌我双方的运筹帷幄，推演各种兵力棋子的演变过程；棋子的移动通常根据棋子的机动点值以及棋子经过每一网格时消耗的机动点值，从而确定最终的机动路径和棋子机动之后所在的网格。推演结束后，推演过程复盘的过程中，同样需要基于推演网格地图定位不同回合、不同阶段的兵棋棋子。

4) 网格模型的路径规划作用

推演网格模型的第二个主要作用是规划棋子的移动路径。

兵棋棋子的移动，一方面源于兵棋棋子具有的机动点值；另一方面源于消耗兵棋棋子机动点值的网格模型。兵棋棋子具有的机动点值是衡量棋子运动能力强弱的数值，一般而言，机动点值高表示棋子的运动能力强。或者说，在相同的地形条件下，一个回合的推演过程中可以经过的网格更多。《战争艺术》兵棋推演系统中的网格属性被划分为地形类、水系类、城镇居民地类、植被类、道路类、地质类和军事相关类等六大类四十一小类。不同的网格属性除了描述兵棋推演的环境信息之外，更重要的是根据不同网格属性确定可消耗的机动点值。也就是说，当兵棋棋子经过某一属性的网格时，它将消耗棋子的机动点值。

例如，水系类的"河流"网格的消耗值为 3，表明当兵棋棋子经过"河流"网格时，兵棋棋子的机动点值将被消耗 3 个单位的机动值；植被类的"森林"网格的消耗值为 3，表明当兵棋棋子经过"森林"网格时，兵棋棋子的机动点值将被消耗 3 个单位的机动值；交通类的"公路"网格的消耗值为 1，表明当兵棋棋子经过"公路"网格时，兵棋棋子的机动点值将被消耗 1 个单位的机动值。

2. VASSAL 的网格模型

1) VASSAL 概述

VASSAL 是一个可以用于数字化兵棋推演系统的免费开源引擎。对弈双方通过鼠标以及相应文本输入的协同工作移动和操作棋子。基于 VASSAL 开发的兵棋推演系统，既可以通过互联网实现实时对弈，也可以通过电子邮件实现异步对弈。实时对弈采用实时会话与第三方互联网语音聊天工具(诸如 NetMeeting、TeamSpeak 或微信)相结合的方式，让双方以面对面的速度与世界各地的对手进行对弈。异步对弈首先将棋子的每一步移动都记录到一个日志文件中，然后通过电子邮件传递给其他对手，实现与他们的网络对弈。

相较于其他棋盘推演工具，VASSAL 具有以下特点：

(1)可以通过实时互联网连接或电子邮件实时对弈；

(2)可以多次在电子邮件对弈和实时对弈两种方式之间切换；

(3)可以运行于任何平台之上的 100%的 Java 程序；

(4)直观的拖放形式，以及包含多种键盘快捷键的菜单驱动界面；

(5)自动报告功能：自动报告每一个棋子移动的定制消息；

(6)可定制地图：定义地图窗口的数量，每个窗口都有自己的工具集，甚至为工具栏定义自己的图标；

(7)可定制计数器：为每个计数器定义一个不同的右键单击菜单和嵌套菜单，可以定义自己的键盘快捷键；

(8)可定制帮助文件：定义自己的基于 HTML 的联机帮助页，定义自己的图表和表格，甚至撰写自己的互动教程；

(9)高级计数器定义：任意数量的面板、n 面、组合层、任意形状的旋转，自定义字体和颜色的文本标签、属性表；

(10)有限的信息能力：隐藏身份或完全看不见的棋子，以及对于其他玩家隐藏的地图窗口；

(11)可以为地图和计数器导入任何的 GIF/JPG/PNG 图形文件；

(12)具有开源 Java 代码库的模块化、可扩展设计。

VASSAL 兵棋推演系统的界面简单、直观。当推演方(通常指红方和蓝方)连接到服务器时(图 6.4)，可以看到对手的棋子在各自屏幕上实时移动的情形。推演方(通常指白方)也可以在不参与的情况下围观他人正在进行的对弈。

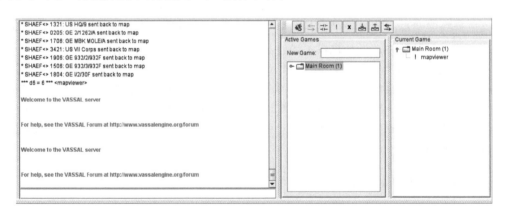

图 6.4　VASSAL 兵棋推演系统的互联操作

VASSAL 兵棋推演系统具有高度的可定制性，它允许推演方选择完全适合各自的推演场景。例如，推演方可以使用选项卡、下拉菜单和滚动列表的任意组合将棋子(图 6.5)组织到推演场景当中。

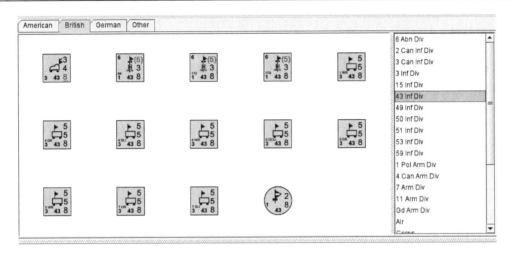

图 6.5　VASSAL 兵棋推演系统的棋子

棋子是 VASSAL 兵棋推演系统高度可定制性特性的典型体现。每个棋子都有自己的右键菜单，其中包含适合该棋子类型的特定操作，每一个实体都有各自的键盘快捷键(图 6.6)。每个棋子可以以标准格式从任何数据来源导入自己的图形。同时，定义推演方各自的棋子时，也可以从一个综合特性列表中选择，这些特性可以以几乎无限的方式组合在一起。

图 6.6　VASSAL 兵棋推演系统棋子的右键菜单

2) 网格模型地图

VASSAL 是兵棋推演系统的免费开源引擎，也就是说，使用 VASSAL 提供的功能，推演者可以制作专属的兵棋推演系统，包括推演地图(即推演网格模型地图)、推演棋子和推演规则的设计与制作；然后通过 VASSAL 提供的推演模式，实现实时对弈或者异步对弈。

由于 VASSAL 兵棋推演系统的灵活性，因此，无法制作类似于《战争艺术》推演网模型地图的固定网格属性，网格属性的确定更多需要根据推演地区的地理环境的特性，选择相应的属性作为网格属性，其中关键点在于需要根据每一网格的网格属性赋予网格不同的机动点值消耗值。

以 VASSAL 兵棋推演系统 The Longest Day 为例，描述 VASSAL 兵棋推演系统制作的网格属性。

The Longest Day 描述了第二次世界的诺曼底登陆，它是盟军在欧洲西线战场发起的一场大规模攻势。1944 年 6 月 6 日早上 6 时 30 分，盟军先头部队从英国跨越英吉利海峡，抢滩登陆诺曼底，攻下了犹他、奥马哈、金滩、朱诺和剑滩五处海滩。此后，盟军势如破竹攻占法国，成功开辟了欧洲大陆的第二战场。

VASSAL 兵棋推演系统 The Longest Day 的网格属性涉及地形、水系、城镇、植被、道路和军事相关等 18 个基本属性(表 6.8)，分别是开阔地(CLEAR)、草地(BOCAGE)、丘陵(HILL)、森林(FOREST)、沼泽(SWAMP)、泛滥区(FLOODED)、城市(CITY)、城镇(TOWN)、主要道路(Primary ROADS)、支线道路(Secondary ROADS)、堤道(CAUSEWAY)、河流(RIVER)、公路桥(ROAD BRIDGE)、铁路桥(RAILROAD BRIDGE)、海岸线(COASTAL)、铁路线(RAILROAD Lines)、城市铁路线(RAILROAD rail/city)、铁路线连接点(RAILROAD connectors)、铁路线终点(RAILROAD end of line)、降落区(DROP ZONE)。

表 6.8　The Longest Day 的网格属性表

网格属性	符号	机动影响值		
		非摩托化棋子	摩托化棋子	履带式棋子
开阔地 (CLEAR)		1	2	2
草地 (BOCAGE)		1	2	2
丘陵 (HILL)		1	2	2
森林 (FOREST)		1	2	2

续表

网格属性	符号	机动影响值		
		非摩托化棋子	摩托化棋子	履带式棋子
沼泽 (SWAMP)		2	4	4
泛滥区 (FLOODED)		2	3	3
城市 (CITY)		1	1	1
城镇 (TOWN)		1	1	1
主要道路 (Primary ROADS)		1/2	1/4	1/4
支线道路 (Secondary ROADS)		1/2	1/2	1/2
堤道 (CAUSEWAY)		1/2	1/2	1/2
河流 (RIVER)		1	4	4
公路桥 (ROAD BRIDGE)		/	/	/
铁路桥 (RAILROAD BRIDGE)		/	/	/
海岸线 (COASTAL)		2	2	2

续表

网格属性	符号	机动影响值		
		非摩托化棋子	摩托化棋子	履带式棋子
铁路线 (RAILROAD Lines)		1	/	/
城市铁路线 (RAILROAD rail/city)		1	/	/
铁路线连接点 (RAILROAD connectors)		1	/	/
铁路线终点 (RAILROAD end of line)		1	/	/
降落区 (DROP ZONE)		/	/	/

依据上述网格属性，基于真实的诺曼底地区的地区可以制作 The Longest Day 的网格模型地图，它以六角格作为基础的网格模型，每一个网格配置不同的网格属性，其中河流归属网格的格边属性，从而形成完整的、适合于兵棋推演的战场环境。

6.4　兵棋在军事领域的应用

古时凡兴师出征，决策者们必先集合于庙堂之上，对影响战争的各种因素进行比较和分析，从而制定用兵方略与作战计划。庙算越周密、计划越详细，取胜的把握就越大。因此，古今中外的统帅都希望能够在开战之前运用作战模拟工具推演可能的作战行动，以获得最佳作战效果。兵棋，作为一种重要作战模拟工具，倍受军队的重视。兵棋与战争的形影不离不仅使得人类战争变得更为神奇，而且使得兵棋本身也罩上了一层未卜先知的神秘光环(黄承静等，2014)。

1. 坦能堡战役

坦能堡战役被作为兵棋成功应用于实战的第一个范例而载入西方军事史册。

坦能堡战役是第一次世界大战东部战线的一次战役。战役爆发于 1914 年 8 月 17 日至 9 月 2 日，俄军试图通过"南北合围战术"歼灭东普鲁士的德国守军；但是由于两路部队缺乏有效配合，最终被德军分割歼灭。

8 月 17 日，俄第一集团军跨越边界。三天之后，俄第一集团军向德军主力发动进攻，迫使德军后撤。与此同时，俄第二集团军趁势从南面进入东普鲁士境内。

8 月 23 日，德军指挥官冯·兴登堡决定以少量预备役部队和筑垒地域牵制俄第一集团军，而主力利用铁路从内线机动到坦能堡地区，从正面猛攻俄第二集团军，待得手之后再回头攻破俄第一集团军。

8 月 29 日，德军各部队机动到位后，很快切断了俄第二集团军的后路，在坦能堡附近形成大包围圈。8 月 30 日，在优势德军面前，俄第二集团军迅速土崩瓦解，司令员萨姆索诺夫兵败自杀。德军大胜之后，迅速集中主力转战北线。面对乘胜而来的优势敌人，俄第一集团军无心恋战，8 月 31 日开始撤退。9 月 2 日，俄军指挥部在巨大的失败面前，无奈放弃了入侵德国的作战计划。

俄军在坦能堡战役中的失利，为自己无视兵棋推演结果而付出了沉重代价。1914 年 3 月，俄国总参谋部组织了一次兵棋推演，用于检验对东普鲁士的首次进攻计划。参与推演的人员正是即将执行进攻东普鲁士作战计划的各部队指挥官。这一兵棋推演由苏霍姆利诺夫上将主持并且由他扮演俄军总司令，第一集团军司令员伦南坎普夫上将和第二集团军司令员萨姆索诺夫上将以实际身份参演。按照战役计划，俄军的两个最精锐军团将在宣战后向东普鲁士推进，其中，第一集团军 20 万人从马祖里湖区(Masurian Lakes)北侧发起攻击，第二集团军 25 万人从侧翼和后方给德军以致命打击，然后两个集团军在艾仑斯坦地区会师。

推演显示俄军进攻计划存在一个致命缺陷，即作战地区受马苏里湖割裂，导致两个集团军难以相互支援、相互配合。因此，两个集团军必须在时间上相互协同才能解决这一问题，如果其中一个集团军进攻太晚，另一个集团军就可能遭受东普鲁士优势兵力的袭击，最终导致俄军被各个击破。但是，俄军没有认真对待这一警示，在作战计划修订和实施过程中，也没人提及这一问题。

与此同时，东普鲁士也为防御俄军入侵进行了相同的推演，当他们把获得的俄军情报加入兵棋时，同样发现了俄军在战役布势上的缺陷。推演结果还显示，如果数量处于劣势的德军能够趁俄军被马苏里湖分割的时候集中优势兵力发起进攻，就可以各个击破俄军。

5 个月后，第一次世界大战爆发。8 月 26 日至 31 日，参加过兵棋推演的两位俄军上将重演了整个推演过程。德军按照兵棋推演过程中使用的方法，在坦能堡地区附近一举包围并歼灭了俄罗斯第二集团军，司令官萨姆索诺夫自杀身亡；然后德军继续乘胜追击，与其他部队一起，全歼俄罗斯第一集团军。这是一段极富戏剧性的情节：兵棋推演与真实战争竟然一模一样，交战双方使用兵棋推演了同一战局，得出了同样的结论。对于德军而言，这是一次神奇的预见，他们充分利用了这一预见，最终以寡胜众。俄军却因忽略兵棋推演的结论而丧失了原本可能的胜利。

2. 法国战役

法国战役的关键点在于如何突破马奇诺防线？

马奇诺防线，是法国在二战时期动用大量人力、物力，沿着法德边境构筑的一道几乎坚不可摧的阵地工事群，同时，为了加强防御，法军在防线后面配置了 4 个集团军。如果德军仍然与第一次世界大战那样，试图正面突破防线，那么他们将蒙受巨大的伤亡。

1939 年 12 月，德国 A 集团军群参谋长曼施泰因提出了一个令人惊愕的计划：集中装甲部队快速通过森林茂密的阿登山区，绕过马奇诺防线，一举突破法国的防御体系。这一计划完全否定了希特勒和陆军总部已经同意的"施利芬计划"修正案，尤其是当时的装甲部队还没有大规模用于快速突击作战，具有相当大的冒险性。这一计划究竟是否可行？德军决定通过兵棋推演进行了检验。1940 年初，德军总参谋部的作战室里集中了所有执行进攻法国作战计划的部队指挥官，他们使用兵棋推演这一作战计划，结果表明计划完全可行。于是，希特勒批准了这一计划。

1940 年 5 月 10 日凌晨，德国空军以突袭的方式轰炸法国和"低地"三国的铁路、机场、军事区域，使其瘫痪在一片火海之中。5 时 30 分，德国陆军机械化部队开始对比利时、荷兰、卢森堡三国展开大规模进攻，法国战役由此拉开了序幕。

根据"黄色作战"方案，德国以三个集团军群的力量向法国腹地开进。A 集团军群在伦德施泰特上将指挥下担任主攻，出奇策穿越阿登山区，绕过易守难攻的马奇诺防线，直逼英吉利海峡。B 集团军在博克上将的指挥下实施助攻，攻击占领了荷兰以及比利时。C 集团军群留在马奇诺防线附近，吸引防线内的法军。仅仅不到十几天，德军就占领了法国北部和"低地"三国全境，还将英法联军逼迫至敦刻尔克。6 月 3 日，德军向法军后方进行大规模空袭。5 日，B 集团军向索姆河进攻，一路势如破竹。14 日，德军占领巴黎。18 日，法国宣布投降。

兵棋为德军实施法国战役立下了汗马功劳！

3. 奥托行动

第二次世界大战期间，德军曾经连续组织了三次代号为"奥托行动"的兵棋推演，以检验德国对苏作战的进程和结局。三次推演结果一致表明：德军不难突入苏联境内的纵深地带，同时将消灭苏军 240 个步兵师，苏军剩余的大约 60 个步兵师将不再对他们构成重大威胁。正是基于三次兵棋推演结果，让德国放松了对苏军的警惕，德军再也没有组织过进攻苏联的兵棋推演了。

1941 年 6 月 22 日，德国撕毁《苏德互不侵犯条约》，协同仆从国匈牙利王国、罗马尼亚王国、芬兰，以事先拟订好的代号为"巴巴罗萨"的计划，集结了 190 个师，共 550 万人、4 900 架飞机、3 700 辆坦克、47 000 门大炮、190 艘军舰，划分为三个集团军群，从北方、中央、南方三个方向以闪击战的方式对苏联发动袭击。

苏德战争爆发 5 个月后，历史"按部就班"地沿着德军兵棋推演的进程向前发展，德军很快消灭了苏军 248 个师。但是，德军万万没有料到，斯大林竟然又动员了 220 个步兵师，他们被迫与人数不断增加的俄军作战!更为严重的是，由于德军在兵棋推演期间，忽视了俄罗斯恶劣天气对于战争行动的影响，冬季作战的效果没有体现在兵棋推演中。这一疏忽的直接后果是：实战结果与兵棋推演结果背道而驰，德军在苏联遭到了历史上最惨重的失败。

4. 沙漠风暴行动

海湾战争，是冷战后美军与第一个强大对手的作战行动。

1991 年 2 月 24 日，美海军陆战队两个师和阿拉伯联合部队组成的东路军率先在科沙边界兵分多路突破伊军防线，挥戈直指科威特市，并与当天形成合围之势；与此同时，美、英、法 3 国 10 个师组成的西路军，在沙伊边界多方向突破伊军防线，由南往北向伊拉克南部纵深挺进，美 18 军 101 空降师还在伊沙边界以北 80 多公里处实施空降行动，为多国部队深入伊拉克境内作战建立了第一个后勤补给基地。

25 日和 26 日，多国部队东路军挫败了伊军装甲机械化部队在科威特市外围地区的反击行动，歼灭伊军约 10 个师；西路军的法国第 6 轻装师击败伊军一个步兵师后进抵伊拉克纳西里亚至萨马瓦一线的幼发拉底河流域，美第 18 空降军的三个师继续向伊拉克纳西里亚地区开进，美第 7 军的五个师和英第 1 装甲师由伊拉克南部及科伊西部边界地区向东进击伊驻科地区的部队，西路军在两天多的作战行动中歼灭伊军 11 个师，完成了对科威特地区伊军迂回包围的钳形攻势。

27 日，美英装甲机械化部队对伊军五个共和国警卫师等精锐部队实施围歼作战，美陆战队和阿拉伯联合部队合围科威特市外围伊军，并由科军开进科威特市，宣告科威特解放。

以美英为首的多国部队之所以能够在四天之内取得如此辉煌的成就，主要原因在于美军充分运用多层次的兵棋系统大量推演作战计划和各种作战行动，使得美军在实际作战中做好了充分准备，为成功实施了海陆空联合与联军作战奠定了基础。

美军在实施"沙漠风暴"行动前，第 18 空降军、第 7 军为了顺利实施地面作战行动，根据部队的训练水平和可能的战争进程，按照实际作战所需的时间进行了兵棋推演，整个推演过程花费了整整 100 个小时。通过计算机兵棋推演，中央总部司令员诺曼·施瓦茨科普夫将军发现，如果不采取有效措施，"沙漠风暴"将会是一场旷日持久、双方都将损失惨重的战役；但是，如果美军从阿拉伯半岛的沙漠里快速机动至伊军侧翼，将会大大加快地面作战进程。据此，施瓦茨科普夫将军在实战中指挥了著名的"欢呼玛丽"机动。美军地面部队以迅雷不及掩耳之势实施了漂亮的"左钩拳"，很快包围了伊拉克军队右翼，使多国部队以极小的伤亡粉碎了萨达姆的"战争之母"计划，并最终取得了海湾战争的胜利。

海湾战争的实践证明，美军借助兵棋推演发现了问题，完善了计划，使得推演显示的时间与实际地面作战所用的时间几乎达到了完全一致！同时，海湾战争的实践还表明兵棋可以在虚拟作战环境中推演各种作战行动以及可能的后果，不仅允许成功，也允许失败，有利于人们趋利避害，将各种作战设想转化为各种实际行动方案。

5. 中途岛海战

1940 年，日本创建了运用兵棋研究日本军事和外交行动方针的"总体战研究所"。日军对战争中每一次大规模作战都进行了某种形式的兵棋推演。偷袭珍珠港、夺取西阿留申群岛战略要点、夺取斐济岛和新喀里多尼亚群岛、空袭澳大利亚西南部、夺取印度洋制空权等一系列作战计划都是兵棋推演的成功案例。然而也有未能获得预期作战效果的，那就是日本在中途岛海战前进行的兵棋推演。

1942 年 5 月 1 日，日本联合舰队总部开始了一场历时 4 天的兵棋推演，目的是检验夺取中途岛计划的可行性。这次精心设计的兵棋推演表明，按照既定的作战计划，南云忠一率领的航空母舰攻击群将会受到美方陆基飞行队的袭击，与此同时南云忠一的飞机正在攻击中途岛的途中，因而日军舰队将遭到严重损失。按照规则，日军舰队第 4 分部军官奥宫正武中佐是裁判，由他投掷骰子决定轰炸结果，南云的航母舰队被击中 9 次，其中"赤诚"号和"加贺"号航空母舰当即沉没，剩余两艘航母中，一艘重伤失去作战能力，另一艘受轻伤(击中三次为沉没，表中两次为重伤，表中一次为轻伤)。然而，兵棋推演的总裁决官、海军中将宇垣缠完全有责任将这一信息报告给最高军部，请示终止中途岛战役。但是，他不仅没有这样做，反而向裁判提出抗议，并且专横地干预裁判！他把日军舰队被击中的次数减为 3 次，结果只有"加贺"号沉没，"赤城"号只是轻微受损，以显示日本高级指挥官所认定的中途岛之战必胜。更令奥宫正武中佐吃惊的是，即使这样一个被篡改过的裁决也最终被取消，"加贺"号再次出现，参与到下一场兵棋推演当中。兵棋推演还显示，中途岛战区北部可能有美军航母的埋伏，吃过埋伏苦头的宇垣缠虽然对此提出了警告，可是由于扮演美军的日军指挥官没有采取埋伏行动，这个警告被大家忽略了。

不幸的是，战场并不以某个指挥官的主观意志为转移。后来的实战几乎精确地印证了兵棋推演所预示的一切：埋伏于战区北部的美国航母舰载机编队和陆基飞行队共同对日军实施了毁灭性打击，日本 4 艘航母全部沉没，南云中将阵亡，从此日本海军一蹶不振，走向衰亡。日军部分参加兵棋推演的人员违背兵棋推演的科学性，不仅输掉了中途岛海战，也输掉了太平洋战争。

6.5　本章小结

面向兵棋的网格模型始终是兵棋的重要组成部分，它为兵棋推演提供了基本的环境模型，任何兵棋推演活动只有在精确兵棋地图的支撑下，才有可能取得令人信服的推演结果，进而辅助指挥员制定行动方案。

本章首先描述兵棋的基本概念、构成要素，理顺兵棋发展的演进历程；其次简单介绍了兵棋推演的基本概念，了解兵棋的不同分类体系，以及兵棋推演的基本流程；再次，以战争艺术和 VASSAL 两款兵棋系统为例，详细介绍了适用于兵棋推演的系统的网格模型；最后简单描述了兵棋系统在军事领域的应用。

第7章 移动机器人系统中的网格模型应用

1920 年，捷克斯洛伐克作家卡雷尔·恰佩克在科幻小说《罗萨姆的机器人万能公司》中，根据 Robota(捷克文，原意为"劳役、苦工")和 Robotnik(波兰文，原意为"工人")创造出了"Robot"一词。

Robot 意为自动控制机器，俗称机器人。

百度百科认为，Robot 包括一切模拟人类行为或思想与模拟其他生物的机械。现代工业中，机器人指能自动执行任务的人造机器装置，用以取代或协助人类工作。理想中的高级仿真机器人是整合控制论、电子机械、计算机与人工智能、材料学和仿生学的产物。

国际标准化组织(ISO)认为，机器人应当具有相似性、通用性、智能性、独立性的机器设备，即：

(1)机器人的动作机构应当具有类似于人或其他生物体某些器官(肢体、感受等)的功能；

(2)机器人的工作类型应当多种多样，动作程序灵活易变；

(3)机器人的"大脑"应当具备记忆、感知、推理、决策、学习等功能；

(4)机器人在工作中可以不依赖于人类的干预。

因此，机器人是具有感知能力、规划能力、动作能力和协同能力的高级灵活的自动化机器。

移动机器人是指具备自主移动能力的机器人。它通常搭载控制系统实现机器人的路径规划、协同工作、运动控制等，搭载传感器实现环境的感知。

本章描述的机器人通常指的就是移动机器人。首先，描述机器人系统的基本结构、机器人采用的操作系统；其次，描述了机器人系统的关键技术——同时定位与地图构建(simultaneous localization and mapping, SLAM)，它不仅是机器人实现环境认知的关键，更是后续各种应用的基础；最后，描述了同时定位与地图构建常用的网格模型，并且实现了正六边形网格模型的网格化过程，分析了基于正六边形网格的机器人的路径规划应用。

7.1 机器人系统

1. 机器人结构

机器人作为电机一体化的设备，通常通过传感器完成感知、建模、构图等任务。它一般由执行机构、驱动系统、传感系统和控制系统四个部分组成(胡春旭，2018)，如图 7.1 所示。

1）执行机构

执行机构即机器人本体，是直接面向工作对象的机械装置，相当于人体的手和脚。根据工作对象的不同，采用的执行机构各具差异。例如，对于移动机器人而言，一般采用直流减速电机作为移动的执行机构；对于机械臂而言，一般采用位置或力矩控制，需要使用伺服作为执行机构。

2）驱动系统

驱动系统负责驱动执行机构，将控制系统发出的指令转换为执行机构需要的信号，相当于人体的肌肉和经络。不同的执行机构适配不同的驱动系统。例如，直流减速电机采用较为简单的脉冲调制（pulse width modulation，PWM）驱动板；伺服需要专业的伺服驱动器；液压、气动等驱动装置也可以用作驱动系统。

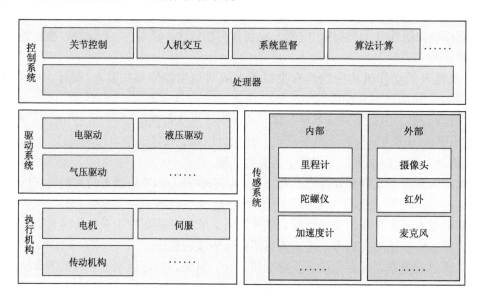

图 7.1　机器人的组成

3）传感系统

传感系统负责信号的输入与反馈，包括内部传感系统和外部传感系统，相当于人体的感官和神经系统。内部传感器包括里程计、陀螺仪等，用以检测机器人的自身位姿状态；外部传感器包括摄像头、激光、红外、超声波、声呐等，用以检测机器人的外部环境信息。

4）控制系统

控制系统负责信息的处理、输出控制信号，类似于人体的大脑。机器人的控制系统一般采用 ARM、x86 等架构的处理器，例如，树莓派或工控机。在处理器之上，控制系统完成机器人的算法处理、运动控制、人机交互等功能。

2. 机器人操作系统

机器人系统是集成性很强的系统。对于开发人员而言，任意模块的发展都有可能影响系统的稳定性。例如，不同的硬件适配不同的开发架构、不同的程序语言、不同的编译平台，导致不同类型的传感器难以集成，工作效率低下。随着机器人系统研究地深入，硬件兼容性、代码复用性、框架可扩展性等问题构成了巨大挑战。为了解决这些问题，开发人员设计了多种机器人平台应用框架。其中，机器人操作系统（Robot operating system，ROS）就是影响力最大、操作最便捷、性能最稳定的架构之一。

ROS 是用于编写机器人软件的灵活框架，它集成了大量的工具、库、协议，提供了类似于操作系统的功能，包括硬件抽象描述、底层驱动程序管理、共用功能的执行、程序间的消息传递、程序发行包管理等，这些功能极大地简化了复杂的机器人任务与机器人行为的稳定控制。

1）ROS 运行架构

ROS 运行架构采用多点多层级模式，运行时通过通信模块实现消息传输。通信传输标准统一之后，通信过程建立在分布式的远程过程调用（remote procedure call，RPC）基础之上。点对点的松耦合模式可以高效快捷地完成消息传输，这一过程对于传递机制的依赖性较低，开发者只需要编写功能包，通过接口实现功能应用，不需要考虑通信和传输，大大减轻了开发者的劳动量，提高了开发者的专注度。ROS 运行架构包含计算图级、文件系统级和社区级 3 个层级。

A. 计算图级

计算图级主要分布在 ROS 系统内部。当系统运行时，计算图级以不同的消息传输机制为基础，实现系统内数据的使用与操作。计算图级包括节点、消息、话题、服务等不同的概念，如表 7.1 所示。

表 7.1　ROS 计算图级的相关概念

名称	概念
节点(node)	节点是点对点通信的基本单元
消息(message)	节点之间传输的数据称为消息，可以自定义节点传递的数据类型
话题(topic)	话题是对节点发布消息的请求，发布节点与接收节点相互独立，只通过话题进行联系
服务(service)	服务机制的存在主要是和话题形成相互补充，话题机制不能形成多对多的双向交流，而服务作为新定义的消息传递结构，通过客户端/服务器模型，响应用户的需求，同步传输模式的应用，弥补了发布/订阅模式的不足

B. ROS 文件系统级

与其他操作系统类似，ROS 程序的不同组件放置在不同的文件夹中，这些文件夹根据功能的不同组织文件，提高代码调用与编译的效率。文件系统级包含功能包、功能包清单、元功能包、元功能包清单、消息类型、服务类型、代码等不同的概念，如表 7.2 所示。

表 7.2　ROS 文件系统级的相关概念

名称	概念
功能包 (package)	ROS 中软件组织的基本形式。功能包具有用于创建 ROS 程序的最小结构和最小内容，它可以包含 ROS 运行的进程、配置文件等
功能包清单 (package manifest)	用于记录功能包的基本信息，包括许可信息、依赖关系、编译标致等
元功能包 (meta package)	用于组织多个同一目的的功能包
元功能包清单	类似于功能包清单
消息(message)类型	定义了 ROS 节点之间发布/订阅的通信信息的类型
服务(service)类型	定义了 ROS 客户端/服务器端通信模型下的请求和应带数据类型
代码(code)	用于放置功能包节点源代码的文件夹

C. ROS 社区级

ROS 社区级主要依赖 ROS 社区网站，开发者可以将编译、执行的功能包封装之后发布在社区网络之上，实现功能的传播、共享与互操作，其主要结构如图 7.2 所示。

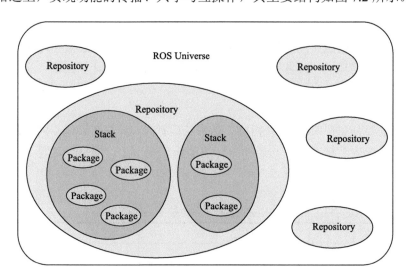

图 7.2　ROS 社区结构图

2) ROS 分布式层级

ROS 系统稳定的分布式层级是系统实现高效管理的基础，通常 ROS 分布式层级可以分为基于 Linux 系统的 OS 层；实现 ROS 核心通信机制以及众多机器人开发库的中间层；ROS Master 管理下保证功能节点正常运行的应用层，如图 7.3 所示。这些层级分布于不同的系统和应用，它们之间相互联系，具有较高的稳健性。

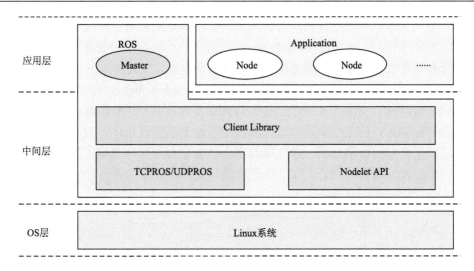

图 7.3　ROS 分布式架构

A. OS 层

ROS 并不是一个传统意义上的操作系统，无法像 Windows、Linux 一样直接运行于计算机硬件之上，而是依托于 Linux 系统。所以 OS 层直接使用 ROS 官方支持度最好的 Ubuntu 操作系统，也可以使用 macOS、Debian 等操作系统。

B. 中间层

Linux 是一个通用系统，并没有针对机器人的开发提供特殊的中间件，所以 ROS 在中间层做了大量工作，其中最为重要的就是基于 TCPROS/UDPROS 的通信系统。ROS 的通信系统基于 TCP/UDP 网络，在此之上进行了再次封装，也就是 TCPROS/UDPROS。通信系统使用发布/订阅、客户端/服务器等模型，实现多种通信机制的数据传输。

在通信机制之上，ROS 提供了大量机器人开发相关的库，例如，数据类型定义、坐标变换、运动控制等，它们可以提供给应用层使用。

C. 应用层

ROS 的应用层运行一个管理者——Master，负责管理整个系统的正常运行。ROS 社区内共享了大量的机器人应用功能包，这些功能包内的模块以节点为单位运行，以 ROS 标准的输入输出作为接口，开发者不需要关注模块的内部实现机制，只需要了解接口规则即可实现复用，极大地提高了开发效率。

3）ROS 运行机制

节点（node）是 ROS 系统中消息传递的最底层，实质是执行计算命令的进程。当一个功能包被调用时，其中包含的许多节点也开始运行，运行的节点通过拓扑关系连接，完成消息之间的点对点通信。节点与节点之间传递的数据称作消息，不同的功能包都规定了使用消息数据的类型，当规定的数据格式不能满足使用者的需求时，使用者也可以根据消息规范通过编译完成对可用消息类型的补充。

ROS Master 是系统运行过程中节点的管理器，ROS Master 能够通过远程调用机制对节点的功能、连接关系、参数进行查找与管理，同时引导不同的节点完成消息交换和服务调用等功能。节点运行时都需要向 ROS Master 注册，ROS Master 根据注册后的信息分配通信资源，运行执行文件加载节点的进程，使节点具备提供数据的能力。

ROS 系统中的消息主要通过发布(publish)/订阅(subscribe)和客户端(client)/服务器(server)机制进行通信，如图 7.4 所示。发布/订阅模式允许有一个订阅者或多个订阅者同时向节点发送订阅请求，但是发布者与订阅者只能通过节点实现通讯，双方不能进行消息的互通，只适用于单向的信息交流。客户端/服务器的形式能够实现双向的同步传输，需求方可以直接向节点发送请求和应答，与节点进行信息交互，进而完成信息的双向传输。

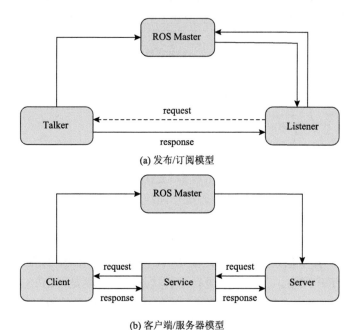

(a) 发布/订阅模型

(b) 客户端/服务器模型

图 7.4　模型图

4) ROS 实用功能包

A. 坐标变换(TransForm，TF)

坐标变换是机器人应用中一个基础的功能包。ROS 系统中的机器人本体由不同的组件(link)构成，每个组件都对应着一个独立的坐标系(frame)。应用过程中，不同组件的位置和姿态都与坐标系发生关联，例如，机器人本体相对于世界坐标系的坐标、机器人视觉传感器相对于激光雷达的坐标等，这些相对位置和姿态关系随着时间推移不断发生改变，而 TF 功能包可以模块化地维护不同坐标系之间的坐标变换，如图 7.5 所示。考虑到坐标变换的实时性，TF 功能包设计了广播端与监听端，监听端接收、存储广播的转换关系，当被询问时，立即返回计算结果进行应答。

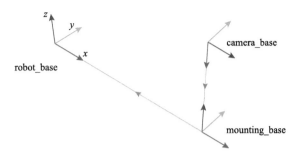

图 7.5　坐标系变换

B. 运动控制

运动控制功能包涉及远程通信、路径规划、导航等节点。当控制主板接收到"/cmd_vel"话题的指令时，主板以 Twist 消息的形式向底盘发送命令，并将程序指令转变为控制电流的驱动命令，控制底盘的电机共同运作实现运动。其中 Twist 类包括两个子类，分别描述直角坐标系下运动状态的加速度与角速度(图 7.6)。

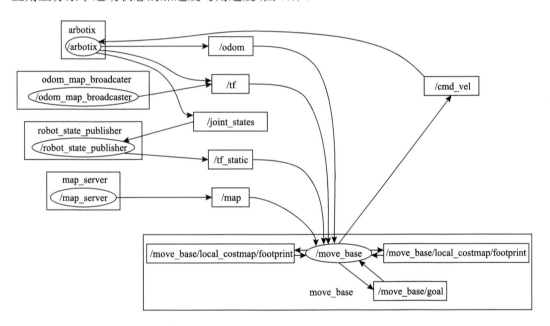

图 7.6　运动控制实现

C. 地图构建(Cartographer)

2016 年 Google 公司发布了 Cartographer 算法，并且基于 ROS 系统开发了 Cartographer 地图构建功能包。Cartographer 功能包的设计目的是使用较少的计算资源构建高精度的导航地图，主体使用图优化的框架，采集激光雷达等传感器数据构建二维占据栅格地图。构建地图时首先需要同步时间，运行 cartographer_node 节点，搭建编译环境，运行 rviz 接收 cartographer_node 节点消息，实时地图可视化，如图 7.7 所示。

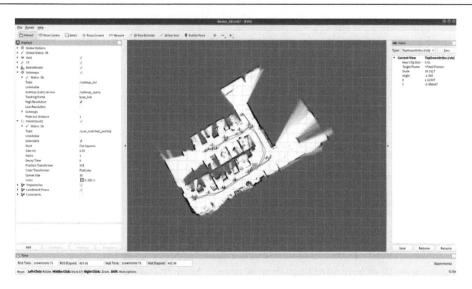

图 7.7 Cartographer 建图

D. 可视化工具 rviz

ROS 系统工作时产生大量的数据,开发者显然无法直接从这些具体的数值中获取有用的信息,可视化工具包 rviz 提供了数据可视化的能力,帮助开发者更直观地获取数据中潜在的信息,如图 7.8 所示。使用 rviz 进行数据可视化时,需要订阅话题的 Displayname 添加,并且匹配相应的数据插件,例如,激光雷达数据的 Laserscan、里程计的 Odom 等,当数据订阅成功后,rviz 按照时间轴实时可视化显示监测数据。

图 7.8 rviz 可视化场景

7.2　同时定位与地图构建

机器人作为通用的智能平台，首先确定自身的位姿，然后理解周围环境，最后实现各种不同的应用。其中位姿确定和环境理解，就是机器人的同时定位与地图构建(simultaneous localization and mapping, SLAM)技术。SLAM 是指机器人在未知环境中开始运动，根据传感器对位置和环境进行观测，用以确定自身位姿和运行轨迹，即定位导航的同时构建增量式地图的技术(高翔等，2017)。

SLAM 源于"空间状态不确定性估计"的问题(Smith and Chessman，1986)，其核心是状态估计，概率论是状态估计的理论基础。1986~2004 年期间，SLAM 研究引入了概率学方法(Bailey et al.，1990；Grisettiyz et al.，2005；Grisetti et al.，2007)，使用概率学方法大幅提高了人们对状态估计问题的理解，SLAM 技术系统性的理论与研究获得了质的飞跃。2004~2015 年，SLAM 研究主要围绕 SLAM 算法的基本特性展开，同时在提高 SLAM 计算效率和算法框架鲁棒性的研究过程中取得较大进展。人们从算法框架、不确定性估计、状态预测、状态可解释性角度进行研究，针对算法鲁棒性、地图表示形式、精度评价等方面提出了许多有待解决的问题，它们提高了 SLAM 技术底层框架和算法的可靠性与可扩展性，推动着 SLAM 技术在算法分析研究方面实现了大跨越，这些 SLAM 算法包括 Cartographer(Xing et al.，2012)、Hector SLAM(Kohlbrecher et al.，2011)、Gmapping(Grisetti et al.，2007)等激光 SLAM 方法和 MonoSLAM(Davison et al.，2007)、ORB-SLAM(Mur-Artal et al.，2015)、LSD-SLAM(Engel et al.，2014)等视觉 SLAM 方法。2015 年之后，SLAM 技术主要解决动态形变、遮挡、光照、阴影等场景带来的不确定性变化，使用多传感器融合的方法提高数据利用率与可靠性，同时利用新兴技术如深度学习(田野等，2021)、遗传算法(魏彤和龙琛，2020)等不断加深对传感器数据的综合挖掘与分析利用。

根据搭载传感器的不同，SLAM 技术可以分为视觉 SLAM、激光 SLAM 和多传感器融合 SLAM，如表 7.3 所示。

表 7.3　基于传感器的 SLAM 划分方案

大类	小类	关键设备
SLAM	视觉 SLAM	单目相机
		立体相机(双目及多目)
		RGB-D 相机
		……
	激光 SLAM	2D 激光
		3D 激光
		……
	多传感器融合 SLAM	相机
		雷达
		IMU
		里程计
		……

1. 视觉 SLAM 技术

根据视觉传感器类型的不同，视觉 SLAM 可分为单目 SLAM、双目 SLAM、全向 SLAM、RGB-D SLAM 等。

视觉 SLAM 主要以单目、多目及立体视觉相机获取的图像作为数据来源，通过对图像特征的分析完成空间关系的解译，实现位姿解算与空间定位，其经典框架如图 7.9 所示（高翔等，2017）。

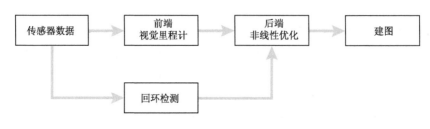

图 7.9　视觉 SLAM 框架

通常，视觉 SLAM 算法可以分为基于特征的间接法和基于像素的直接法。

基于特征的间接法的基本思路是：首先从图像中提取特征点，然后在相邻图像之间进行特征点的匹配，得到相互匹配的特征点对，最后根据特征点对进行相机（或机器人）位姿的求解。其中，相机位姿求解部分不再直接使用图像本身的信息。

Davison 等（2007）首次提出了单目相机的纯视觉 SLAM 系统——Mono SLAM。Mono SLAM 利用概率模型，将场景点投影至图像的形状呈现为概率椭圆，同时为每帧图像抽取 Shi-Tomasi 角点（Shi and Tomasi，1994），然后在投影椭圆中主动搜索特征点进行匹配，后端采用扩展卡尔曼滤波器（extended Kalman filter，EKF）进行优化。由于视觉 SLAM 问题通常都属于非线性问题，因此与使用 Levenberg-Marquardt（Mur-Artal et al.，2015）、Gauss-Newton（Engel et al.，2014）、Dog-Leg（Rosen et al.，2012）等迭代的非线性优化算法相比更容易积累误差，不能保证全局优化。

Klein 和 Murray（2007）提出了基于关键帧光束法平差（bundle adjustment，BA）的单目 SLAM 系统——PTAM。PTAM 是实时的运动恢复结构（structure from motion，SfM）系统，也是基于光束法平差的实时单目 SLAM 系统。它将相机跟踪和地图构建作为两个独立的任务在两个线程中并行执行。地图构建线程仅仅维护图像序列中稀疏抽取的关键帧，以及关键帧中可见的三维点位。相机跟踪线程作为前台线程，仅仅需要优化当前帧运动参数，也就是说，跟踪结果不再以一定的概率依赖于构图过程。通过使用高鲁棒性的跟踪算法，跟踪与构图之间的数据关联不需要共享，因此解决了每帧更新地图时的计算负担，还使得跟踪线程可以对图像进行更加彻底的处理，从而极大地改善了系统的性能。

Mur-Artal 等（2015）提出了基于稀疏特征的视觉 SLAM 算法——ORB-SLAM。它在 PTAM 的基础上，根据 Galvez-LóPez 和 Tardos（2012）提出的关于闭环检测的方法、Strasdat 等（2010）提出的关于尺度感知闭环的方法，以及 Strasdat 等（2011）、Mei 等（2010）提出的大尺度环境下的局部相互可见地图的思想，克服了 PTAM 的局限性。它包含跟踪、局部构图、闭环检测三个并行线程，系统框架如图 7.10 所示。

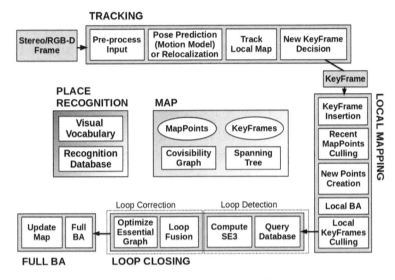

图 7.10　ORB-SLAM 系统框架

ORB-SLAM 系统基于 ORB 特征实现，并且通过 g2o 优化所有环节。相对于 SIFT 或 SURF 特征，ORB 特征能够被快速提取，具有旋转不变性，并且能够利用金字塔模型构建出尺度不变性。使用统一的 ORB 特征使系统在特征提取与跟踪、关键帧选取、三维重建、闭环检测等步骤具有内在的一致性，整个系统更加可靠。然而 ORB-SLAM 对特征缺失非常敏感，在弱纹理环境下缺乏鲁棒性，同时提取特征需要花费大量的时间。

Mur-Artal 和 Tardós（2017a）在 ORB-SLAM 算法的基础上增加了一个输入预处理线程，提出 ORB-SLAM2 算法，将应用拓展到单目、立体和 RGB-D 相机这三种主流的视觉传感器。针对 ORB-SLAM2 的固有缺点，Mur-Artal 和 Tardós（2017b）在系统中增加 IMU 实现了零漂移定位。

通常，基于特征的间接法需要在图像中提取并且匹配特征点，然后根据它们在相机中的投影位置，通过优化重投影误差优化相机运动。因此，对存在光度误差和几何失真的图像具有较高的鲁棒性，但是计算和匹配特征需要大量的计算量。除此之外，间接法对环境特征的丰富程度和图像质量十分敏感。相比之下，基于像素的直接法不依赖于特征点的提取和匹配，而是从所有图像像素点（包括边缘和平滑强度变化的像素点）中采样，生成更为完整的环境模型，通过最小化光度误差来估计相机运动，这提高了其在弱纹理特征环境中的鲁棒性。

Newcombe 等（2011a）提出了 DTAM 算法。它通过最小化全局空间规范能量函数计算关键帧，实现了稠密深度图的构建，相机的位姿使用深度地图，通过直接图像匹配计算得到。虽然基于直接跟踪的 DTAM 对特征缺失、图像模糊具有很好的鲁棒性；但是 DTAM 为每个像素都恢复深度图，并且采用全局优化，因而计算量巨大，需要在 GPU 并行计算的情况下才能实现。

Engel 等（2014）提出了 LSD-SLAM 算法。与 DTAM 类似，LSD-SLAM 是一种在 Sim3

李群上进行直接匹配的算法；它统一使用光度误差和几何先验信息构建稠密或半稠密的地图。

LSD-SLAM 采用基于外观构图的算法检测大尺度回环（Glover et al.，2012），通过交叉跟踪检验避免插入错误的回环，提高了地图的闭环精度。Caruso 等（2015）和 Engel 等（2015）相继提出了 LSD-SLAM 在全向相机和立体相机中的使用方法，Usenko 等（2015）又将 LSD-SLAM 成功应用于行驶汽车来构建街道的场景。

Forster 等（2014）提出了半直接的视觉里程计算法——SVO。它融合间接法跟踪特征点、平行跟踪和构图、关键帧选择的优点，在直接法的框架中进行运算，具备直接法的准确性和速度。虽然 SVO 同样提取特征，但是与 PTAM、ORB-SLAM 等间接法不同，特征只在构图线程出现新的关键帧时才进行提取。

在运动估计线程中，SVO 采用直接法计算相机运动和特征匹配的初始猜想，优化了基于特征的非线性重投影误差，使用 Lucas-Kanade 算法解决定位的问题，通过优化相机位姿将重定位残差转换成光束法平差问题，进而使用迭代非线性最小二乘法进行解决。在构图线程，结合概率建图的方法增加了异常值检测的鲁棒性，采用 Baker 等（2004）的方法对深度估计的特征进行建模，更新贝叶斯框架中的分布，当滤波器的不确定性足够小时，估计的三维点将并入到地图中并用于运动的估计。

2. 激光 SLAM 技术

随着雷达技术的不断普及，激光雷达探测的目标点数量丰富，位置精度高，实现 SLAM 过程中构建的误差模型简单，因此激光雷达在 SLAM 技术中得到了广泛应用。激光 SLAM 扫描的点的维度有二维和三维两种表现形式，将探测到的点的位置和空间关系作为数据源进行机器人定位与地图构建。这些扫描的点具有良好的几何关系和空间关联特性，这些优势使得激光 SLAM 在导航与路径规划中具有更好的适应性（图 7.11）。

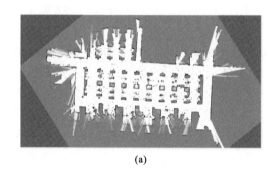
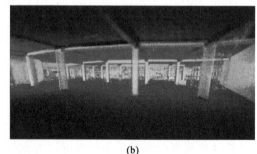

(a)　　　　　　　　　　　　　　　　(b)

图 7.11　激光 SLAM 应用

激光 SLAM 技术分为前端与后端。前端主要解决雷达扫描的激光点的匹配问题，现阶段使用的方法有基于最近邻点、基于正态分布变换和基于特征。后端主要工作集中在雷达数据的处理与分析，实现地图构建与优化。相关学者基于激光 SLAM 前端与后端进行了大量的研究，提出了很多具有代表性的算法。

Montemerlo 等（2002）提出 FastSLAM 算法。FastSLAM 算法将 SLAM 过程中定位与地

图构建模块分为两个进程处理,数据的导入与输出按进程划分,并且能够实时输出栅格地图,但缺点是占用过多的计算资源,内存消耗过大。

Grisetti 等(2007)提出 Gmapping 算法。Gmapping 算法基于滤波框架,先对机器人定位,再通过位姿构建地图,整个算法主要改进选择分布和优化重采样的方式,减少粒子以及粒子携带的地图数量,不设置回环检测,减少内存占用,对于小范围室内环境能够做到实时构建。同时 Gmapping 算法在构建地图的过程中能够通过扫描匹配优化位姿,保持较高精度的同时减少了计算量。

随着机器人地图范围从局部向全局不断转变,基于滤波的方法受计算资源限制,不能满足实时性的需求,基于图优化的方案将机器人位姿和位姿关系作为图的顶点与边,通过调整姿态约束实现图优化,能够大幅度提高定位与地图构建效率。

2010 年 KartoSLAM 方案在互联网开源发布,它基于图优化框架,通过减少特征点与位姿之间的匹配计算提高计算效率,同时根据系统稀疏性,在减少误差过程中加入非线性最小二乘运算,提高算法精度。

2016 年 Google 公司提出 Cartographer 算法。该算法在主体使用激光雷达的基础上融入里程计等其他传感器数据共同进行地图构建,对激光点扫描匹配后进行梯度优化,不断创建子地图,并通过闭环检测提高地图检测速度,同时在分枝定界和预测网格的基础上实现子地图的全局合并,提高了地图构建的效率。

3. 多传感器融合 SLAM 技术

传感器感知环境获取信息的能力与 SLAM 技术的精度及可靠性有着直接关联。单一传感器受限于自身性能与技术特点,获取信息能力有限,并且存在不确定性。使用多传感器融合可以采集环境多类型数据,集成不同传感器数据类型的优势,弥补单一传感器因其自身特点固有的劣势,提高机器人对于不同环境特征的适应性(图 7.12)。

视觉 SLAM 在贫特征、高动态、弱光影的任务场景下受到较多限制,能够自主获得加速度与角速度信息的 IMU 传感器实现了轻量化、高精度化、低成本化,因此可以与视觉 SLAM 互补使用,主要体现在:

(1)高速运动状态下,视觉传感器基于特征匹配的位姿估计成功率较低,而 IMU 依赖自身加速度和陀螺仪仍然能够保持较精确的位姿估计;

(2)视觉传感器可以有效限制运动过程中 IMU 存在的累计漂移;

(3)相机数据与 IMU 数据融合可以提高位姿估计算法的鲁棒性。

视觉惯性 SLAM(Visual-Inertial SLAM,VI-SLAM)框架有滤波和优化两种形式,如表 7.4 所示。基于滤波的 VI-SLAM 方法将状态与参数作为在线计算的一部分输入不同的滤波框架,更新校准并输出实时位姿。代表性的基于滤波的 VI-SLAM 方法包括 MSCKF(Mourikis and Roumeliotis,2007)、MSCKF2.0(Li and Mourikis,2013)以及 ROVIO 方法(Bloesch et al., 2015;Bloesch et al.,2017)。

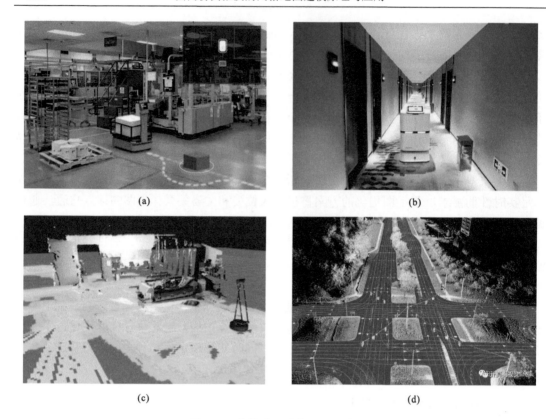

图 7.12　多传感器融合 SLAM 应用

表 7.4　代表性 VI-SLAM 框架

VI-SLAM 框架	耦合方案	前端	后端	回环
MSCKF	紧耦合	FAST+光流	EKF	无
ROVIO	紧耦合	FAST+光度	IEKF	无
SVO+MSF	松耦合	FAST+光度	EKF	无
OKVIS	紧耦合	Harris+BRISK	优化	无
ORB-SLAM	紧耦合	ORB	优化	有
VINS-Mono	紧耦合	光流	优化	有

　　基于优化的 VI-SLAM 方法将 IMU 数据作为先验信息，提取匹配图像特征，以图像特征的匹配结果为依据定义重投影误差，构造代价函数，解算机器人位姿。代表性的基于优化的 VI-SLAM 方法主要包括 OKVIS 方法(Leutenegger et al.，2015；Chen et al.，2018)，以及香港科技大学飞行机器人实验室提出的 VINS-Mono(monocular visual-inertial system)方法(Qin et al.，2018)。

　　融合两种传感器数据估计位姿，在提高位姿估计精度的同时也带来一些问题。首先，从状态量的融合效果与实际应用角度分析，融合后的数据中有一些要素因为被"闲置"会产生冗余，导致计算缓慢，容易累积误差。其次，从位姿估计的精度来分析，VI-SLAM 的滤波方法具有马尔科夫性，无法确定某一时刻的状态与之前时刻状态之间的联系，位姿估计算法存在缺陷，精度提升空间有限，需要优化算法框架。

Li 和 Mourikis(2013)深入研究了多传感器融合 SLAM 现状，在此基础上构建了 IMU 误差状态转移方程闭式解，提高了视觉惯性里程计的连续一致性。VINS-Mono 对相机与惯性测量单元数据的融合采用优化的方式，使之成为依赖性低、可靠性强的 SLAM 系统(Qin et al.，2018)。Zhang 和 Singh(2015)提出基于相机、雷达融合的地图构建系统，该系统采用多层次、流水线工作方式，使其具备高频、低延迟的特点，大大提高了 SLAM 框架的稳健性。

多传感器融合 SLAM 通过可靠的多源数据帮助机器人快速准确地理解环境信息，使机器人系统在实际应用中具有容错性，同时提高算法框架和结构对于不同环境特征的适应性，这对于提高多传感器融合 SLAM 的效率和精确度具有重要意义(戴海发等，2020；杨浩等，2018)。

7.3　SLAM 网格模型

1. 常用的网格模型

机器人构建的地图是对周边环境的表达模型，机器人可以通过已有或实时构建的地图加深对"环境"的理解，同时地图也为多机器人协同工作、相互交流、信息共享提供了基础。

常用的机器人地图模型包括栅格描述模型、拓扑描述模型、几何描述模型和语义描述模型。

1)栅格描述模型

占据栅格地图(occupancy grids maps)是最直观的栅格描述模型，它使用不同的颜色值(灰度值)描述栅格的"占据""空闲"或"未知"状态(图 7.13)。

(a)二维占据栅格地图　　(b)基于高斯过程的　　(c)八叉树地图　　(d)三维希尔伯特地图
　　　　　　　　　　　　二维占据栅格图

图 7.13　栅格描述模型

Elfes(1991)提出了"占据栅格"(occupancy grids)的概念，将机器人需要感知的空间离散化为大小相同的栅格，以二进制或是特定概率分布的方式对栅格进行赋值。Thrun 等(2005)将这种对空间的二维描述方式归纳为占据栅格地图，并结合自适应蒙特卡洛方法实现了机器人的简单定位与导航。早期的占据栅格地图研究工作未考虑栅格之间的空间关系，将每个栅格看作是独立的个体进行赋值计算，非常消耗计算与存储资源，难以用于高分辨率与大范围空间环境中。

Hornung 等(2013)提出了八叉树地图(OctoMaps)。将三维空间建模为多个小方块(或体素)是非常常见的做法。将每一个方块的每个面进行平均切分，就会得到同样大小的八个小方块。不断重复切分过程直到最后的方块大小达到预设的建模精度。在这个过程中，将"一个方块分成同样大小的八个方块"看作是"从一个节点展开成八个节点"，就实现了将整个空间逐渐细分到最小空间的过程，就构成了八叉树地图。八叉树地图将每一节点是否被占据作为是否展开到下一层面的依据。若某方块都被占据或都不被占据时，就没必要展开该节点，仅展开方块占据信息不明确的节点。八叉树地图虽然能够帮助路径规划，并且有效地减少了存储空间，但是仍将每一个栅格作为独立的单元进行运算，未考虑栅格间的空间关系，在对空间进行描述表达的过程中，当出现未观测数据时，会在连续的"占据"状态中出现与之"间断"的栅格。同样，在大范围场景中，当观测数据较稀疏时，无法准确地描述每个栅格的占据状态。

为充分考虑各栅格间的空间关系，人们使用核函数的方式对空间进行栅格化表达，在连续核函数的作用下，将机器人感知的空间映射为"占据"的概率状态，每一个栅格都能得到与其他栅格相互关联的函数值。O'Callaghan 和 Ramos(2012)使用高斯过程(Gaussian process, GP)充分学习已观测数据的相互关系，并对未观测区域进行估计。O'Callaghan 和 Ramos(2016)将其应用场景拓宽至动态环境，奠定了基于高斯过程的占据栅格地图的研究基础。但是，应用高斯过程作为核函数时，需要进行学习训练的观测数据呈指数增加，数据量的激增使得其难以应用于大范围场景及大规模数据集。

2)拓扑描述模型

拓扑描述模型通常用于描述连通性与拓扑结构，用"节点"与"边"对环境进行抽象，便于机器人进行路径规划(图 7.14)。

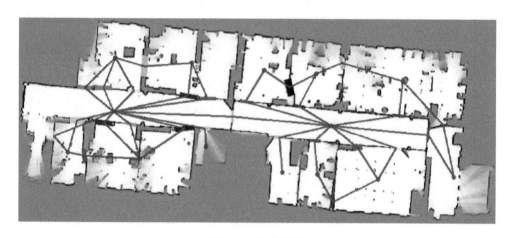

图 7.14 拓扑地图

Voronoi 图是最为常见的拓扑描述方式，Choset 和 Nagatani (2001)利用广义 Voronoi 图 (generalized voronoi diagram, GVD)表达空间的拓扑关系。GVDs 是一种用等距的方式表达障碍物间通达性关系的拓扑图,可以作为机器人判断自由空间的依据。Olson (2009)将 GVDs 描述为"包含地图所有关键信息的地图拓扑表现形式,并且通过一个更紧凑的形式表现了地图的内在信息"。环境中障碍物的 Voronoi 区域是与障碍物的距离小于与其他所有障碍物间距离的一组点集,两个或多个 Voronoi 区域的交集就可形成环境的 GVDs。GVDs 的构建既可以基于连续空间(曲芮,2017),也可以基于离散空间(Rao et al., 1991)。它的生成方法可分为矢量生成方法与栅格生成方法;矢量方法包括增量法、分治法和间接法;栅格方法包括基于距离变换的栅格方法与基于活动像素主动扩张的栅格方法。

3) 几何描述模型

点云地图是最普遍的几何描述方式,主要分为稀疏点云地图与稠密点云地图。稀疏点云地图对环境的表达过于简略,无法细致的表达环境中各要素的几何信息;与之对应的稠密点云地图能够更直观更准确地表达几何信息(图 7.15)。

稠密点云地图研究工作的兴起始于 Newcombe 等(2011b)提出的基于 RGB-D 传感器的室内实时三维重建算法 KinectFusion,以 KinectFusion 为基础,相继涌现了 Kintinuous (Whelan et al., 2012)、ElasticFusion (Whelan et al., 2016)、VoxelHashing

图 7.15　稀疏点云地图

(Nießner et al., 2013)、BundleFusion (Dai et al., 2017)等室内场景三维重建算法。

几何描述能够更直观地对环境进行描述,是实现环境感知与目标识别的基础。与栅格与拓扑描述相比,几何描述丰富了机器人地图对环境的表示内容,拓展了机器人地图的应用场景。

4) 语义描述模型

语义描述模型是指按照语义概念表示环境要素并将各要素分类分级,语义描述是机器人地图未来的主要发展方向。语义信息被认为是机器人实现场景理解,自主执行任务所需的必要信息,是实现人机交互的重要纽带。

语义地图主要分为两类:一是基于物体的语义地图;二是基于区域的语义地图。

基于物体的语义地图是将场景中的物体在地图上准确的标注出来,依托于场景识别、图像分割等技术方法实现(图 7.16)。

Bowman 等(2017)使用关系马尔科夫网络(relational Markov network)对场景中具有明显线特征的物体(诸如墙壁、门、窗户等)进行语义标注(图 7.17)。Nüchter 和 Hertzberg (2008)提出了"语义地图"的概念,在已构建出的场景三维点云的基础上,利用室内建筑结构规则的特点解析出地面,天花板以及墙壁等进行标注;然后利用预先训练好的分类器对室内有限的已知类别的物体进行语义标注。尽管其语义标注种类有限,但却引领了语义地图的相关研究工作。Sengupta 等(2012)通过构建条件随机场(conditional random field, CRF)模型实现了利用视觉传感器构建稠密的语义地图的工作。

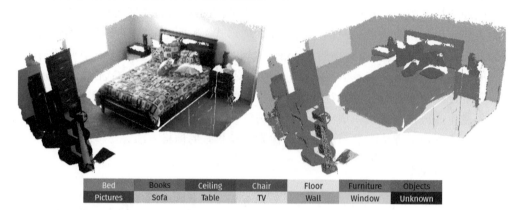

图 7.16　基于物体的语义地图(McCormac et al., 2017)

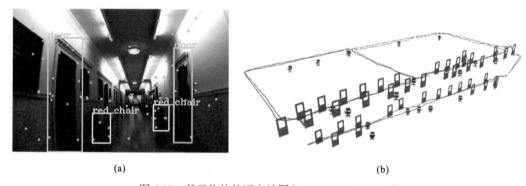

(a)　　　　　　　　　　　　　　　　(b)

图 7.17　基于物体的语义地图(Bowman et al., 2017)

　　基于区域的语义地图是对场景中的各个区域进行语义标注,类似于"地名"的配置(图7.18)。Vasudevan 等(2007)的主要研究工作在于应用概率的方式识别与标注门及特定的物体;在此基础上,Vasudevan 和 Siegwart(2008)使用简单的空间关系加强对于特定区域的推理与标注;Rituerto 等(2014)更进一步实现了对于门、楼梯及电梯的语义标注。

图 7.18　基于区域的语义地图

2. SLAM 网格模型构建原理

地图数据和激光传感器是面向智能机器人的网格模型建模的两个主要来源。地图数据作为空间环境描述的主要方式，为网格模型提供了基础网格。激光传感器可以为网格模型提供现势性很强的点云数据，适合网格模型的实时建模和快速更新。从实用意义来说，使用激光传感器构建网格模型时，可以根据空白基础网格和激光传感器获得相对点云数据实现网格模型的实时建模和快速更新。

根据机器人的相对位置坐标，以及激光点的平面直角坐标，那么基于激光传感器的正六边形网格模型构建的基本过程如图 7.19 所示。首先，根据网格模型的尺寸预设较大范围的空白基础网格模型，即基础网格模型仅仅包含几何结构，没有赋予任何网格属性信息，这一过程称为网格的几何建模；其次，根据机器人与激光点的坐标，确定它们在网格模型中的坐标，应用隐马尔可夫模型计算激光点所在网格的概率估计值，确定网格的占据状态或者空闲状态；再次，利用 Bresenham 算法更新两个网格之间的其他网格的状态；最后，运用地图匹配算法实现环境网格模型的增量建图（Zhang et al., 2022）。

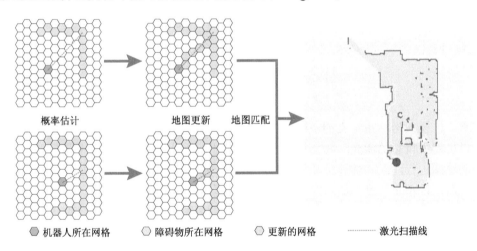

概率估计　　　　　　地图更新　地图匹配

◉ 机器人所在网格　　　○ 障碍物所在网格　　　◯ 更新的网格　　　⋯⋯⋯ 激光扫描线

图 7.19　基于激光雷达的网格模型构建流程

1）激光雷达数据的坐标变换

二维激光传感器通过主动发射探测信号并且接收反射信号，从而根据时间间隔计算出目标距离，实现环境信息的感知。二维激光传感器的测距公式如式（7.1）所示。

$$\rho = c \times \text{TOF}/2 \tag{7.1}$$

其中，c 为光速、TOF 为发射与接收间隔时间。二维激光传感器采集的数据采用极坐标形式，即 (ρ_i, θ_i)；将其转为直角坐标系，那么对应的直角坐标系下的激光点坐标如式（7.2）所示。

$$\begin{cases} x_i = \rho_i \cos\theta_i \\ y_i = \rho_i \sin\theta_i \end{cases} \tag{7.2}$$

激光传感器产生的原始数据可能存在一些不适合匹配的点，例如，在测量范围内障碍物吸收激光点，导致传回的数据为 0；或者在目标物体和背景不连续的区域产生错序的测量值；甚至有可能因为脉冲干扰产生了异常噪声数据。因此，为保证建图的精度与可靠性，原始数据必须经过数据滤波、数据分割或者有效数据范围的数据预处理，通过数据分段或滤波的方式剔除数据中的异常值，有效地滤除噪声点。

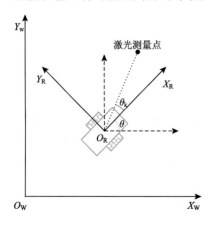

图 7.20　激光雷达数据的点坐标转换

建图过程中需要明确机器人坐标系与世界坐标系之间的变换关系。假设，世界坐标系为 $O_W X_W Y_W$，它一般固定不动，作为系统中一切对象位移的参照；机器人坐标系 $O_R X_R Y_R$，它随着机器人的运动而运动，机器人坐标系的原点在世界坐标系中的坐标表示机器人的位置 $X_k = (x_k, y_k, \theta_k)$，机器人坐标系的横坐标轴与世界坐标系的横坐标轴之间的夹角表示机器人的姿态，设为 θ_k。若机器人坐标系中的某一点 $A_i = [x_i,\ y_i]^T$，那么可以由式 (7.3) 计算得到它在世界坐标系下的坐标 $X_W^i = \left[x_W^i, y_W^i \right]^T$（图 7.20）。

$$\begin{cases} x_W^i = x_k + x_i \cos\theta_k - y_i \sin\theta_k \\ y_W^i = y_k + x_i \cos\theta_k + y_i \sin\theta_k \end{cases} \tag{7.3}$$

通常，机器人坐标系定义的地图模型为局部地图，世界坐标系定义的地图模型为全局地图，以机器人搭载的激光传感器第一次观察得到的地图作为初始全局地图，然后基于前一时刻的地图进行匹配、估计位姿等操作，逐渐形成完整的全局地图。获得配准后的激光点坐标之后，以不定长度的数组存储全局坐标，提高激光数据的容错率，再根据具体的建图需求设置网格模型的参数，主要包括地图分辨率与地图尺寸。地图分辨率指真实地图中每米所含的网格数，网格数目越多，那么地图的分辨率越高。同时，需要考虑整个地图的尺寸大小，选择适合的尺寸更好地契合外部环境的范围大小，控制计算量，提高机器人利用网格模型的效率。

地图分辨率与地图尺寸的设置，为真实环境中的坐标转换为网格模型（或二维占据栅格地图模型）的坐标奠定了基准。

2) 网格的几何建模

网格模型的几何建模需要明确网格尺寸、网格起始点、网格朝向等信息。如图 7.21 所示，网格尺寸是指正六边形网格的对边距离 H，网格起始点为左下角点，网格朝向为格边朝北（张欣，2014）。

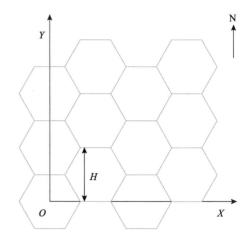

图 7.21　网格尺寸、起始点和朝向示意图

网格模型的每一个正六边形网格都可以看作是一个独立的单元，存储统一编码的属性信息，独立地与机器人或者仿真模型发生交互。每一个网格包含格元和格边两个部分。因此，网格模型的几何建模本质上就是确定网格的每一个点、每一条边的坐标值，其中边标识为 A、B、C、D、E、F，点标识为1、2、3、4、5、6，如图 7.22 所示。

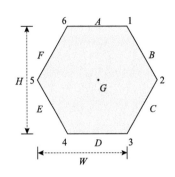

图 7.22　网格模型的几何结构

假设网格模型的左下网格的中心点坐标为 $O(X_0, Y_0)$，网格尺寸为 H，那么网格中第 i 行、第 j 列的网格的中心点坐标可以通过式 (7.4) 计算得到，网格的各个点坐标可以通过式 (7.5) 计算得到。

$$
\begin{cases}
X_{i,j} = \dfrac{\sqrt{3}}{2} H \cdot (j-1) + X_0 \\[2mm]
Y_{i,j} = H \cdot (i-1) + Y_0 & (j\%2 \neq 0) \\[2mm]
Y_{i,j} = H \cdot (i-1) + Y_0 + \dfrac{H}{2} & (j\%2 = 0)
\end{cases}
\tag{7.4}
$$

根据网格剖分算法，利用网格尺寸、起始点坐标等信息，生成整个网格模型的所有点坐标，从而实现整个平面区域的网格模型的网格剖分。

$$
\begin{cases}
X_1 = X_{i,j} + \dfrac{\sqrt{3}}{6} H \quad Y_1 = Y_{i,j} + \dfrac{1}{2} H \quad X_2 = X_{i,j} + \dfrac{\sqrt{3}}{3} H \quad Y_2 = Y_{i,j} \\[2mm]
X_3 = X_{i,j} + \dfrac{\sqrt{3}}{6} H \quad Y_3 = Y_{i,j} - \dfrac{1}{2} H \quad X_4 = X_{i,j} - \dfrac{\sqrt{3}}{6} H \quad Y_4 = Y_{i,j} - \dfrac{1}{2} H \\[2mm]
X_5 = X_{i,j} - \dfrac{\sqrt{3}}{3} H \quad Y_5 = Y_{i,j} \qquad\quad X_6 = X_{i,j} - \dfrac{\sqrt{3}}{6} H \quad Y_6 = Y_{i,j} + \dfrac{1}{2} H
\end{cases}
\tag{7.5}
$$

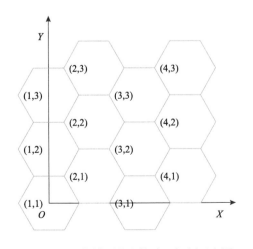

图 7.23　网格模型的直接编码机制示意图

机器人或者仿真模型与网格模型交互的过程中，通常需要网格编码与平面直角坐标之间的相互转换，实现机器人或者仿真模型的快速、有效地空间运算。因此，网络编码需要满足坐标转换和空间运算两个方面的要求。而网格直接编码方法有效地满足上述两方面的需求，使用二维数组管理网格的属性信息，直接编码方法能够节约近一半的计算机存储空间，这对于大区域范围的网格模型而言，具有十分重要的意义（图 7.23）。

由平面直角坐标到网格编码的转换公式如式 (7.6) 所示。

$$\begin{cases} I_{hex} = \mathrm{int}\left(\dfrac{\left(X\text{-}X_{min} \right)/X_{dis} + 1}{3} \right) \\ J_{hex} = \mathrm{int}\left(\dfrac{\left(Y\text{-}Y_{min} \right)/Y_{dis} + 1}{2} \right) & I_{hex}\%2 \neq 0 \\ J_{hex} = \mathrm{int}\left(\dfrac{\left(Y\text{-}Y_{min} \right)/\left(2Y_{dis} \right) + 1}{2} \right) & I_{hex}\%2 = 0 \end{cases} \tag{7.6}$$

由网格编码到平面直角坐标的转换公式如式(7.7)所示。

$$\begin{cases} X = X_{dis} \times \left(3I_{hex} - 1 \right) + X_{min} \\ Y = Y_{dis} \times \left(2J_{hex} - 1 \right) + Y_{min} & I_{hex}\%2 \neq 0 \\ Y = Y_{dis} \times \left(2J_{hex} \right) + Y_{min} & I_{hex}\%2 = 0 \end{cases} \tag{7.7}$$

式中，I_{hex}、J_{hex} 分别为网格的横、纵编码，X、Y 分别为直角坐标系的横、纵坐标。$\left(X_{min}, Y_{min} \right)$ 为直角坐标系中研究区域的左下角点，$\left(X_{max}, Y_{max} \right)$ 为直角坐标系中研究区域的右上角点，O 为直角坐标系的原点，X_{dis} 为 X 方向上间隔距离，Y_{dis} 为 Y 方向上的间隔距离(图 7.24)。

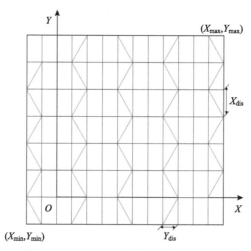

图 7.24　直角坐标系等间隔划分示意图

3)概率计算

面向智能机器人的网格模型建图本质上属于机器人的同时定位与地图构建过程。一般而言，它使用概率方法表示机器人状态在某一时刻的可能性。假设 t 时刻机器人的状态信息为 x_t，控制信息为 u_t，传感器测量信息为 z_t，那么机器人系统主要解决两个概率：状态转移概率 $p\left(x_t | x_{t-1}, u_{1:t} \right)$ 和测量概率 $p\left(z_t | x_t \right)$。

隐马尔可夫模型描述了机器人运动和测量的基本过程(图 7.25)，它显示机器人 t 时刻的状态 x_t 仅仅与前一时刻的状态 x_{t-1} 和当前时刻的控制信息 u_t 有关，机器人 t 时刻的测量信息 z_t 仅仅与当前的时刻的状态信息 x_t 有关。

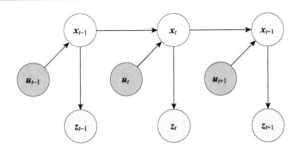

图 7.25 隐马尔可夫模型

里程计实时探测机器人的线速度和角速度等控制量,同时根据前一时刻的状态信息确定机器人当前时刻的位姿信息;激光传感器以特定的频率扫描周围环境,获取环境的测量信息,用于网格模型的构建。

假设机器人位姿已知,那么网格模型建模解决了如何根据有噪声和不确定性的测量数据生成一致性地图的问题。网格模型使用一系列二值随机变量表示地图,二值随机变量的数值表示当前位置是空闲,还是被障碍物占据。因此,地图构建过程就是根据给定的位姿信息和测量信息,计算整个地图的后验概率 $p(\boldsymbol{m}|\boldsymbol{x}_{1:t},\boldsymbol{z}_{1:t})$ 的过程。

网格模型将二维空间离散化为大小相同的独立单元,每个单元代表栅格包含的区域。由于网格模型中的每个单元状态要么是占用,要么是空闲,那么可以使用 $p(\boldsymbol{m}_i)$ 表示单元被障碍物占据的概率, $p(\boldsymbol{m}_i)=1$ 表示该单元为占用状态, $p(\boldsymbol{m}_i)=0$ 表示其为空闲状态。假设网格地图中每个单元相互独立,那么全局地图 $\boldsymbol{m}$ 的后验概率 $p(\boldsymbol{m}|\boldsymbol{x}_{1:t},\boldsymbol{z}_{1:t})$ 为

$$p(\boldsymbol{m}|\boldsymbol{x}_{1:t},\boldsymbol{z}_{1:t})=\prod_i p(\boldsymbol{m}_i|\boldsymbol{x}_{1:t},\boldsymbol{z}_{1:t}) \tag{7.8}$$

式中, $\boldsymbol{x}_{1:t}$ 为机器人的状态(位姿)序列; $\boldsymbol{z}_{1:t}$ 为机器人的测量序列。

对于任一独立单元的后验概率,由贝叶斯准则可以得到

$$p(\boldsymbol{m}_i|\boldsymbol{x}_{1:t},\boldsymbol{z}_{1:t})=\frac{p(\boldsymbol{z}_t|\boldsymbol{m}_i,\boldsymbol{x}_{1:t},\boldsymbol{z}_{1:t-1})\cdot p(\boldsymbol{m}_i|\boldsymbol{x}_{1:t},\boldsymbol{z}_{1:t-1})}{p(\boldsymbol{z}_t|\boldsymbol{x}_{1:t},\boldsymbol{z}_{1:t-1})} \tag{7.9}$$

由隐马尔可夫模型可知,当 $\boldsymbol{x}_t$ 已知时, $\boldsymbol{z}_t$ 与 $\boldsymbol{x}_{1:t-1}$ 和 $\boldsymbol{z}_{1:t-1}$ 无关,因此 $p(\boldsymbol{z}_t|\boldsymbol{m}_i,\boldsymbol{x}_{1:t},\boldsymbol{z}_{1:t-1})=p(\boldsymbol{z}_t|\boldsymbol{m}_i,\boldsymbol{x}_t)$, $p(\boldsymbol{z}_t|\boldsymbol{x}_{1:t},\boldsymbol{z}_{1:t-1})=p(\boldsymbol{z}_t|\boldsymbol{x}_t)$。 $p(\boldsymbol{z}_t|\boldsymbol{m}_i,\boldsymbol{x}_t)$ 由贝叶斯准则化简为

$$p(\boldsymbol{z}_t|\boldsymbol{m}_i,\boldsymbol{x}_t)=\frac{p(\boldsymbol{m}_i|\boldsymbol{x}_t,\boldsymbol{z}_t)\cdot p(\boldsymbol{z}_t|\boldsymbol{x}_t)}{p(\boldsymbol{m}_i|\boldsymbol{x}_t)} \tag{7.10}$$

如果测量信息 $\boldsymbol{z}_t$ 未知时,那么 t 时刻机器人状态 $\boldsymbol{x}_t$ 不包含栅格地图中独立区域 $\boldsymbol{m}_i$ 的信息,即 $\boldsymbol{x}_t$ 对 $\boldsymbol{m}_i$ 提供不了任何信息,有 $p(\boldsymbol{m}_i|\boldsymbol{x}_t)=p(\boldsymbol{m}_i)$, $p(\boldsymbol{m}_i|\boldsymbol{x}_{1:t},\boldsymbol{z}_{1:t-1})=p(\boldsymbol{m}_i|\boldsymbol{x}_{1:t-1},\boldsymbol{z}_{1:t-1})$。重新整理 $p(\boldsymbol{m}_i|\boldsymbol{x}_{1:t},\boldsymbol{z}_{1:t})$ 可得

$$p(\boldsymbol{m}_i|\boldsymbol{x}_{1:t},\boldsymbol{z}_{1:t})=\frac{p(\boldsymbol{m}_i|\boldsymbol{x}_t,\boldsymbol{z}_t)\cdot p(\boldsymbol{m}_i|\boldsymbol{x}_{1:t-1},\boldsymbol{z}_{1:t-1})}{p(\boldsymbol{m}_i)} \tag{7.11}$$

每个单元的状态仅有占用和空闲两种,因此相应的独立单元空闲的概率 $p(\hat{\boldsymbol{m}}_i|\boldsymbol{x}_{1:t},\boldsymbol{z}_{1:t})$

表示为

$$p(\hat{\boldsymbol{m}}_i | \boldsymbol{x}_{1:t}, \boldsymbol{z}_{1:t}) = \frac{p(\hat{\boldsymbol{m}}_i | \boldsymbol{x}_t, \boldsymbol{z}_t) \cdot p(\hat{\boldsymbol{m}}_i | \boldsymbol{x}_{1:t-1}, \boldsymbol{z}_{1:t-1})}{p(\hat{\boldsymbol{m}}_i)} \tag{7.12}$$

式中，$p(\hat{\boldsymbol{m}}_i)$ 表示单元空闲的概率。

而且，$p(\hat{\boldsymbol{m}}_i) = 1 - p(\boldsymbol{m}_i)$，所以

$$p(\hat{\boldsymbol{m}}_i | \boldsymbol{x}_{1:t}, \boldsymbol{z}_{1:t}) = \frac{\big(1 - p(\boldsymbol{m}_i | \boldsymbol{x}_t, \boldsymbol{z}_t)\big) \cdot \big(1 - p(\boldsymbol{m}_i | \boldsymbol{x}_{1:t-1}, \boldsymbol{z}_{1:t-1})\big)}{1 - p(\boldsymbol{m}_i)} \tag{7.13}$$

约分消掉式(7.12)与式(7.13)中的无关项，那么

$$\begin{aligned} \frac{p(\boldsymbol{m}_i | \boldsymbol{x}_{1:t}, \boldsymbol{z}_{1:t})}{p(\hat{\boldsymbol{m}}_i | \boldsymbol{x}_{1:t}, \boldsymbol{z}_{1:t})} &= \frac{p(\boldsymbol{m}_i | \boldsymbol{x}_{1:t}, \boldsymbol{z}_{1:t})}{1 - p(\boldsymbol{m}_i | \boldsymbol{x}_{1:t}, \boldsymbol{z}_{1:t})} \\ &= \frac{p(\boldsymbol{m}_i | \boldsymbol{x}_t, \boldsymbol{z}_t)}{1 - p(\boldsymbol{m}_i | \boldsymbol{x}_t, \boldsymbol{z}_t)} \cdot \frac{p(\boldsymbol{m}_i | \boldsymbol{x}_{1:t-1}, \boldsymbol{z}_{1:t-1})}{1 - p(\boldsymbol{m}_i | \boldsymbol{x}_{1:t-1}, \boldsymbol{z}_{1:t-1})} \cdot \frac{1 - p(\boldsymbol{m}_i)}{p(\boldsymbol{m}_i)} \end{aligned} \tag{7.14}$$

对式(7.14)取对数，可以得到

$$\log \frac{p(\boldsymbol{m}_i | \boldsymbol{x}_{1:t}, \boldsymbol{z}_{1:t})}{1 - p(\boldsymbol{m}_i | \boldsymbol{x}_{1:t}, \boldsymbol{z}_{1:t})} = \log \frac{p(\boldsymbol{m}_i | \boldsymbol{x}_t, \boldsymbol{z}_t)}{1 - p(\boldsymbol{m}_i | \boldsymbol{x}_t, \boldsymbol{z}_t)} + \log \frac{p(\boldsymbol{m}_i | \boldsymbol{x}_{1:t-1}, \boldsymbol{z}_{1:t-1})}{1 - p(\boldsymbol{m}_i | \boldsymbol{x}_{1:t-1}, \boldsymbol{z}_{1:t-1})} - \log \frac{p(\boldsymbol{m}_i)}{1 - p(\boldsymbol{m}_i)} \tag{7.15}$$

如果使用 $l_{t,i}$ 表示后验概率的对数几率，那么式(7.13)表示为

$$l_{t,i} = \log \frac{p(\boldsymbol{m}_i | \boldsymbol{x}_t, \boldsymbol{z}_t)}{1 - p(\boldsymbol{m}_i | \boldsymbol{x}_t, \boldsymbol{z}_t)} + l_{t-1,i} - l_{0,i} \tag{7.16}$$

式中，$l_{t-1,i}$ 为 $t-1$ 时刻的机器人后验概率的对数几何；$l_{0,i}$ 为传感器测量前的初始值，同时式(7.16)满足递归计算单元占用概率的结构。也就是说，通过 t 时刻机器人的位姿状态和观测信息，在前一时刻已有网格模型概率的基础上，可以实现任意单元占用概率的更新。

如此一来，网格模型的构建算法如算法1所示。

算法 1：　网格模型构建($\boldsymbol{l}_{t-1}$，　$\boldsymbol{x}_t$，　$\boldsymbol{z}_t$)：

1: for 地图中的所有网格 $\boldsymbol{m}_i$ do

2:　　 if $\boldsymbol{m}_i$ t 时刻被激光扫描 $\boldsymbol{z}_t$ 感知 then

3:　　　　$l_{t,i} = \log \dfrac{p(\boldsymbol{m}_i | \boldsymbol{x}_t, \boldsymbol{z}_t)}{1 - p(\boldsymbol{m}_i | \boldsymbol{x}_t, \boldsymbol{z}_t)} + l_{t-1,i} - l_{0,i}$

4:　　 else

5:　　　　$l_{t,i} = l_{t-1,i}$

6:　　 end if

7: end for

8: return $\boldsymbol{l}_t$

4）地图更新

网格模型更新的过程，就是根据机器人所在网格和任一确定状态的网格的连线，确定连线通过的网格，估计相应网格的状态。对于正四边形网格模型而言，这一过程使用 Bresenham 算法更新，对于正六边形网格模型而言，需要使用特定的处理算法。

假设机器人的位置为(x_R, y_R)，传感器扫描返回的坐标为(x_S, y_S)，根据正六边形网格模型，传感器扫描返回的坐标所在的网格序号为(i_S, j_S)，那么它被障碍物占据的概率值由算法 1 确定。当网格(i_S, j_S)的障碍物占据的概率值确定之后，可以根据机器人的位置，以及传感器扫描返回的坐标和网格序号，确定扫描线经过的其他网格的占据(或空闲)状态。这一过程如算法 2 所示。

算法 2：网格模型更新($l_t, x_R, y_R, i_R, j_R, x_S, y_S, i_S, j_S$)：

1: 计算(x_R, y_R)和(x_S, y_S)的斜率k

2: do

3:　　提取网格(i_R, j_R)的相邻网格(i, j)

4:　　if 扫描线压盖网格(i, j)

5:　　　　if $\left(k \geqslant 0 \cap k \leqslant \dfrac{\pi}{3}\right) \| \cdots \| \left(k \geqslant \dfrac{5\pi}{3} \| k \leqslant 2\pi\right)$

　　　　　　　$(i_C, j_C) = (i, j)$

6:　　end if

7: while$(i_C, j_C) \neq (i_S, j_S)$

8: return l_t

5）地图匹配

概率估计和地图更新解决了处于某一固定位置时的机器人地图的构建问题。随着机器人的不断移动，所有网格的概率值不断被更新，因此，相同分辨率的不同网格模型需要通过增量建图方式不断被拼接，直到形成完整的网格模型。

计算机以矩阵数组存储网格模型的每一个网格，每一个矩阵元素对应于一个网格，如此一来，完整的环境网格模型对应于矩阵数组的一个像素。假设机器人在不同时刻构建网格模型Map_G和网格模型Map_W存在重叠区域，那么问题在于如何拼接以实现环境网格模型的增量建图。首先，利用边缘提取算法分别从网格模型Map_G和网格模型Map_W提取边缘像素，形成边缘像素点集，即$G = \{\boldsymbol{g}_i\}_{i=1}^{N_g}$和$W = \{\boldsymbol{w}_i\}_{i=1}^{N_w}$，其中$\boldsymbol{g}_i$和$\boldsymbol{w}_i$为向量，$N_g$和$N_w$分别表示边缘像素点集$G$和$W$的元素个数。网格模型$\text{Map}_G$和网格模型$\text{Map}_W$的重叠区域的边缘像素点集用$G_\varepsilon$表示，它为$G$和$W$的子集，重叠百分比使用$\varepsilon$表示。然后，不同时刻的网格模型的增量建图问题转化为图像配准问题，计算机器人的刚体变换$\boldsymbol{T} = \{\boldsymbol{R}, \boldsymbol{t}\}$，使得经

变换处理后的点集 $T(G)$ 便可以很好地与点集 W 匹配，进而将网格模型的增量建图问题表示为最小化问题，即

$$
\min_{\substack{R,t,\varepsilon,G_\varepsilon \\ f(i)\in\{1,2\ldots N_w\}}} \frac{1}{|G_\varepsilon|(\varepsilon)^{1+\lambda}} \sum_{P_i} \left\| Rg_i + t - w_{f(i)} \right\|_2^2 \tag{7.17}
$$

式中，λ 为控制参数；$|\cdot|$ 代表集合中元素个数最小重叠百分比，用 $\varepsilon_{\min}$ 表示。通过网格模型的不断更新与匹配，机器人的网格模型逐步增量式的构建完成，最终形成完整的网格模型。

7.4　自适应加权融合的地图构建方法

为了提高机器人地图构建的精度，通常可以融合 KINECT 相机、IMU 等多种传感器获得的高精度数据。首先，研究如何自适应地使用扩展卡尔曼滤波(extended Kalman filter，EKF)算法和自适应位姿融合(adptive pose fusion，APF)算法进一步提高融合姿态精度。其次，使用融合姿势优化 LiDAR 地图构建的准确性和效率。 第一，利用相机和 IMU 计算机器人的位置和姿态。第二，根据运动状态自适应选择 EKF 算法或 APF 算法，形成新的姿态估计。第三，将融合优化后的高精度位姿与同时测量的激光点进行匹配，校正其距离和方位信息，并采用高斯–牛顿迭代匹配过程匹配对应的激光点，构建机器人地图(Zhang et al.，2021)。

1. 自适应加权融合的地图构建的基本框架

基于相机和 IMU 构建室内地图的姿态融合自适应方法的总体结构如图 7.26 所示。该方法包括以下四个主要步骤。

(1)位姿解算，分别利用 KINECT 相机和 IMU 解算机器人的位姿；

(2)位姿的 EKF 融合，当机器人处于静止状态时，使用 EKF 融合 KINECT 相机和 IMU 的位姿；

(3)位姿的加权融合，当机器人处于运动状态时，使用加权方法融合 KINECT 相机和 IMU 的位姿；

(4)基于 LiDAR 的地图构建。

1)KINECT 相机的位姿解算

基于 KINECT 相机获取的图像数据解算机器人的位姿，通常根据两张部分重叠图像的同名特征点的匹配而实现。首先，使用 Oriented-Fast 算法提取图像特征点；然后，使用快速近似最近邻方法(fast library for approximate nearest neighbors，FLANN)实现特征点之间的匹配。根据两张图像中的同名特征点的对应关系，实现相机运动参数的解算。假设，相机运动的刚体变换量为 (R,T)，其中，R 为旋转向量，T 为平移向量，那么特征点对应的坐标与运动过程的关系如式(7.18)所示。

$$P_{pm} = RP_{lm} + T \tag{7.18}$$

式中，P_{pm} 和 P_{lm} 为当前帧图像与上一帧图像第 m 个特征点的三维坐标，$m = 1, 2, 3 \ldots n$。使用最近邻方法匹配特征点的同时需要剔除误匹配的特征点对，随机选取至少 4 对特征点对，计算刚体变换量 (R, T)，将其坐标代入 $\left\| P_{pm} - (RP_{lm} + T) \right\|^2$，筛选小于阈值的点代入式(7.18)解算。最后，通过迭代计算获得特征点对应坐标与运动过程关系的最小二乘值，用于估计机器人的当前位姿。

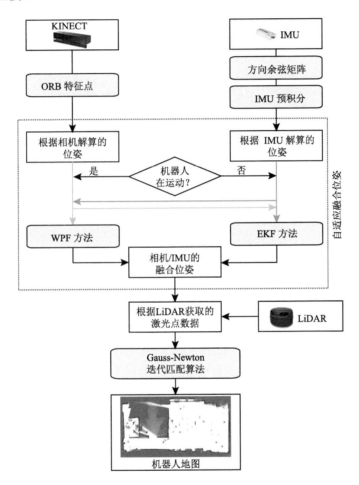

图 7.26　构建机器人地图的姿态融合自适应方法的体系结构

2) IMU 位姿解算

IMU 主要包含三轴加速度计与三轴陀螺仪。对加速度计测得的线速度进行二次积分，可以获得 IMU 的速度与位置数据；对陀螺仪测得的角速度进行积分，可以获得 IMU 的姿态数据。当俯仰角为 90°时，欧拉角微分方程将会出现奇点，无法获得 IMU 的全姿态解算。方向余弦矩阵算法(direction cosine matrix，DCM)使用矢量的方向余弦表示姿态矩阵，有效地避免了使用欧拉角表示姿态遇到的奇点问题。因此，IMU 姿态的解算常常使用 DCM 算法。定义 DCM 矩阵为 $\boldsymbol{C}$，如式(7.19)所示。

$$\boldsymbol{C} = \begin{bmatrix} i \cdot i' & i \cdot j' & i \cdot k' \\ j \cdot i' & j \cdot j' & j \cdot k' \\ k \cdot i' & k \cdot j' & k \cdot k' \end{bmatrix} \tag{7.19}$$

其中，i', j', k' 为机器人坐标的单位向量。对 i', j', k' 求导可得式(7.20)。

$$\begin{cases} \dfrac{\mathrm{d}i'}{\mathrm{d}t} = j'w_z - k'w_y \\[2mm] \dfrac{\mathrm{d}j'}{\mathrm{d}t} = k'w_x - i'w_z \\[2mm] \dfrac{\mathrm{d}k'}{\mathrm{d}t} = i'w_y - j'w_x \end{cases} \tag{7.20}$$

再对矩阵 $\boldsymbol{C}$ 求导可得 $\dot{\boldsymbol{C}}$，如式(7.21)所示。

$$\dot{\boldsymbol{C}} = \boldsymbol{C} \begin{bmatrix} 0 & -w_z & w_y \\ w_z & 0 & -w_x \\ -w_y & w_x & 0 \end{bmatrix} = \boldsymbol{C}\boldsymbol{\Omega} \tag{7.21}$$

求解式(7.21)方程，得到 IMU 与机器人的相对位姿变换关系。

3) IMU 预积分

IMU 的高测量频率占用了大量的计算资源，为避免在每个 IMU 测量时都添加一个新的状态量，通常在两帧之间加入重新参数化的过程，实现运动约束，避免重复积分，这种重新参数化的过程称为 IMU 预积分。假设 IMU 测量得到的加速度与角速度分别表示为 ${}_B\tilde{\boldsymbol{\omega}}_{WB}(t)$、${}_B\tilde{\boldsymbol{\alpha}}_{WB}(t)$，那么，IMU 测量模型如式(7.22)所示。

$$\begin{cases} {}_B\tilde{\boldsymbol{\omega}}_{WB}(t) = {}_B\boldsymbol{\omega}_{WB}(t) + \boldsymbol{b}_g(t) + \boldsymbol{\eta}_g(t) \\ {}_B\tilde{\boldsymbol{\alpha}}_{WB}(t) = \boldsymbol{R}_{WB}^T(t)\left({}_W\boldsymbol{a}(t) - \boldsymbol{g}(w)\right) + \boldsymbol{b}_\alpha(t) + \boldsymbol{\eta}_\alpha(t) \end{cases} \tag{7.22}$$

式中，W 为世界坐标系，B 为 IMU 坐标系，${}_B\omega_{WB}(t)$ 为 B 相对于 W 的瞬时角速度，$\boldsymbol{R}_{WB}^T(t)$ 为世界坐标系到 IMU 坐标系的旋转矩阵，${}_W\boldsymbol{a}(t)$ 为世界坐标系下的瞬时加速度，$\boldsymbol{b}_g(t)$、$\boldsymbol{b}_\alpha(t)$ 为陀螺仪与加速度的偏差，$\boldsymbol{\eta}_g(t)$、$\boldsymbol{\eta}_\alpha(t)$ 为随机噪声。引入动力学积分模型，模型包含旋转关系 $\boldsymbol{R}_{\dot{W}B}$、速度 $\boldsymbol{v}_{\dot{W}B}$ 和平移 $\boldsymbol{p}_{\dot{W}B}$，如式(7.23)所示。

$$\begin{cases} \boldsymbol{R}_{\dot{W}B} = \boldsymbol{R}_{WB}\widehat{\boldsymbol{\omega}_{WB}} \\ \boldsymbol{v}_{\dot{W}B} = \boldsymbol{\alpha}_{WB} \\ \boldsymbol{p}_{\dot{W}B} = \boldsymbol{v}_{WB} \end{cases} \tag{7.23}$$

对式(7.23)进行积分可以得到 Δt 时间内的旋转量 $\boldsymbol{R}_{WB}(t+\Delta t)$、速度量 ${}_W\boldsymbol{v}(t+\Delta t)$ 和平移量 ${}_W\boldsymbol{p}(t+\Delta t)$，结合 IMU 测量模型中的加速度与角速度 ${}_B\tilde{\boldsymbol{\omega}}_{WB}(t)$、${}_B\tilde{\boldsymbol{\alpha}}_{WB}(t)$，得到 IMU 在 Δt 时间内相对于世界坐标系的运动状态 $\boldsymbol{R}_{WB}(t+\Delta t)$、${}_W\boldsymbol{v}(t+\Delta t)$ 和 ${}_W\boldsymbol{p}(t+\Delta t)$，即两个

时刻 IMU 数据之间的相对关系。IMU 与 KINECT 的更新率并不同步，积分两个关键帧之间的多帧 IMU 数据可以有效约束关键帧。考虑到旋转矩阵 $\boldsymbol{R}_{WB}^k$ 随着时间的不断变化，因此相对运动增量 $\Delta\boldsymbol{R}_{ij}$、$\Delta\boldsymbol{v}_{ij}$、$\Delta\boldsymbol{p}_{ij}$，如式(7.24)所示。

$$
\begin{cases}
\Delta\boldsymbol{R}_{ij} = \boldsymbol{R}_{BW}^i \boldsymbol{R}_{WB}^j = \prod_{k=i}^{j-1} Exp\left(\left(_B\tilde{\boldsymbol{\omega}}_{WB}^k - \boldsymbol{b}_g^k - \boldsymbol{\eta}_{gd}^k\right)\Delta t\right) \\
\Delta\boldsymbol{v}_{ij} = \sum_{k=i}^{j-1}\Delta\boldsymbol{R}_{ik}\left(\tilde{\boldsymbol{a}}^k - \boldsymbol{b}_\alpha^k - \boldsymbol{\eta}_{\alpha d}^k\right)\Delta t \\
\Delta\boldsymbol{p}_{ij} = \sum_{k=i}^{j-1}\left[\Delta\boldsymbol{v}_{ik}\Delta t + \frac{1}{2}\Delta\boldsymbol{R}_{ik}\left(\tilde{\boldsymbol{a}}^k - \boldsymbol{b}_\alpha^k - \boldsymbol{\eta}_{\alpha d}^k\right)\Delta t^2\right]
\end{cases}
\tag{7.24}
$$

式中，$\Delta\boldsymbol{R}_{ik} = \boldsymbol{R}_{WB}^i \boldsymbol{R}_{WB}^k$，$\Delta\boldsymbol{v}_{ik} = \boldsymbol{R}_{WB}^i\left(_W\boldsymbol{v}_B^j - {}_W\boldsymbol{v}_B^i - \boldsymbol{g}_W\Delta t_{ij}\right)$。式(7.24)左侧为相对运动增量，右侧为 IMU 数据，进一步将两个关键帧的相对运动增量 $\Delta\boldsymbol{R}_{ij}$、$\Delta\boldsymbol{v}_{ij}$、$\Delta\boldsymbol{p}_{ij}$ 表示为式(7.25)。

$$
\begin{cases}
\boldsymbol{R}_{WB}^j = \boldsymbol{R}_{WB}^i \Delta\boldsymbol{R}_{ij} Exp\left(J_{\Delta R}^g \boldsymbol{b}_g^i\right) \\
\boldsymbol{v}_{WB}^j = \boldsymbol{v}_{WB}^i + \boldsymbol{g}_W \Delta t_{ij} + \boldsymbol{R}_{WB}^i\left(\Delta\boldsymbol{v}_{ij} + \boldsymbol{J}_{\Delta v}^g \boldsymbol{b}_g^i + \boldsymbol{J}_{\Delta R}^\alpha \boldsymbol{b}_\alpha^i\right) \\
\boldsymbol{p}_{WB}^j = \boldsymbol{p}_{WB}^i + \boldsymbol{v}_{WB}^i \Delta t_{ij} + \frac{1}{2}\boldsymbol{g}_W \Delta t_{ij}^2 + \boldsymbol{R}_{WB}^i\left(\Delta\boldsymbol{p}_{ij} + \boldsymbol{J}_{\Delta p}^g \boldsymbol{b}_g^i + \boldsymbol{J}_{\Delta p}^\alpha \boldsymbol{b}_\alpha^i\right)\Delta t^2
\end{cases}
\tag{7.25}
$$

如此一来，得到两帧之间的相对运动增量 $\Delta\boldsymbol{R}_{ij}$、$\Delta\boldsymbol{v}_{ij}$、$\Delta\boldsymbol{p}_{ij}$，即两帧之间使用 IMU 预积分重新参数化的结果，避免了重复积分 IMU 观测量，提高了算法的可靠性。

4)KINECT/IMU 位姿的扩展卡尔曼滤波融合

为了更加精确地估计机器人的位姿信息，可以使用扩展卡尔曼滤波融合 IMU 和 KINECT 相机位姿。EKF 分为预测过程和更新过程。对于预测过程，定义误差状态向量 $\tilde{x}$，如式(7.26)所示。

$$
\begin{cases}
\tilde{\boldsymbol{x}} = \boldsymbol{x} - \hat{\boldsymbol{x}} \\
\tilde{\boldsymbol{x}} = \left[\delta p_W^i, \theta p_W^i, vp_W^i, \delta b_a, \delta b_g\right]^{\mathrm{T}} \\
\hat{\boldsymbol{x}} = \left[\hat{p}_W^i, \hat{q}_W^i, \hat{v}_W^i, \hat{b}_a, \hat{b}_g\right]^{\mathrm{T}}
\end{cases}
\tag{7.26}
$$

式中，$\hat{\boldsymbol{x}}$ 为状态向量期望值。同时，使用 $\left[n_a, n_{b_a}, n_g, n_{b_g}\right]$ 表示状态噪声 n，根据误差状态向量 $\tilde{x}$ 的定义，线性化处理 IMU 测量得到的加速度与角速度，得到误差状态方程中平移、旋转、速度、加速度计和陀螺零漂的表示量 $\delta\dot{p}_W^i$、$\delta\dot{\theta}_W^i$、$\delta\dot{v}_W^i$、$\delta\dot{b}_a$、$\delta\dot{b}_g$，参照系统的状态方程，通过雅克比矩阵求解状态转移矩阵 $\boldsymbol{\varphi}$，如式(7.27)所示。

$$
\boldsymbol{\varphi} = \begin{bmatrix}
\dfrac{\partial f(x_{k-1})}{\partial q} & \dfrac{\partial f(x_{k-1})}{\partial \omega_b} \\
0_{3\times3} & I_{3\times3}
\end{bmatrix}
\tag{7.27}
$$

根据系统噪声矩阵 G 和状态转移矩阵 φ 可以求出系统噪声协方差矩阵 Q_d，进一步计算扩展卡尔曼滤波的误差状态预测值 $X_{k+1|k}$ 和系统状态协方差矩阵预测值 $P_{k+1|k}$，如式(7.28)所示。

$$\begin{cases} X_{k+1|k} = \varphi X_{k|k} \\ P_{k+1|k} = \varphi P_{k|k} \varphi + Q_d \end{cases} \tag{7.28}$$

其中，$X_{k|k}$、$P_{k|k}$ 为上一时刻的最优估计值。随着时间推移，IMU 误差不断累积，需要使用低频输出的 KINECT 相机位姿作为滤波器的观测值 z，用于校正 IMU 解算的结果。一般而言，IMU 与 KINECT 相机相对于机器人底盘的位姿转换矩阵已经确定，因此可以确定 IMU 与 KINECT 相机之间的旋转平移矩阵 p_c^i、q_c^i、系统观测方程 z_p、z_q，如式(7.29)所示。

$$\begin{cases} z_p = p_W^c = p_W^i + C_W^i p_c^i \\ z_q = q_W^c = q_W^i \otimes q_c^i \end{cases} \tag{7.29}$$

由观测矩阵和观测噪声协方差矩阵可以推导 EKF 的更新过程，计算系统的增益矩阵 K，如式(7.30)所示。

$$K = P_{k+1|k} H^{\mathrm{T}} \left(H P_{k+1|k} H^{\mathrm{T}} + R \right)^{-1} \tag{7.30}$$

获得增益矩阵 K 后，更新系统状态量 $X_{k+1|k+1}$，如式(7.31)所示。

$$X_{k+1|k+1} = X_{k+1|k} + K\tilde{z} \tag{7.31}$$

更新系统协方差矩阵 $P_{k+1|k+1}$，如式(7.32)所示。

$$P_{k+1|k+1} = \left(I - KH \right) P_{k+1|k} \left(I - KH \right)^{\mathrm{T}} + KRK^{\mathrm{T}} \tag{7.32}$$

更新系统状态量 $X_{k+1|k+1}$ 和系统协方差矩阵 $P_{k+1|k+1}$ 之后，将系统状态量计算得到的四元数进行归一化处理，再将四元数转化为方便位姿显示的欧拉角，以此表示机器人的位姿状态，实现扩展卡尔曼滤波融合传感器数据后的位姿输出。

5) KINECT/IMU 位姿的加权融合

位姿的融合方式取决于机器人的位姿状态，机器人的位姿状态分为运动与静止两种，使用 IMU 数据与里程计数据作为判断机器人运动与静止的条件。如果 IMU 的线加速度为 0，并且里程计数据没有增加，那么可以判定机器人为静止状态，位姿的融合直接使用扩展卡尔曼滤波方法融合 KINECT 相机和 IMU 的位姿；如果 IMU 的线加速度为 0，或者里程计数据有增加，那么可以判定机器人为运动状态。在机器人的运动过程中，KINECT 相机获取图像的纹理特征的不确定性较大，IMU 误差虽有累积，但是相对而言较为稳定。因此，位姿融合过程中可以适当考虑两者之间的权重关系，分析关键帧特征点的匹配成功率，用以确定 KINECT 相机和 IMU 位姿对于特征点匹配的依赖程度，进而实现面向不同位姿状态采取不同的加权策略融合处理 IMU 和 KINECT 相机的位姿。

当机器人处于运动状态时，IMU 的测量值包括线速度、加速度和角速度，KINECT 相机根据关键帧获取对应的图像。根据两个 KINECT 相机获取的关键帧之间特征点匹配的成功率设置权重值阈值；如果匹配成功率低，那么当前位姿和 KINECT 相机位姿的关联程度低，应当提高 IMU 姿态的权重；如果匹配成功率高，那么当前位姿和 KINECT 相机位姿的关联程度高，应当提高 KINECT 相机位姿的权重。

假设两个关键帧匹配成功的特征点与总特征点的比值定义为匹配成功率 μ，那么加权融合位姿的关键在于，根据 μ 的取值区间，确定 KINECT 相机和 IMU 位姿融合的权重值，即位姿加权融合的权参数。

6）LiDAR 建图

室内二维地图的构建过程中，非结构化的场景可能导致二维激光雷达的构图平面倾斜，降低建图质量。我们采用激光三角测距技术实现 LiDAR 建图，测得的激光点与 LiDAR 本身经过距离与方位角的解算后获得相对坐标，构图前将融合优化后的位姿估计替换建图算法中的位姿估计，将其作为新的数据源计算激光点与雷达的相对关系，以此更新激光点的距离与方位角信息，再使用基于高斯牛顿的扫描匹配法匹配激光点坐标，建立高精度的室内二维地图。

室内环境大多呈现垂直结构，实验中需要将倾斜的雷达数据做近似投影处理。扫描获得的激光数据 (ρ, θ) 按照地图坐标表达形式表示为 (P_x, P_y, P_z)，如式 (7.33) 所示。

$$\begin{cases} P_x = \rho \cdot \cos\theta \\ P_y = \rho \cdot \sin\theta \\ P_z = 0 \end{cases} \tag{7.33}$$

式中，$(\theta_x, \theta_y, \theta_z)$ 表示翻滚角、俯仰角、偏航角。根据初始位姿与角度变换求得扫描激光点的坐标 (X, Y, Z)，如式 (7.34) 所示。

$$\begin{bmatrix} X \\ Y \\ Z \end{bmatrix} = \boldsymbol{R}_z \cdot \boldsymbol{R}_y \cdot \boldsymbol{R}_x \begin{bmatrix} P_x \\ P_y \\ P_z \end{bmatrix} \tag{7.34}$$

对应优化后的位姿估计与激光点相对坐标后，使用高斯牛顿法匹配激光点，提高建图精度与效果。首先对刚体变换 T 取最小值 T^*，如式 (7.35) 所示。

$$T^* = \arg\min_T \sum_{i=1}^{n} \left[1 - G\big(S_i(T)\big) \right]^2 \tag{7.35}$$

式中，$S_i(T)$ 为激光点的平面坐标；$G\big(S_i(T)\big)$ 为 $S_i(T)$ 的占用值，当所有激光点完全匹配时，$G\big(S_i(T)\big)$ 的值为 1。之后优化一段时间内的雷达数据测量误差，如式 (7.36) 所示：

$$2\sum_{i=1}^{n} \left[1 - G\big(S_i(T)\big) - \nabla G\big(S_i(T)\big) \frac{\partial S_i(T)}{\partial T} \Delta T \right] \cdot \left[\nabla G\big(S_i(T)\big) \frac{\partial S_i(T)}{\partial T} \right]^T \to 0 \tag{7.36}$$

通过泰勒展开与求偏导，将求解 ΔT 转化为高斯牛顿的最小化问题，如式 (7.37) 所示。

$$\Delta \xi = H^{-1} \sum_{i=1}^{n} \left[\nabla G\big(S_i(T)\big) \frac{\partial S_i(T)}{\partial T} \Delta T \right]^T \cdot \left[1 - G\big(S_i(T)\big) \right] \tag{7.37}$$

其中，$H = \left[\nabla G\big(S_i(T)\big) \dfrac{\partial S_i(T)}{\partial T} \Delta T \right]^T \left[\nabla G\big(S_i(T)\big) \dfrac{\partial S_i(T)}{\partial T} \right]$。输出基于高斯牛顿的最小二乘解

后，根据高斯牛顿法求得光束点匹配的结果，将与优化位姿对应点的距离与方位角作为数据源代入建图过程，构建室内二维地图，有效去除了因二维激光雷达运动带来的畸变，提升了建图效果。

2. 自适应位姿融合实验

1）实验平台

自适应姿态融合实验采用 Autolabor 机器人作为实验平台。它搭载 KINECT V2 摄像头、AH-100B 惯性测量单元和 Rplidar A2 激光雷达。三个传感器通过可靠的链接模式连接到 Autolabor（图 7.27）。

2）实验数据

为了验证自适应位姿融合方法的有效性、相机/IMU 融合位姿的准确性以及优化的 LiDAR 地图构建的效果。为此，我们设计了两组不同实验：第一组实验选用了 EuRoC 公开数据集作为数据来源；第二组实验采集某实验室环境数据作为数据来源。

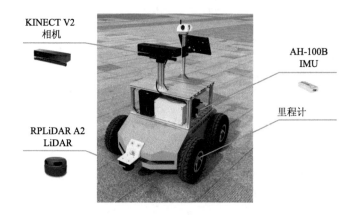

图 7.27　实验平台：Autolabor

EuRoC 公开数据集是苏黎世联邦理工学院基于无人飞行器在礼堂与空房间两种环境内采集的数据，如图 7.28 所示，无人飞行器搭载的传感器主要包括相机与惯性测量单元，相机频率为 30 Hz，惯性测量单元频率为 40 Hz。实验数据分为 4 个文件夹，每个文件夹都包含传感器相对于坐标系的变换情况。EuRoC 公开数据集主要用于位姿精度的比较分析。

第二组数据集使用 Autolabor 机器人采集实验室的环境数据，实验室环境及平面图如图 7.29 所示，其中白色代表可通行区域，黑色代表不可通行区域。机器人搭载的传感器主要包括 KINECT V2 相机与瑞芬星通 AH100B 惯性测量单元，统一采集频率为 30 Hz。实

时采集的数据集通过 bag 数据包记录,然后根据不同的话题将 bag 数据包导出对应的位姿数据集。

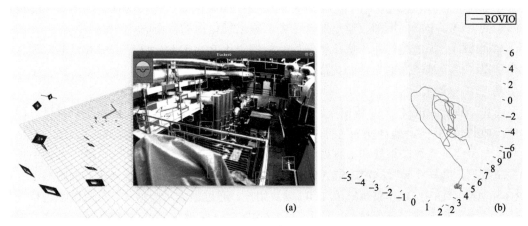

图 7.28　EuRoC 公共数据集(a)和轨迹(b)

3) 实验步骤

第一步　实验数据获取。第一组实验选用了 EuRoC 公开数据集作为数据来源;第二组数据集使用 Autolabor 机器人采集实验室的环境数据。

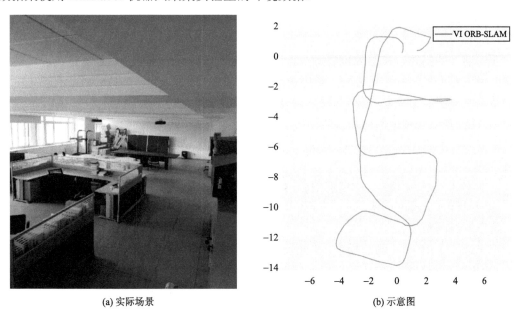

(a) 实际场景　　　　　　　　　　(b) 示意图

图 7.29　实验室环境场景

第二步　位姿解算。提取并匹配两帧重叠图像的 ORB 特征点,根据特征点对的匹配关系解算相机的运动参数。二次积分 IMU 记录的线速度,计算速度与位置信息,积分角速度计算姿态信息,获得速度、位置、姿态信息之后,使用方向余弦矩阵计算 IMU 与实验平台的相对位姿关系。

第三步　位姿估计优化。判断机器人运动状态。如果机器人为静止状态，那么使用扩展卡尔曼滤波融合相机与惯导传感器解算的位姿；如果机器人为运动状态，那么通过特征点匹配的依赖程度，使用加权策略融合位姿，输出优化后的位姿估计。

第四步　二维地图构建。优化更新后的位姿纠正 RPLIDAR A2 获取激光点的距离与方位角信息，使用基于高斯牛顿的扫描匹配，构建二维环境地图。

第五步　实验分析。

首先，基于 EuRoC 公开数据集，比较 ROVIO 算法和 APF 算法在位姿融合优化方面的精度。ROVIO 算法紧耦合视觉信息和 IMU 信息，通过迭代卡尔曼滤波融合数据，更新滤波状态与位姿，在算法框架和数据融合方式方面与 APF 算法类似。其次，基于实验室场景的采集数据，同样比较 VI ORB-SLAM 算法和比 APF 算法在位姿融合优化方面的精度。VI ORB-SLAM 算法由 ORB-SLAM 和 IMU 模块组成，通过最大后验估计，对关键帧进行几何一致性检测，得到位姿最优估计，因此，VI ORB-SLAM 算法和 APF 算法具有较高的对比度。最后，在二维地图构建方面，比较 Cartographer 算法和 APF 算法的建模精度和效果。Cartographer 算法是基于二维激光雷达构建地图的经典算法，根据 IMU 和里程计信息通过滤波的方式预测位姿，将扫描点进行体素滤波转换为栅格点坐标构建地图，建图效果稳定，鲁棒性高。

3. 自适应位姿融合实验分析

1) 位姿加权融合的权参数

正如前文的描述，自适应位姿融合方法根据机器人的运动状况，选择不同的位姿融合策略。当机器人处于静止状态时，使用 EKF 方法融合相机和 IMU 的位姿；当机器人处于运动状态时，使用加权方法融合相机和 IMU 的位姿。对于加权融合方法而言，确定相机位姿和 IMU 位姿以何种比例关系参与加权是关键。这里依据两个关键帧匹配成功的特征点与总特征点的比值 μ（简称匹配成功率 μ）确定相机位姿和 IMU 位姿的权重关系，即位姿加权融合的权参数 λ。

匹配成功率 μ 是指某一关键帧的两幅重叠图像的匹配成为同名特征点的数量与重叠图像获取的总特征点之间的比值，匹配成功率 μ 的高低决定了环境特征的显著程度，进而决定了位姿解算的精度。

首先选取了 19 个不同的场景，实验场景包含了具有代表性的过道、墙角、桌椅等位置，基于 ORB 特征点检测使用快速近似最邻近方法匹配特征点，实验结果如图 7.30 所示。

图 7.30 中的左侧 3 幅图像分别表示实验室环境的过道、墙角、桌椅场景，图像中的彩色点表示在不同场景中检测到的 ORB 特征点；右侧 3 幅图像表示从不同角度获取的过道、墙角、桌椅图像，其中彩色连线表示两幅图像成功匹配的 ORB 特征点对。实验过程中，过道、墙角、桌椅场景分别检测到 533、149、653 个特征点，其中过道场景成功匹配 50 对特征点对，墙角场景成功匹配 4 对特征点对，桌椅场景成功匹配 76 对特征点对。过道、墙角、桌椅场景的匹配成功率分别为 9.38%、2.68%、11.63%，这说明纹理丰富、结构明显、特征

性强的场景能够检测到更多的特征点并且匹配成功率较高；相反，弱纹理、结构单一的场景检测到的特征点少并且匹配成功率低。更为重要的是，通过这 19 个不同场景的实验，匹配成功率最大为 43%，始终没有超过 50%。针对上述情况，增加 7 个布设了人为特征的实验场景，使得特征点匹配成功率达到了 87.37%。

(a) 过道

(b) 墙角

(c) 桌椅

图 7.30　特征点选取匹配

其次，分别计算计算 KINECT 相机和 IMU 解算的位姿与扩展卡尔曼滤波解算的位姿之间的均方根误差（图 7.31）。实验结果表明：①当 KINECT 相机特征点匹配的成功率越低时，

KINECT 相机与扩展卡尔曼滤波之间的位姿均方根误差就越高，说明此时 KINECT 相机解算位姿的可靠性较低；②当 KINECT 相机特征点匹配的成功率越高时，KINECT 相机与扩展卡尔曼滤波之间的位姿均方根误差就越低，说明此时 KINECT 相机解算位姿的可靠性较高；③考虑到匹配成功率越高的原因是增加了许多人为的特征点，因此在适当时候可能需要忽略这种影响。如果单纯观察匹配成功率低于 50%的情况，还可以发现 KINECT 解算的位姿精度逐渐降低，IMU 解算的位姿精度始终没有太大变化，这种现象是符合实际情况的。

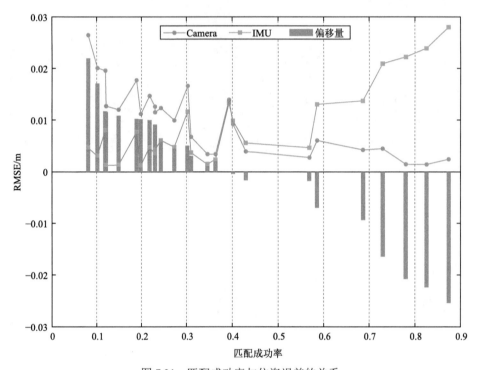

图 7.31　匹配成功率与位姿误差的关系

从 RMSE 误差值和匹配成功率来看，两者呈直线关系。再者，如果使用三次曲线描述两者的关系，那么其可决系数甚至可以达到 0.977 4 左右，如图 7.32 所示。以三次曲线为基准，当匹配成功率分别为 0.246 2 和 0.636 2 时，曲线的斜率发生变化。因此，匹配成功率可以分为三段，以 0.246 2 和 0.636 2 为节点。然后，我们研究相机和 IMU 的 RMSE 比值，总是将较大的值除以较小的值，可以得到如图 7.33 所示的图形。实验结果表明，匹配成功率约为 0.25 和 0.6 为节点，它也分为三个部分。综上所述，我们可以将匹配成功率分为三个区间，即 $0 \leqslant \mu < 0.25$、$0.25 \leqslant \mu < 0.6$ 和 $0.6 \leqslant \mu \leqslant 1$。最后，根据实验结果和放宽标准，不同的加权系数可以用于不同的阶段。通过多次实验和对比分析，位姿加权融合中的加权系数 λ 按照以下步骤设置。

（1）当 $0.6 \leqslant \mu \leqslant 1$ 时，KINECT 解算的姿态的权参数 λ 为 0.5；IMU 解算的姿态的权参数 λ 为 0.5；

（2）当 $0.25 \leqslant \mu < 0.6$ 时，KINECT 解算的姿态的权参数 λ 为 0.33；IMU 解算的姿态的权参数 λ 为 0.67；

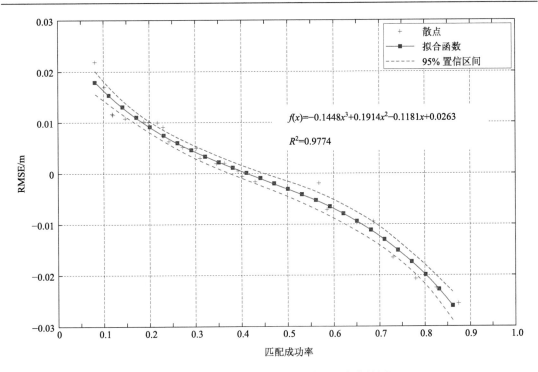

图 7.32　匹配成功率与位姿误差的拟合曲线图

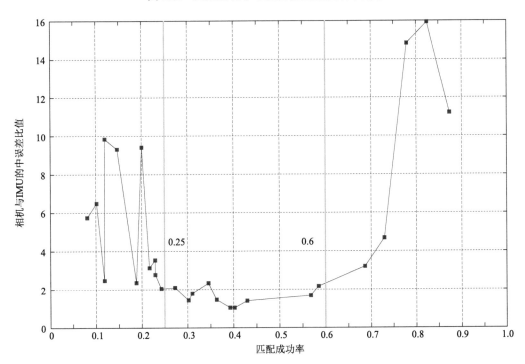

图 7.33　相机和 IMU 之间的 RMSE 比值图

（3）当 $0 \leqslant \mu < 0.25$ 时，KINECT 解算的姿态的权参数 λ 为 0.2；IMU 解算的姿态的权参数 λ 为 0.8。

2）优化位姿分析

第一组实验基于 EuRoC 公开数据集，比较分析 ROVIO 算法和 APF 算法的位姿估计精度。实验时间总长为 149.96 s，共选取了 29 993 个位姿。实验误差如表 7.5 所示，分别选取最大误差（Max）、最小误差（Min）、平均值（Mean）、均方根误差（RMSE）和标准差（Std）作为精度衡量的指标；同时分析了机器人沿 x 轴方向、y 轴方向和 z 轴方向的偏移图（图 7.34）。

表 7.5　APF 算法与 ROVIO 算法的实验误差分析（pose: 29 993）

算法	Max	Min	Mean	RMSE	Std
APF	6.0808	0.2562	2.1008	2.5944	1.5223
ROVIO	6.0945	0.2830	2.3133	2.7281	1.7636

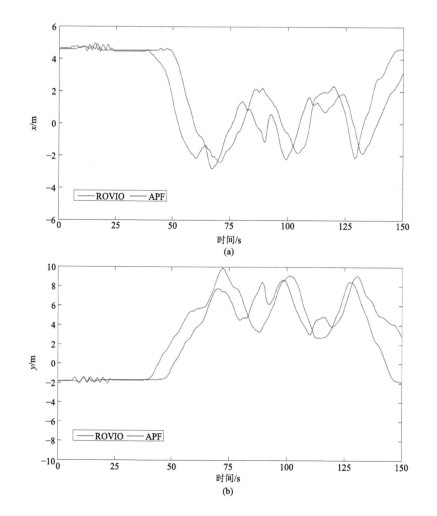

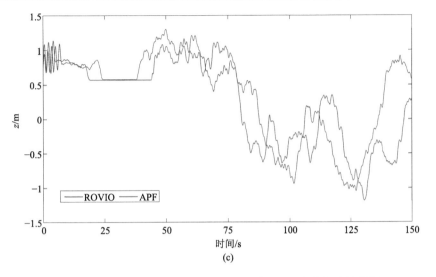

图 7.34　机器人沿 x 轴(a)、y 轴(b)和 z 轴(c)方向的位移偏差图

　　从实验结果可以看出，APF 算法与 ROVIO 算法对比，均方根绝对误差为 2.594 4 m，标准差绝对误差为 1.522 3 m，同时对比沿 x 轴方向、y 轴方向和 z 轴方向的偏移，说明 APF 算法相较于 ROVIO 算法能够有效过滤多余的偏移与振动，借助融合的优化机制有效提升机器人的位姿估计精度。

　　第二组实验基于机器人实时采集的实验室场景数据，比较分析 VI ORB-SLAM 算法和 APF 算法的位姿估计精度。实验时间总长为 367.30 s，共选取了 3 648 个位姿。实验误差如表 7.6 所示，同样选取最大误差(Max)、最小误差(Min)、平均值(Mean)、均方根误差(RMSE)和标准差(std)作为精度衡量的指标；同时分析了机器人沿 x 轴方向、y 轴方向和 z 轴方向的偏移图(图 7.35)。

表 7.6　APF 算法与 VI ORB-SLAM 算法的实验误差分析(pose: 3 648)

算法	Max	Min	Mean	RMSE	Std
APF	1.5829	0.0409	0.7543	0.8662	0.4259
VI ORB-SLAM	1.6442	0.0500	0.8903	1.1345	0.7003

　　在 3 648 个位姿估计中，APF 算法与 VI ORB-SLAM 算法对比，均方根误差减少 0.26 m，标准差减少 0.27 m。相较于 VI ORB-SLAM 算法的位姿解算结果，APF 算法的融合位姿优化为机器人提供了更高精度的位姿估计，误差分析如表 7.6 所示。由图 7.35 所示，运动过程中，x、y 方向上通过融合位姿优化的机器人在相同的运动轨迹中位移偏差逐渐拟合，位置随时间的漂移减少，说明融合位姿优化在现地场景中也能有效提升机器人的定位精度。

　　通过两组实验表明，自适应位姿融合优化算法一方面解决了室内环境卫星信号缺失情况下机器人位姿估计定位困难的问题，同时提高了机器人位姿估计精度；另一方面也解决了 KINECT 相机输出频率低、可依赖性差的问题，融合位姿优化使用的 IMU 高频输出也满足了高动态特性条件下的高精度位姿估计需求。

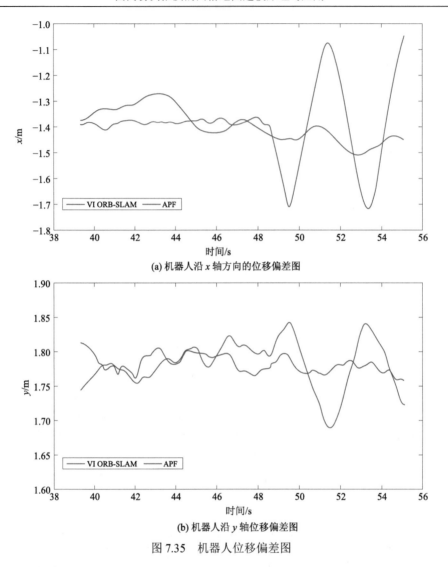

(a) 机器人沿 x 轴方向的位移偏差图

(b) 机器人沿 y 轴位移偏差图

图 7.35　机器人位移偏差图

3) 地图构建分析

实验过程中机器人的运动轨迹如图 7.36 所示；它行进了 68.96 m，生成了 3 648 个姿势并构建了完整的室内环境地图。在图 7.36 中，它们的位姿根据机器人直接附带的里程计测量得到。由于里程计本身的测量精度，其轨迹只能作为实验的参考轨迹数据，不能作为实验轨迹的真实值。

如上所述，首先，地图构建实验使用 Cartographer 算法构建室内环境的二维占据栅格地图。实验结果如图 7.37(a) 所示。然后，利用 APF 算法估计机器人的位姿，再利用重新估计的融合位姿对激光雷达数据进行修正，重新生成室内环境的二维占据栅格地图，如图 7.37(b) 所示。

我们比较了基于 APF 算法的室内地图构建方法与基于 Cartographer 算法的室内地图构建方法的准确性和有效性。

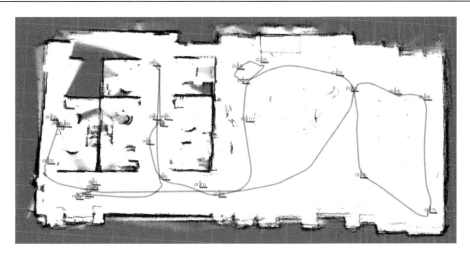

图 7.36　机器人在实验过程中的轨迹(显示为紫色线)

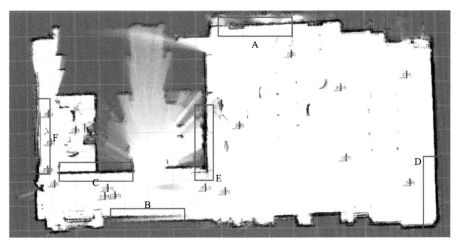

(a) 地图由 Cartographer 算法构建

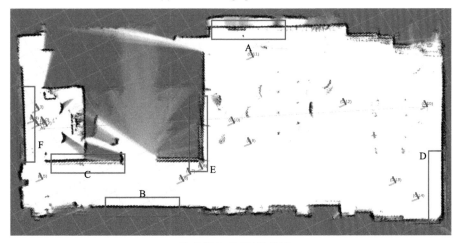

(b) 地图由 APF 算法构建

图 7.37　室内二维地图构建效果的比较，A～F 是六个选定的比较子区域

APF 算法和 Cartographer 算法都使用 LiDAR 数据构建二维占据栅格地图。不同之处在于位姿的估计方法。Cartographer 算法采用 IMU 和里程计的位姿估计方法，而 APF 算法采用基于相机和 IMU 的位姿融合估计方法。因此，可以认为，如果占据栅格地图的效果存在差异，那么很可能源于不同的位姿估计方法。

详细分析两种不同方法构建的占据栅格地图，发现两者之间存在较大的差异。

首先，可能会出现边缘不贴合的现象。也就是说，两个不同位姿得到的概率网格不重叠，即边缘无法拟合，存在重影现象。如图 7.38(B、F)所示。而利用 APF 算法提出的相机/IMU 的位姿融合算法，根据机器人的位姿更新二维激光点，形成激光点距离和方位角的优化。这提高了估计的准确性，并且提供了更好的二维占据栅格地图的边缘拟合。然而，这并不意味着使用优化后的位姿，一定可以获得良好的可视化效果。例如，图 7.38(C) 就是一个例外。

其次，可能存在直角畸变的现象。这种现象经常发生在室内环境的角落位置。这同样是由于两个不同的位姿得到的概率网格。由于姿态方向的偏差，拟合的概率网格出现直角畸变，或直角边缘轻微倾斜，如图 7.38(A、D)所示。至于图 7.38(E)，虽然存在重影，但是直角畸变很小。

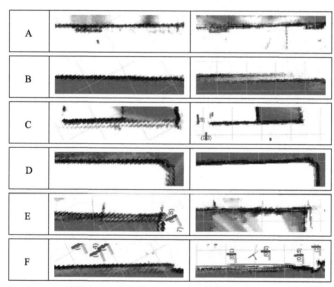

(a) 地图由APF算法构建　　　(b) 地图由Cartographer算法构建

图 7.38　不同算法创建的地图细节比较，A～F 是六个选定的比较子区域

可以看出，APF 算法构建的地图边缘细节的整体效果总体较高，它所构建的二维占据栅格地图上的实际墙脚线相互垂直，边缘之间的相对关系几乎没有失真。因此，可以说，APF 算法优于 Cartographer 算法。

7.5　SLAM 网格模型的路径规划应用

1. 路径规划应用的基本原理

路径规划是机器人自主导航的关键技术之一，可以细分为全局路径规划算法和局部路径规划算法。基于全局的路径规划算法基于先验地图,路径规划时已知环境信息,并且地图信息不会随时间变化,其中代表性的方法包括 A*算法、自由空间法、可视图法、拓扑法等。与全局路径规划相比,局部路径规划是在线的实时规划,具有更高的环境适应性和动态避障特性,可以应用于未知和动态的环境,典型的局部路径规划方法有蚁群优化算法、遗传算法、滚动窗口法、人工势场法等。

A*算法作为一种全局路径规划算法,在环境信息完全已知的情况下,规划出的路径通常具有全局最优的特性,并且具有计算量小、搜索空间小、数据存储简单等特性。A*算法是一种启发式搜索算法,从当前节点搜索下一步节点时,可以利用全局地图信息设置一个启发函数进行选择,以代价最小的节点为下一步搜索节点(遇到有一个以上代价最少的节点,可以任选其一),这样的设计能够避免很多无效的路径搜索,缩小搜索空间,提高效率。

A*算法的代价函数如式(7.38)所示。

$$f(n) = g(n) + h(n) \tag{7.38}$$

式中,$f(n)$ 表示从起始位置经过节点 n 到达目标位置的最低代价的估计值,它由两部分组成:一部分为 $g(n)$,是从起始位置到当前位置的实际代价值;另一部分为 $h(n)$,是从当前位置到目标位置的估计代价值,也就是启发函数。A*算法使用的是经典 Manhattan 距离[式(7.39)]或欧几里得距离[式(7.40)]估计当前节点到目标点的代价值:

$$h(n) = |n.x - g.x| + |n.y - g.y| \tag{7.39}$$

$$h(n) = \sqrt{(n.x - g.x)^2 + (n.y - g.y)^2} \tag{7.40}$$

式(7.39)、式(7.40)中 $(n.x, n.y)$、$(g.x, g.y)$ 分别为移动机器人当前位置和目标点在全局坐标系中的位置。

A*算法的具体实现过程包括以下步骤:

(1)建立环境模型,初始化栅格地图。

(2)创建开启搜索列表 OpenList 和关闭搜索列表 CloseList,并且初始化搜索列表和代价函数,将起始位置节点加入到 OpenList 列表。

(3)判断 OpenList 列表,如果 OpenList 列表为空,那么转到步骤⑤;如果 OpenList 列表不为空,选取 OpenList 列表中代价函数 $f(n)$ 值最小的节点(如果存在相同的节点,那么任选其中一个节点),设置该节点为 CurrentPos,然后加入到 CloseList 列表,选取与CurrentPos 节点邻接的每一个节点执行如下操作:

A．如果该节点为不可通行区域,或者它已经存在与 CloseList 列表中,那么无需其他操作直接继续步骤(2);

B．如果该节点不在 OpenList 列表中,将其添加到 OpenList 列表;同时将节点pCurrentPos 设定为该节点的父节点,计算、保存这一节点的 $f(n)$、$g(n)$ 和 $h(n)$ 的值;

C．如果该节点已在 OpenList 列表中,使用启发函数 $g(n)$ 值作为参考,判断新的路径是否距离更短,$g(n)$ 值越小表示路径越短。如果新的 $g(n)$ 更小,需要把该节点的父节点改为节点 CurrentPos,并且重新计算、保存这一节点的 $f(n)$ 和 $g(n)$ 值。最后,按 $f(n)$ 值的大小重新排序 OpenList 列表内的节点。

（4）将节点 CurrentPos 加入到 CloseList 列表，判断目标节点是否在 CloseList 列表中；如果是，那么转到步骤（6），如果否，那么转到步骤（3）。

（5）路径规划失败，路径搜索结束。

（6）从目标节点开始，顺着父节点指向，依次连接到起始位置节点。该路径即为搜索到的最优路径，保存路径并输出。

从算法的本质上说，BFS、DFS、Dijkstra 算法是 A*算法的特例。当 A*算法的 $g(n)=0$ 时，它和 DFS 算法相似；当 A*算法的 $h(n)=0$ 时，它和 BFS 算法相似；当 A*算法的 $h(n)=0$，只需要计算 $g(n)$，即搜索起点位置到任意节点 n 的最短路径，A*算法就成了求解单源最短路径问题，也就是 Dijkstra 算法（图 7.39）。

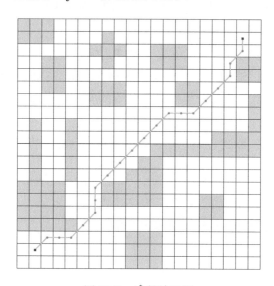

图 7.39　A*算法示例

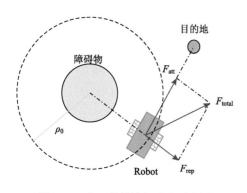

图 7.40　人工势场法机器人受力图

人工势场算法也是移动机器人局部路径规划中一种比较成熟的算法。它的基本思想是将整个环境转化为一个虚拟人工势场模型，把移动机器人抽象为一个在虚拟人工势场中运动的点电荷，目标点产生吸引力势场，障碍物产生排斥力势场。机器人在势能场中运动时受到两种力的作用：一是目标点的引力势场对机器人的吸引力，该吸引力使机器人向目标点移动；二是环境中障碍物的排斥力势场对机器人的排斥力，排斥力使机器人产生远离障碍物的运动趋势。梯度势场法是势场函数模型中应用较为广泛的一种，它将势场的负梯度定义为虚拟势场力的大小，机器人在虚拟力的作用下从起始位置向目标位置移动（图 7.40）。

人工势场法中的引力场的定义如式（7.41）所示。

$$U_{att}(x) = \frac{1}{2}k\rho^2(X, X_g) \tag{7.41}$$

式中，$U_{att}(x)$ 表示势能场中 X 点处的引力场；k 为引力场正比例系数；X_g 表示目标点位置；$\rho(X, X_g)$ 表示点 X 和目标点之间的欧拉距离。点 X 处的吸引力为该点势能场的负梯度，如式 (7.42) 所示。

$$F_{att}(x) = -\nabla[U_{att}(x)] = -k\rho(X, X_g) \cdot \nabla\rho(X, X_g) \tag{7.42}$$

式中，$F_{att}(x)$ 为机器人在 X 点处的所受的吸引力；∇ 为求负梯度符号；$-\nabla\rho(X, X_g)$ 为由 X 点指向目标位置的单位向量。移动机器人在斥力的作用下会远离障碍物运动，但当某一障碍物不在机器人传感器的检测范围之内或是检测到其距离机器人较远时，人工势场法规定该障碍物不会影响机器人的运动。

人工势场法设置斥力场函数如式 (7.43)：

$$U_{rep}(X) = \begin{cases} \dfrac{1}{2}\eta\left(\dfrac{1}{\rho(X, X_0)} - \dfrac{1}{\rho_0}\right)^2 & \rho(X, X_0) \leqslant \rho_0 \\ 0 & \rho(X, X_0) > \rho_0 \end{cases} \tag{7.43}$$

式中，$U_{rep}(X)$ 表示 X 点处的斥力场；η 是一个正比例系数；X_0 代表障碍物位置；$\rho(X, X_0)$ 代表位置 X 点与障碍物之间的欧拉距离；ρ_0 代表障碍物影响范围的最大值，当移动机器人与某一障碍物的距离大于 ρ_0 时，机器人的运动不受该障碍物的影响。与引力场产生的引力相同，斥力场产生的斥力为斥力场的负梯度，其表达式如式 (7.44) 所示。

$$F_{rep} = -\nabla U_{rep}(X) = \begin{cases} \eta\left(\dfrac{1}{\rho(X, X_0)} - \dfrac{1}{\rho_0}\right) \cdot \dfrac{1}{\rho(X, X_0)} \cdot \nabla\rho(X, X_0) & \rho(X, X_0) \leqslant \rho_0 \\ 0 & \rho(X, X_0) > \rho_0 \end{cases} \tag{7.44}$$

式中，$\nabla\rho(X, X_0)$ 表示由障碍物位置指向 X 位置的单位向量。在复杂的环境中合斥力场为能对移动机器人产生影响的所有障碍物斥力场之和。总势场如式 (7.45) 所示，为所有斥力场和引力场之和：

$$U_{total}(X) = U_{att}(X) + \sum_{i=1}^{n}U_{rep}(X) \tag{7.45}$$

式中，n 为障碍物的数目。

移动机器人在人工势场中受到的虚拟合力如式 (7.46)。

$$F_{total}(X) = F_{att}(X) + \sum_{i=1}^{n}F_{rep}(X) \tag{7.46}$$

得到机器人整体的受力情况后，就可以根据力与运动的联系，计算出移动机器人在网格地图中的运动轨迹，进而实现移动机器人的路径规划、导航定位等功能。

移动机器人在基于正六边形网格表达的地图环境中，正六边形网格的格元主要描述网格的障碍与通行情况，正六边形网格的格边主要描述在网格格元满足通行的前提下，机器人能否通过格边到达相邻的网格，正六边形网格的地形特征主要作为机器人爬坡能力的限制因

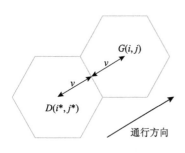

图 7.41　相邻六角格元关系

素。如此以来，移动机器人的路径规划问题实质是在起点和终点确定的前提下，寻找两点之间的可通行路径中移动最短的路径，其运动过程可以描述为沿格元中心点到相邻格元中心点的直线运动(图 7.41)。

在正六边形网格地图中使用 A* 算法能够在有效时间内搜索生成最短路径，并同时控制搜索规模以防止搜索过程阻塞。路径规划前根据雷达传感器的数据判断每个格元"占据"与"空闲"的状态，标准的启发式为 Manhattan 距离。在给定起始格元 S 和目标格元 E 的前提下，基于正六边形网格地图生成最短路径的启发式 A* 算法流程为：

(1)数据预处理。首先，根据激光雷达传感器的数据，采用正六边形网格对环境数据进行量化处理；其次，通过叠加数字高程模型，确定正六边形网格的每一格元和格边的属性信息；最后，根据构建的正六边形网格地图，确定任务区域内每一格元、格边的通行性及障碍性，建立正六边形网格通行表 $\mathrm{TerrHex}(i,j)$ 和正六边形网格通行障碍表 $\mathrm{TerrHexobs}(i,j)_k$。

(2)初始化。建立 OpenList 列表、CloseList 列表和 TerrCostList 列表，并且进行初始化。其中，OpenList 列表存储待检查的正六边形网格的格元，它的数据结构为 $\{i,j,\mathrm{parent}\_i,\mathrm{parent}\_j,g(i,j),h(i,j),f(i,j)\}$，在数据结构中 parent_i 和 parent_j 表示当前格元 $G(i,j)$ 的父格元网格坐标序列；将起始的正六边形网格格元 S 放入 OpenList 列表中。

CloseList 列表用来存储所有不需要再次考察的正六边形网格格元，数据结构为 $\{i,j\}$，初始化 CloseList 列表时，将 $\mathrm{TerrHex}(i,j)=0$ 和 $\mathrm{TerrHexobs}(i,j)_k=0,k\in[1,6]$ 的正六边形网格的格元加入到 CloseList 列表中，这样可以通过初始化 CloseList 列表预先排除不可通行的障碍正六边形网格格元，进而减少算法搜索空间，提高算法搜索效率，避免重复搜索已通行正六边形网格格元。

TerrCostList 列表用于实时检查当前格元的相邻格元的可通行性，其数据结构为 $\{i,j,g(i,j),h(i,j),f(i,j)\}$，分别表示当前格元的坐标序列以及其对应的估价函数的实际值、启发值和估计值。

(3)计算起始格元的评估函数，将起始格元放入 OpenList 表中，并将 $\mathrm{TerrHex}(i,j)=0$ 和 $\mathrm{TerrHexobs}(i,j)_k=0,k\in[1,6]$ 的正六边形网格格元放入 CloseList 列表中。

(4)检查 OpenList 列表是否为空，若为空，则寻找路径失败，退出算法；否则执行下一步。

(5)判断当前正六边形网格的格元是否为目标格元，如果是，跳至步骤(9)；否则，执行下一步。

(6)对照 ClosedList 列表，将 $\mathrm{TerrHex}(i,j)=1$ 的格元加入到 TerrCostList 列表中。计算格元相应的 $g(i,j)$、$h(i,j)$ 和 $f(i,j)$。

(7)OpenList 列表的录入和更新操作：

· 检查 TerrCostList 表中当前格元 (i,j) 的可通行相邻格元 (i^*,j^*)，判断 (i^*,j^*) 是否在 OpenList 列表表中，若不是，转向步骤(2)；若是，判断 OpenList 列表中格元 (i^*,j^*) 和

TerrCostList 列表中格元 (i^*, j^*) 的 (i^*, j^*) 值的大小，如果 TerrCostList 表中的 (i^*, j^*) 值较大，则转向步骤(2)；否则，更新 OpenList 列表中的父格网单元并且更新对应的 $g(i,j)$、$h(i,j)$ 和 $f(i,j)$ 值，执行下一步。

· 将格元 (i^*, j^*) 加入到 OpenList 列表中。

(8)判断当前 OpenList 列表中 $f(i,j)$ 值最小的格元，若为终点，则执行下一步；若不是，将该格元设为当前格元，计算 OpenList 列表中的 $g(i,j)$、$h(i,j)$ 和 $f(i,j)$ 值，并且该格元加入到 CloseList 列表中，返回步骤(5)。

(9)保存路径。根据 CloseList 列表中格元信息以及父格元信息，由目标格元开始，根据父指针向后回溯直到起始节点，从而得到一条起始节点与目标节点确定的最短路径。

至此完成移动机器人基于正六边形网格地图的路径规划问题。

2. 路径规划应用实验

1) 实验目的

为验证正六边形网格模型的可行性，以及基于正六边形网格模型的智能机器人路径规划的有效性。首先，构建正四边形网格模型和正六边形网格模型，从建模精度角度研究两种网格模型描述现地环境的差异性，从建模尺度角度研究用于网格建模的源数据比例尺与网格尺寸之间的关系；其次，基于网格模型建立通行拓扑网络，从导航精度角度研究两种网格模型描述规划路径的合理性，即基于哪种模型规划得到的路径的距离更短，更加符合机器人的运动。

2) 实验环境

实验环境选取杭州市未来科技城的 EFC Live 广场(图 7.42)。从图中可以发现 EFC Live 广场为两边商铺夹着一个反 C 形通道，分别建立不同尺寸的正四边形和正六边形网格模型(图 7.43)。

图 7.42　实验环境(EFC Live 广场)

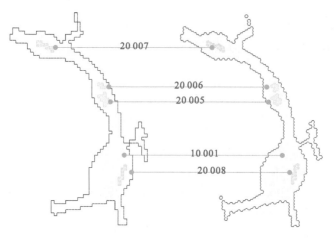

(a) 2 m 的正四边形网格模型   (b) 2 m 的正六边形网格模型

图 7.43   实验环境的网格建模图

3) 实验平台

实验平台选用 WHEELTEC 移动小车,它搭载了 KINECT V2 相机和 RPLIDAR A2 二维激光雷达,两个传感器与 WHEELTEC 移动小车之间采用固联的连接方式,如图 7.44 所示。

图 7.44   机器人平台与传感器

4) 实验步骤

为了实现上述实验目的,设计的实验步骤如下。

第一步   选取杭州市未来科技城的 EFC Live 广场作为实验环境,如图 7.42 所示。

第二步   利用移动机器人搭载的 RPLIDAR A2 雷达获取激光扫描点的距离与角度信息,建立两种网格模型,网格尺寸以 0.1 m 为递增量,分别建立跨越 0.1m 到 2m 的正四边形网格模型和正六边形网格模型。

第三步   以图 7.43 中的通道区域(10 001)、以及四个障碍物区域(20 005、20 006、20 007、20 008)为研究对象,通过图形比较、面积统计等方法,从建模精度角度分析两种网格模型描述现地环境的差异性,同时分析网格尺寸的变化规律。

第四步　设置路径规划的起始点与目标点,基于不同网格尺寸的正四边形网格模型和正六边形网格模型,运用 A* 算法进行机器人路径规划,从导航精度角度研究两种网格模型描述规划路径的差异性。

3. 路径规划应用实验分析

1) 建图精度分析

杭州市未来科技城 EFC Live 广场的正四边形网格模型和正六边形网格模型的效果如图 7.43 所示。

首先,从构成五个实验区域的网格数量来看,正六边形网格模型具有比正四边形网格模型更多的网格数量(表 7.7)。这表明正六边形网格模型的密度较正四边形网格模型更高,除了部分因为实验区域面积过小且网格尺寸相对较大,导致不能反映真实情况之外,其他实验结果都表现了“采用正六边形结构的最小采样密度比正四边形结构的最小采样密度要降低 13.4%”的理论结论。因此,可以认为正六边形网格模型在描述环境对象方面具有更加明显的优势,可以延缓网格对于环境描述中的“欠完整”现象。

表 7.7　描述实验区域的网格数量

ID	10 001	20 005	20 006	20 007	20 008
面积真值/m²	2 440.57	37.59	17.19	39.78	41.57
	9 761	150	67	159	167
网格尺寸 0.5 m 时的网格数量	11 279	175	79	184	193
	13.5%	14.3%	15.2%	13.6%	13.5%
	2 437	38	18	40	41
网格尺寸 1 m 时的网格数量	2 823	44	20	46	47
	13.7%	13.6%	10.0%	13.0%	12.8%
	609	10	4	10	9
网格尺寸 2 m 时的网格数量	702	10	6	11	11
	13.2%	0%	33.3%	9.1%	18.2%

其次,从构成五个实验区域的网格显示效果来看,随着网格尺寸越来越小,网格越加逼近真实场景,不同类型的网格模型在描述真实场景时,并不存在显著差别。四个障碍物区域(20 005、20 006、20 007、20 008)的细节效果图就是较好的例证(图 7.45)。网格模型是对于真实环境的近似描述,它始终是随着网格尺寸的缩小而不断逼近描述对象,无论是可视化效果,还是面积逼近程度。因此,相对于同一网格尺寸的两种模型,两者谁好谁坏并没有绝对的标准。

但是当网格尺寸较大时,网格模型在描述真实场景时,却仍然可能存在一定的差别。这种差别表现在正六边形网格由于密度较大,有可能导致不准确的描述延后到来。例如,通道区域(10 001)中部的 T 型子通道区域(图 7.46),正四边形网格模型显然不能准确描述环境,导致形成了两个不联通的子区域,但是正六边形网格模型仍然能够准确描述。

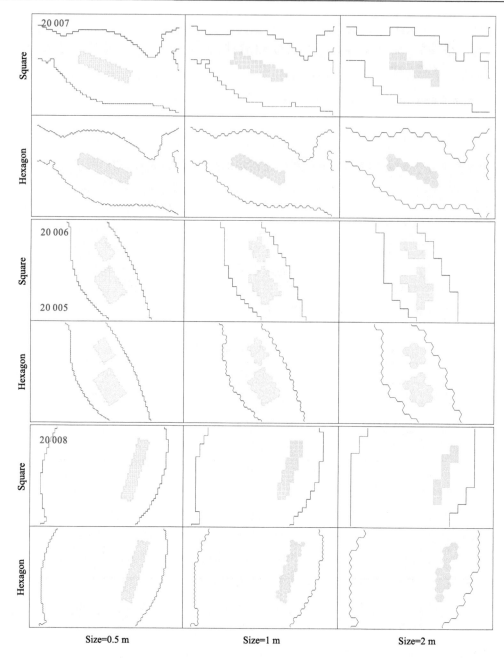

图 7.45　四个障碍物区域(20 005、20 006、20 007、20 008)的细节效果图

再次，通道区域(10 001)上部的 L 型子通道区域(图 7.47)，正四边形网格模型和正六边形网格模型显然都不能准确描述环境。在视觉层次，甚至感觉正四边形网购模型比正六边形模型更加贴近真实的环境形状，但是对于路径规划应用而言，两者对于最终的实验结果没有本质的区别。

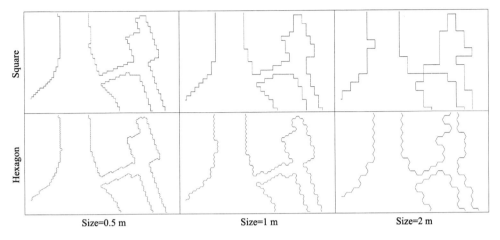

图 7.46　通道区域的 T 型子通道区域

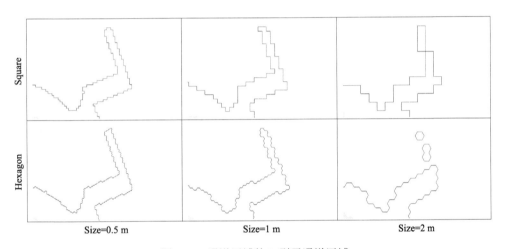

图 7.47　通道区域的 L 型子通道区域

究其主要原因，应当仍然在于正六边形网格模型具有更大的网格密度，导致不准确的描述延后到来。

最后，分析不同网格尺寸时，五个实验区域面积逼近真值的程度。构造变量 Q，使得：

$$Q = \left| \frac{A_{grid} - A_{true}}{A_{true}} \right| \times 1000‰$$

式中，A_{grid} 为不同网格尺度时，基于网格计算的实验区域的面积；A_{true} 为实验区域的真值。变量 Q 消除了量纲对于实验结果的影响。以网格尺寸为 x 轴，以变量 Q 为 y 轴，可以建立如图 7.48 和图 7.49 的实验结果。实验结果表明，随着网格尺寸的缩小，基于网格计算的实验区域的面积逐渐趋近真值，当网格尺寸小于 1.0 m 之后，基本可以达到相对平衡状态，也就是说当网格尺寸为 1.0 m 和 0.1 m 的时候，生成的网格模型的差异很小，此时为了平衡计算效率，可以使用较大的网格尺寸代替较小的网格尺寸，同样可以取得相差不多的建模精度。

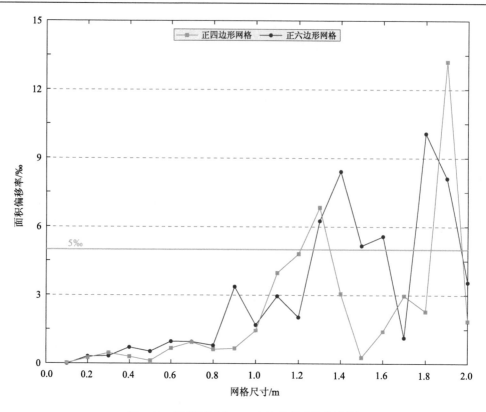

图 7.48　通道区域(10 001)的偏离真值程度图

对于面积较大的实验区域而言，例如，通道区域(10 001)，网格面积偏离真值的程度非常小，当网格尺寸为 1.2 m 时，偏离率仅仅为 5‰；当网格尺寸为 2.0 m 时，偏离率也没有超过 2%，这再次验证了"随着网格尺寸越来越小，网格越加逼近真实场景，不同类型的网格模型在描述真实场景时，并不存在显著差别"的实验结论。对于面积较小的实验区域而言，它们对于网格尺寸的变化更加敏感(图 7.49)。但是，绝大多数情况下，当网格尺寸为 1.0 m 时，偏离率也能够达到 5% 的程度。实验区域面积较小，导致它们对于网格尺寸较为敏感，从另一方面也说明这些面积较小的实验区域可能在当前整个实验区域中占的比重较小，或者说对于当前比例尺而言，它们应当属于被采样删除的对象。

2) 导航精度分析

前文从建模精度角度分析两种网格模型描述现地环境的差异性，实验结果表明，两种网格模型在真值逼近方面没有显著性的差异，但是，在网格尺寸相同的情况下，正六边形网格模型较正四边形网格模型具有更大的网格密度，这导致相同范围的区域内，正六边形网格模型的网格数量更多，这导致它在现地环境的全局描述、边缘细节描述等方面，具有更加细腻的表现。

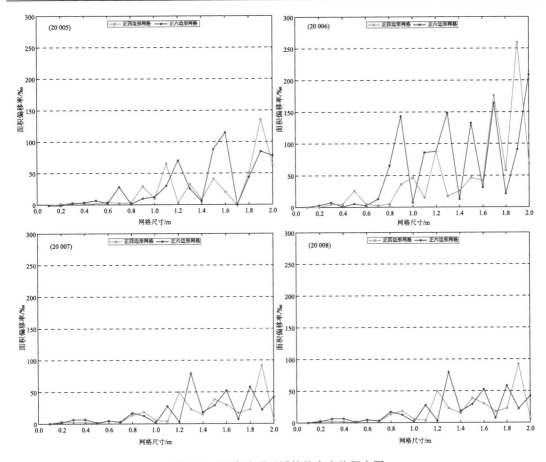

图 7.49　四个障碍区域的偏离真值程度图

这里，从导航路径精度角度研究基于两种网格模型的路径规划的优缺点和合理性。图 7.42 中的起点和终点作为机器人路径规划的起始点和目标点，然后基于不同网格尺寸的正四边形网格模型和正六边形网格模型，运用 A*算法进行机器人的路径规划。

对于基于正四边形网格模型的路径规划而言，当网格尺寸从 0.1 m 变化到 2.0 m 时，规划路径始终表现出相同的趋势，总是编号为 20 005 和 20 006 的障碍区中间穿越而过，然后一直向南，直到和 T 型转角处在向东移动到目标点[图 7.50(a)、(b)]。这应该是和正四边形网格模型规定了四个移动方向有关，因为没有"东北""西北""西南"和"东南"四个方向的移动选项，导致 A*算法再选择路径倾向于"直上直下"或"直左直右"的路径选择。

而对于基于正六边形网格模型的路径规划而言，当网格尺寸从 0.1 m 变化到 2.0 m 时，规划路径大多数沿着目标点所在的方向逐渐靠近[图 7.50(d)、图 7.50(f)]；部分网格尺寸时，规划路径会绕着编号为 20 006 的障碍区域，然后沿着目标点所在的方向逐渐靠近[图 7.50(e)]。总体的感觉是，基于两种网格模型进行路径规划时，实验结果还是符合算法本身预期的，即无论选用哪种网格模型，实验结果总是符合网格模型的性质。因此，可以认为，无论是基于哪种网格模型，基于哪种网格尺寸，所得到实验结果都具有一定的合理性。

其次，从可以生成规划路径的角度来看，随着网格尺寸的增加，当网格尺寸为 1.8 m

和 2.0 m 时，基于正四边形网格模型的路径规划无法得到最优的路径，主要原因在于 T 型转角处存在道路拓扑不连通的情况，导致路径规划的失败。但是，这种情况始终没有发生在正六边形网格模型当中。究其原因，仍然时由于正四边形网格模型的密度较正六边形网格模型的密度要小。显然，随着网格尺寸的继续增加，T 型转角处不连通的情况迟早发生，只不过由于正六边形网格模型的密度优势，使得这种较晚发生而已。

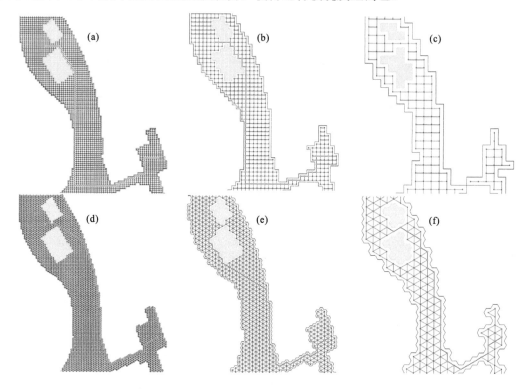

图 7.50　基于网格模型的路径规划应用

最后，从规划路径的距离来看，基于两种网格模型的规划路径具有显著性差异，表现在基于正六边形的网格模型搜索得到的规划路径，在距离方面较正四边形网格模型，规划路径的距离最少减少了 10.8%，最大减少了 15.6%（表 7.8）。这是一个非常重要的结论！对于机器人而言，相当于机器人可以少走 10%以上的路程，那么在这种情况下，正六边形网格模型能够有效提升路径规划的效率，减少路径规划长度，进而减少累计误差，有利于机器人在运动过程中更准确地、高效地完成各项任务。

表 7.8　基于不同网格模型的规划路径长度比较

网格尺寸/m	基于正四边形网格模型的规划路径长度/m	基于正六边形网格模型的规划路径长度/m	减少比例/%	网格尺寸/m	基于正四边形网格模型的规划路径长度/m	基于正六边形网格模型的规划路径长度/m	减少比例/%
0.1	70.0	60.5	13.6	1.1	70.4	60.5	14.1
0.2	70.0	60.4	13.7	1.2	70.8	61.2	13.6

续表

网格尺寸/m	基于正四边形网格模型的规划路径长度/m	基于正六边形网格模型的规划路径长度/m	减少比例/%	网格尺寸/m	基于正四边形网格模型的规划路径长度/m	基于正六边形网格模型的规划路径长度/m	减少比例/%
0.3	69.9	60.6	13.3	1.3	70.2	61.1	13.0
0.4	70.4	60.0	14.7	1.4	70.0	60.2	14.0
0.5	70.5	61.0	13.5	1.5	70.5	61.5	12.8
0.6	70.2	60.6	13.7	1.6	72.0	60.8	15.6
0.7	70.7	60.9	13.9	1.7	71.4	62.9	11.9
0.8	69.6	60.8	12.6	1.8	/	61.2	/
0.9	71.1	61.2	13.9	1.9	70.3	62.7	10.8
1.0	71.0	62.0	12.7	2.0	/	62.0	/

7.6　本　章　小　结

本章描述的机器人通常指的就是移动机器人。本章首先描述机器人系统的基本结构、机器人采用的操作系统；其次，描述了机器人系统的关键技术——同时定位于地图构建，它不仅是机器人实现环境认知的关键，更是后续各种应用的基础；最后，描述了同时定位于地图构建常用的网格模型，并且实现了常用正四边形网格的六角格化的过程，分析了基于正六边形网格的机器人的路径规划应用。

第 8 章　总结与展望

8.1　现有工作总结

仿真推演是在计算机仿真技术的支撑下,根据预先制定的推演方案,对仿真模型进行全过程的模拟,分析仿真模型的可行性、可用性和成熟度。仿真模型的仿真推演总是发生在一定的空间环境当中,它根据空间环境提供的各种信息,确定下一个周期内的行动方向。

网格模型是仿真推演应用的典型环境,它以地球空间环境为研究对象,按照一定的规则对地球空间进行剖分细化,离散为一系列的基准统一、编码唯一的网格,作为数据组织和空间建模的基本单元。为了区别于其他网格概念,将面向仿真推演应用的网格模型定义为推演网格模型。从空间维度来看,推演网格模型可以细分为平面离散网格、球面离散网格和球体离散网格;从应用特征来看,推演网格模型属于要素网格,甚至可以看作是拓展的栅格数据结构。

本书详细论述了推演网格模型的整体框架,主要研究工作如下。

(1)分析了各类型网格的差异,以兵棋地图网格为基础,提出了推演网格模型;它由几何结构和属性结构两部分组成,其中属性结构细分为地形特征、格元属性、格边属性;推演网格模型形成了区别于矢量数据结构和栅格数据结构的完整的空间环境描述。

(2)分析了平面离散网格模型的建模流程;从几何剖分和属性建模角度,实现了基准统一、编码唯一网格的剖分算法与地形特征、格元属性、格边属性的建模算法;分析了平面离散网格模型的投影变形误差和替代误差;描述了平面离散网格模型可视化的基本方法。

(3)分析球面离散网格模型的分类和特征,将推演网格模型从平面拓展至球面;实现了球面离散网格的生成算法,分析了球面离散网格变形的基本原理与评估方法。

8.2　需要进一步研究的问题

(1)面向仿真推演的网格模型框架的深化研究。本书描述的网格模型是面向各类仿真推演应用提出的,凡是与空间环境密切相关,并且存在需要根据时间的推移演化,研究仿真模型功能、效率、影响的,都可以基于框架展开相应的工作。

就推演网格模型而言,基于空间环境的维度,将其划分为三个层次:平面、球面、球体,基于网格模型的组成,将其划分为:几何结构和属性信息(地形特征、格元属性、格边属性),这是现有各类网格的延伸与拓展。下一步的工作将是继续完善面向仿真的网格模型框架,考察面向仿真应用时需要继续补充的内容,例如属性信息方面。

(2)球体离散网格模型的研究。平面离散网格模型适用于局部区域的仿真推演应用,球面离散网格模型适用于全球层次的仿真推演应用,它们所适用的空间环境要素几乎都是 2

维或者 2.5 维对象，也基本满足应用的需求。但是随着气象要素、电磁要素、核生化要素等真 3 维要素出现时，满足 2 维或者 2.5 维对象的平面(球面)离散网格模型将不再适用。因此面向仿真推演的球体网格模型是下一步需要晚上的内容。

(3)基于推演网格模型的各类型应用的推广研究。前文提及，面向仿真推演的应用较多，例如，兵棋推演、人群疏散模拟、流域洪水演进、智能平台路径规划等，除了兵棋推演应用，虽然其他应用领域都或多或少的应用了网格模型，但是它们的模型多为正四边形，或者不规则的段格，如果将它们的网格模型置换为正六边形网格模型，那么对于自身的推演效果、推演精度是否会产生影响？如果产生影响，将产生什么样的影响，都是需要我们进一步思考的问题。

以上这些问题，都是在研究过程中，或者由于时间问题、或者能力问题、或者没有更好的思路等原因而无法继续、深入地研究。这是下一步继续完善的重点。

参 考 文 献

贲进. 2005. 地球空间信息离散网格数据模型的理论与算法研究[D]. 郑州: 解放军信息工程大学.

贲进, 童晓冲, 张永生, 等. 2006. 对施奈德等积多面体投影的研究[J]. 武汉大学学报·信息科学版, 31(10): 900–903.

蔡列飞, 王妍程, 蒋洪钢. 2016. 基于多级网格的地理国情信息表示[J]. 测绘科学, 41(3): 58–61.

曹雪峰. 2014. 地球圈层空间网格理论与算法研究[D]. 郑州: 解放军信息工程大学.

柴宗新. 1986. 按相对高度划分地貌基本形态的建议 // 中国科学院地理研究所地貌制图研究文集[M]. 北京: 测绘出版社, 90–97.

陈常松. 2003. 地理信息共享的理论与政策研究[M]. 北京: 科学出版社.

陈鹏, 王晓璇, 刘妙龙. 2011. 基于多智能体与 GIS 集成的体育场人群疏散模拟方法[J]. 武汉大学学报·信息科学版, 36(2):133–139.

陈述彭, 陈秋晓, 周成虎. 2002. 网格地图与网格计算[J]. 测绘科学, 27(4): 1–6.

陈占龙, 吴信才, 吴亮. 2010. 基于单调链和 STR 树的简单要素模型多边形叠置分析算法[J]. 测绘学报, 39(1): 102–108.

程承旗, 任伏虎, 濮国梁, 等. 2012. 空间信息剖分组织导论[M]. 北京: 科学出版社.

戴海发, 卞鸿巍, 王荣颖, 等. 2020. 一种改进的多传感器数据自适应融合方法[J]. 武汉大学学报·信息科学版, 45(10):1602–1609.

邓超. 2013. 计算机围棋中的搜索算法研究[D]. 云南: 昆明理工大学, 5.

邓刚, 李伟. 2008. 兵棋导演战争的"魔术师"——近代军事科学的第三大发明[J]. 环球军事, 176(6): 38 – 40.

范俊甫, 孔维华, 马廷, 等. 2015. RaPC:一种基于栅格化思想的多边形裁剪算法及其误差分析[J]. 测绘学报, 44(3): 338–345.

高俊. 2012. 数字地图及其在高技术战争中的应用 // 地图学寻迹[M]. 北京: 测绘出版社.

高翔, 张涛, 刘毅, 等. 2017. 视觉 SLAM 十四讲[M]. 北京: 电子工业出版社, 1–3.

戈登. 1982. 系统仿真[M]. 北京:冶金工业出版社.

龚建华. 1995. 地理信息系统支持下的区域持续发展研究[D]. 北京: 北京大学.

郭齐胜, 徐亨忠. 2011. 计算机仿真[M]. 北京:国防工业出版社.

侯景儒. 1998. 实用地质统计学[M]. 北京: 地质出版社.

胡春旭. 2018. ROS 机器人开发实践[M]. 北京: 机械工业出版社, 1–21.

胡红云, 郑世明. 2016. 联合作战方案仿真推演控制研究[J]. 军事运筹与系统工程, 30(1):76–80.

胡晓峰, 范嘉宾. 2012. 兵棋对抗演习概论[M]. 北京: 国防大学出版社, 1–23.

华一新, 吴升, 赵军喜. 2001. 地理信息系统原理与技术[M]. 北京: 解放军出版社, 35–36.

黄承静, 郭慧志, 李子峰, 等. 2014. 预己从严: 兵棋推演及其应用[M]. 北京: 航空工业出版社, 54–58.

黄杏元, 汤勤. 1989. 地理信息系统概论[M]. 北京: 高等教育出版社.

贾奋励. 2010. 电子地图多尺度表达的研究与实践[D]. 郑州: 解放军信息工程大学.

蒋秉川, 游雄, 夏青, 等. 2013. 体素在虚拟地理环境构建中的应用技术研究[J]. 武汉大学学报·信息科学版, 38(7): 875–879.

姜春良. 1995. 军事地理学[M]. 北京: 军事科学出版社, 157–164.

柯正谊, 何建邦, 池天河. 1993. 数字地面模型[M]. 北京: 中国科学技术出版社.

李德仁, 朱欣焰, 龚健雅. 2003. 从数字地图到空间信息网格—空间信息多级网格理论思考[J]. 武汉大学学报·信息科学版, 6(28): 642–650.

李德仁. 2005. 论广义空间信息网格和狭义空间信息网格[J]. 遥感学报, 9(5): 513–519.

李德仁, 肖志峰, 朱欣焰, 等. 2006. 空间信息多级网格的划分方法及编码研究[J]. 测绘学报, 35(1): 52–56.

李国杰. 2001. 信息服务网络——第三代 Internet[J]. 国际技术贸易市场信息, 4:3.

李爽, 姚静. 2007. 地理学数学方法[M]. 北京: 科学出版社.

李蔚, 袁镇福, 盛德仁, 等. 2005. 火电厂凝汽器性能诊断专家系统知识库的建立[J]. 热力发电, 34(9): 25–28.

李新, 程国栋, 卢玲. 2000. 空间内插方法比较[J]. 地球科学进展, 15(3): 260–265.

李志林, 朱庆. 2003. 数字高程模型（第二版）[M]. 武汉: 武汉大学出版社.

刘卫华, 王行仁, 李宁. 2004. 综合自然环境（SNE）建模与仿真[J]. 系统仿真学报, 16(12):2631–2635.

刘晓洁. 2005. GIS 中矢量与栅格数据模型比较[J]. 吉林地质, 24(1): 89–91.

卢华兴. 2008. DEM 误差模型研究[D]. 南京: 南京师范大学.

缪坤, 郭健, 苏旭明. 2015. 产生式规则条件下的六角格地形量化方法[J]. 测绘科学技术学报, 32(1): 96–100.

彭希文. 2010. 兵棋——从实验室走向战场[M]. 北京: 国防大学出版社, 1–27.

曲芮. 2017. 一种基于多机器人的拓扑地图融合方法[D]. 北京: 北京邮电大学.

沈五伟. 2010. 济南市河道洪水仿真模拟研究[D]. 济南: 山东大学.

史文中, 吴立新. 2005. 地理信息系统原理与算法[M]. 北京: 科学出版社, 46–47.

汤奋. 2016. 陆军战术兵棋地图设计研究与实践[D]. 郑州: 解放军信息工程大学.

田野, 陈宏巍, 王法胜, 等. 2021. 室内机器人的 SLAM 算法综述[J]. 计算机科学, 48(9):223–234.

童晓冲. 2006. 全球多分辨率网格系统数字空间构建及索引机制研究[D]. 郑州: 解放军信息工程大学.

童晓冲. 2010. 空间信息剖分组织的全球离散格网理论与方法[D]. 郑州: 解放军信息工程大学.

万刚, 曹雪峰, 李科, 等. 2016. 地理空间信息网格理论与技术[M]. 北京:测绘出版社.

王光霞, 游雄, 於建峰, 等. 2011. 地图设计与编绘[M]. 北京: 测绘出版社.

王家华, 高海余, 周叶. 1999. 克里金地质绘图技术——计算机的模型和算法[M]. 北京: 石油工业出版社.

王家耀, 陈毓芬. 2001. 理论地图学[M]. 北京: 解放军出版社.

王家耀, 孙群, 王光霞, 等. 2006a. 地图学原理与方法[M]. 北京: 科学出版社.

王家耀, 祝玉华, 吴明光. 2006b. 论网格与网格地理信息系统[J]. 测绘科学技术学报, 23(1): 1–7.

王建, 白世彪, 陈晔. 2004. Sufer 8 地理信息制图[M]. 北京: 中国地图出版社.

王金玲, 张东明. 2010. 空间数据插值算法比较分析[J]. 矿山测量, 4(2): 55–57.

王润怀. 2007. 矿山地质对象三维数据模型研究[D]. 成都: 西南交通大学, 20–25.

王志闻, 任邵东. 2011. 兵棋的基本要素[J]. 国防大学学报, 12: 73–77.

魏彤, 龙琛. 2020. 基于改进遗传算法的机器人路径规划[J]. 北京航空航天大学学报, 46(4): 703–711.

吴立新, 龚健雅, 徐磊, 等. 2005. 关于空间数据与空间数据模型的思考[J]. 地理信息世界, 3(2):41–46.

吴立新, 余接情. 2009. 基于球体退化八叉树的全球三维网格与变形特征[J]. 地理与地理信息科学, 25(1):

1–4.

徐江斌. 2010. 基于气象数据的云景真实感模拟技术研究[D]. 长沙: 国防科学技术大学, 81–83.

许妙忠. 2002. 数字栅格地图的生产与应用[J]. 测绘信息与工程, 27(1): 23–25.

闫科, 蔡亚. 2012. 陆军武器装备体系作战运用兵棋推演技术与方法[M]. 北京: 军事科学出版社, 1–20.

杨浩, 蔡宁, 林斌, 等. 2018. 基于正弦相位编码的相机离焦标定[J]. 光子学报, 47(7):68–76.

游雄. 2002. 基于虚拟现实技术的战场环境仿真[J]. 测绘学报, 31(1):7–11.

游雄. 2012. 战场环境仿真[M]. 北京: 解放军出版社, 63–64.

袁文. 2004. 地理格网 STQIE 模型及原型系统[D]. 北京: 北京大学.

袁修孝, 付迎春, 张过, 等. 2005. 多级空间信息网格间的平面坐标变换精度分析[J]. 武汉大学学报·信息科学版, 30(2): 110–115.

张锦明. 2016. 运用栅格矩阵快速建立兵棋地图属性. 系统仿真学报[J], 28(8) :1748–1756.

张锦明. 2019. DEM 插值算法适应性理论与方法[M]. 北京: 电子工业出版社.

张景雄. 2008. 空间信息的尺度、不确定性与融合[M]. 武汉: 武汉大学出版社.

张仁铎. 2005. 空间变异理论及应用[M]. 北京: 科学出版社.

张为华, 汤国建, 文援兰, 等. 2013. 战场环境概论[M]. 北京: 科学出版社, 154–155.

张文才. 2010. 略论东汉名将马援及其在军事学上的主要贡献[J]. 军事历史研究, 2:110–113.

张欣. 2014. 六角格兵棋地图构建关键技术与应用研究[D]. 郑州: 解放军信息工程大学.

张欣, 游雄, 武志强, 等. 2014. 计算机兵棋棋盘中投影变形和坐标转换问题研究[J]. 测绘科学技术学报, 31(4): 419–424.

张永生, 贲进, 童晓冲. 2007. 地球空间信息球面离散网格——理论、算法及应用[M]. 北京: 科学出版社.

章永志. 2014. 顾及我国地理特点的全球空间信息多级网格理论与关键技术研究[D]. 武汉: 华中科技大学.

赵新, 仲辉, 李群, 等. 2008. 面向战役仿真的正六边形地形环境建模研究[J]. 小型微型计算机系统, 29(11): 2157–2161.

赵学胜. 2004. 基于 QTM 的球面 Voronoi 数据模型[M]. 北京: 测绘出版社.

赵学胜, 白建军. 2007. 基于菱形块的全球离散格网层次建模[J]. 中国矿业大学学报, 36(3): 398–401.

赵学胜, 侯妙乐, 白建军. 2007. 全球离散格网的空间数字建模[M]. 北京: 中国地图出版社.

周成虎, 欧阳, 马廷. 2009. 地理格网模型研究进展[J]. 地理科学进展, 28(5): 657–662.

周成军, 张锦明, 范嘉宾, 等. 2010. 训练模拟系统中地形量化模型的探讨[J]. 测绘科学技术学报, 27(2): 149–152.

周启鸣, 刘学军. 2006. 数字地形分析[M]. 北京: 科学出版社.

周桥. 2008. 电磁环境建模与三维可视化[J]. 测绘科学技术学报, 25(2):112–115.

Aguilar F J, Agüera F, Aguilar M A, et al. 2005. Effects of terrain morphology, sampling density and interpolation methods on grid DEM accuracy[J]. Photogrammetric Engineering and Remote Sensing, 71(7): 805–816.

Bailey T, Nieto J, Guivant J, et al. 2006. Consistency of the EKF-SLAM algorithm[C] // 2006 IEEE/RSJ International Conference on Intelligent Robots and Systems. IEEE, 3562–3568.

Baker S, Matthews I. 2004. Lucas-Kanade 20 years on: a unifying framework[J]. International Journal of Computer Vision, 56 (3): 221–255.

Bartholdi J J, Goldsman P. 2001. Continuous indexing of hierarchical subdivision of the globe[J]. International Journal of Geographical Information Science, 15(6):489–522.

Bloesch M, Omari S, Hutter M, et al. 2015. Robust visual inertial odometry using a direct EKF-based approach[C] // 2015 IEEE/RSJ International Conference on Intelligent Robots and Systems (IROS). IEEE, 298–304.

Bloesch M, Burri M, Omari S, et al. 2017. Iterated extended Kalman filter based visual-inertial odometry using direct photometric feedback[J]. The International Journal of Robotics Research, 36(10): 1053–1072.

Bowman S L, Atanasov N, Daniilidis K, et al. 2017. Probabilistic data association for semantic SLAM[C] // 2017 IEEE International Conference on Robotics and Automation (ICRA). IEEE, 1722–1729.

Caruso D, Engel J, Cremers D. 2015. Large-scale direct slam for omnidirectional cameras[C] // 2015 IEEE/RSJ International Conference on Intelligent Robots and Systems (IROS). IEEE.141–148.

Chen C, Wang L, Zhu H, et al. 2018. Keyframe-based stereo visual-inertial SLAM using nonlinear optimization[C] // Global Intelligence Industry Conference. SPIE. 171–179.

Choset H, Nagatani K. 2001. Topological simultaneous localization and mapping (SLAM): toward exact localization without explicit localization[J]. IEEE Transactions on Robotics and Automation, 17(2): 125–137.

Condat L, Van De, Ville D, et al. 2005. Hexagonal versus orthogonal lattices: A new comparison using approximation theory[C] // IEEE International Conference on Image Processing 2005. IEEE, 3: III–1116.

Dai A, Nießner M, Zollhöfer M, et al. 2017. Bundlefusion: Real-time globally consistent 3d reconstruction using on-the-fly surface reintegration[J]. ACM Transactions on Graphics (ToG), 36(4): 1.

Davison A J, Reid I D, Molton N D, et al. 2007. MonoSLAM: Real-time single camera SLAM[J]. IEEE Transactions on Pattern Analysis and Machine Intelligence, 29(6): 1052–1067.

de Smith M J, Goodchild M F, Longley P A. 2007. Geospatial Analysis: A Comprehensive Guide to Principle, Techniques and Software Tools(Second Edition)[M]. USA: Troubador Publishing Ltd.

Declercq F A N. 1996. Interpolation methods for scattered sample data: accuracy, spatial patterns, processing time[J]. Cartography and Geographic Information Systems, 23(3): 128–144.

Dudgeon D E, Mersereau R M. 1984. Multidimensional Digital Signal Processing[M]. Englewood Cliffs: Prentice Hall, New Jersey, USA.

Dutton G H. 1998. A Hierarchical Coordinate System for Geoprocessing and Cartography[M]. Berlin: Springer-Verlag.

Dutton G. 1996. Encoding and handling geospatial data with hierarchical triangular meshes[C] // Proceeding of 7th International Symposium on Spatial Data Handling. Netherlands: Taylor and Francis, 34–43.

Dutton G. 1999. Scale, sinuosity, and point selection in digital line generalization[J]. Cartography and Geographic Inforamtion Science, 26(1):33–53.

Elfes A. 1989. Occupancy grids: A probabilistic framework for robot perception and navigation[D]. USA: Carnegie Mellon University.

Engel J, Schöps T, Cremers D. 2014. LSD-SLAM: large-scale direct monocular SLAM[C] // Proc of the 13th European Conferenceon Computer Vision. Berlin: Springer. 834–849.

Engel J, Stückler J, Cremers D. 2015. Large-scale direct SLAM with stereo cameras[C] // 2015 IEEE/RSJ International Conference on Intelligent Robots and Systems (IROS). IEEE, 1935–1942.

Fekete G. 1990. Rendering and managing spherical data with sphere quadtree[C] // Proceedings of the First IEEE Conference on Visualization: Visualization90. IEEE, 176–186.

Fekete G, Treinish L. 1990. Sphere quadtrees: a new data structure to support the visualization of spherically distributed data[C] // Proceedings of the SPIE, Extracting Meaning from Complex Data: Processing, Display, Interaction, International Society for Optical Engineering, 1259: 242–253.

Florinsky I V. 1998. Accuracy of local topographic variable derived from digital elevation model[J]. International Journal of Geographical Information Systems, 12(1): 47–61.

Foley T A. 1987. Interpolation and approximation of 3-D and 4-D scattered data[J]. Computers and Mathematics with Applications, 13(8): 711–740.

Forster C, Pizzoli M, Scaramuzza D. 2014. SVO: Fast semi-direct monocular visual odometry[C] // 2014 IEEE International Conference on Robotics and Automation (ICRA). IEEE,15–22.

Forst I, Carl K. 2003. The GRID 2: Blueprint for a New Computing Infrastructure[M]. USA: Elsevier Inc.: 83–92.

Franke R. 1982. Scattered data interpolation: tests of some methods[J]. Mathematics of Computation, 38(157): 181–200.

Galvez-LóPez D, Tardos J. 2012. Bags of binary words for fast place recognition in image sequences[J]. IEEE Trans on Robotics, 28(5):1188–1197.

Gibson L, Lucas D. 1982. Spatial data processing using generalized balanced ternary[C] // Proceedings of the IEEE Conference on Pattern Recognition and Image Processing. 566–571.

Glover A, Maddern W, Warren M, et al. 2012. OpenFABMAP: An open source toolbox for appearance-based loop closure detection[C] // 2012 IEEE International Conference on Robotics and Automation. IEEE, 4730–4735.

Gooodchild M F, Shiren Y. 1992. A hierarchical spatial data structure for global geographic information systems[J]. Graph. Mod. Image Process, 54: 31–44.

Goodchild M F. 2012. Discrete global grids: Retrospect and prospect [J]. Geography and Geo-Information Science, 28(1): 1–6.

Greeff G. 2009. Interactive voxel terrain design using procedural techniques[D]. Stellenbosch: University of Stellenbosch.

Grisettiyz G, Stachniss C, Burgard W. 2005. Improving grid-based slam with rao-blackwellized particle filters by adaptive proposals and selective resampling[C] // Proceedings of the 2005 IEEE International Conference on Robotics and Automation. IEEE. 2432–2437.

Grisetti G, Stachniss C, Burgard W. 2007. Improved techniques for grid mapping with rao-blackwellized particle filters[J]. IEEE Transactions on Robotics, 23(1): 34–46.

Hardy R L. 1971. Multiquadric equations of topography and other irregular surfaces[J]. Journal of Geophysical Research, 76(8): 1905–1915.

Heikes R, Randall D A. 1995. Numerical integration of the shallow-water equations on a twisted icosahedral grid. Part I: Basic design and results of tests[J]. American Meteorological Society, 123(6): 1862–1880.

Henderson L F. 1971. The statistics of crowd fluids[J]. Nature, 229(5284): 381–383.

Helbing D, Farkas I, Vicsek T. 2000. Simulating dynamical features of escape panic[J]. Nature, 407(6803): 487–490.

Hornung A, Wurm K M, Bennewitz M, et al. 2013. OctoMap: An efficient probabilistic 3D mapping framework based on octrees[J]. Autonomous Robots, 34(3): 189–206.

Jensen J R, Jensen R R. 2016. Introductory Geographic Information Systems[M]. Pearson Higher Ed.

Johns K H. 1998. A comparison of algorithms used to compute hill slope as a property of the DEM[J]. Computer and Geosciences, 24(4): 315–323.

Kimerling A J, Sahr K, White D, et al. 1999. Comparing geometrical properties of global grids[J]. Cartography and Geographic Information Science, 26(4): 271–287.

Klein G, Murray D. 2007. Parallel tracking and mapping for small AR workspaces[C] // 2007 6th IEEE and ACM International Symposium on Mixed and Augmented Reality. IEEE. 225–234.

Kohlbrecher S, Von Stryk O, Meyer J, et al. 2011. A flexible and scalable SLAM system with full 3D motion estimation[C] // 2011 IEEE International Symposium on Safety, Security, and Rescue Robotics. IEEE, 155–160.

Kraak M J, Ormeling F. 2014. 地图学: 空间数据可视化. 张锦明, 王丽娜, 游雄译[M]. 北京: 科学出版社.

Lam N S. 1983. Spatial interpolation methods: A review[J]. The American Cartographer, 10(2): 129–149.

Lee M, Samet H. 2000. Navigating through triangle meshes implemented as linear quadtree[J]. ACM Transactions on Graphics, 19(2): 79–121.

Leutenegger S, Lynen S, Bosse M, et al. 2015. Keyframe-based visual–inertial odometry using nonlinear optimization[J]. The International Journal of Robotics Research, 34(3): 314–334.

Levoy M. 1998. Display of surfaces from volume data[J]. IEEE Computer graphics and Applications, 8(3): 29–37.

Li M, Mourikis A I. 2013. High-precision, consistent EKF-based visual-inertial odometry[J]. The International Journal of Robotics Research, 32(6): 690–711.

Lovas G C. 1994. Modeling and simulation of pedestrian traffic flow[J]. Transportation Research Part B, 28(6):429–443.

Lugo J A, Clarke K C. 1995. Implementation of triangulated quadtree sequencing for a global relief data structure[C] // Proceeding of Auto Carto 12. Charlotte, NC: 455–463.

McCormac J, Handa A, Davison A, et al. 2017. Semanticfusion: Dense 3d semantic mapping with convolutional neural networks[C]// 2017 IEEE International Conference on Robotics and Automation (ICRA). IEEE. 4628–4635.

Mei C, Sibley G, Newman P. 2010. Closing loops without places[C] // 2010 IEEE/RSJ International Conference on Intelligent Robots and Systems. IEEE. 3738–3744.

Milazzo J S, Rouphail N M, Hummer J E, et al. 1998. Effect of pedestrians on capacity of signalized intersections[J]. Transportation Research Record, 1646(1):37–46.

Mitasova H, Mitas L. 1993. Interpolation by regularized spline with tension: I. Theory and implementation[J]. Mathematical Geology, 25(6): 641–655.

Montemerlo M, Thrun S, Koller D, et al. 2002. FastSLAM: A factored solution to the simultaneous localization and mapping problem[J]. Aaai/iaai, 593–598.

Mourikis A I, Roumeliotis S I. 2007. A multi-state constraint Kalman filter for vision-aided inertial navigation[C] // 2007 IEEE International Conference on Robotics and Automation. IEEE, 3565–3572.

Mur-Artal R, Montiel J M M, Tardos J D. 2015. ORB-SLAM: A versatile and accurate monocular SLAM system[J]. IEEE Transactions on Robotics, 31(5): 1147–1163.

Mur-Artal R, Tardós J D. 2017a. ORB-SLAM2: An open-source SLAM system for monocular, stereo and RGB-D cameras[J]. IEEE Transactions on Robotics, 33(5): 1255–1262.

Mur-Artal R, Tardós J D. 2017b. Visual-inertial monocular SLAM with map reuse[J]. IEEE Robotics and Automation Letters, 2(2): 796–803.

Newcombe R A, Lovegrove S J, Davison A J. 2011a. DTAM: Dense tracking and mapping in real-time[C] // 2011 International Conference on Computer Vision. IEEE. 2320–2327.

Newcombe R A, Izadi S, Hilliges O, et al. 2011b. Kinectfusion: Real-time dense surface mapping and tracking[C] // 2011 10th IEEE International Symposium on Mixed and Augmented Reality. IEEE. 127–136.

Nießner M, Zollhöfer M, Izadi S, et al. 2013. Real-time 3D reconstruction at scale using voxel hashing[J]. ACM Transactions on Graphics (ToG), 32(6): 1–11.

Nüchter A, Hertzberg J. 2008. Towards semantic maps for mobile robots[J]. Robotics and Autonomous Systems, 56(11):915–926.

O'Callaghan S T, Ramos F T. 2012. Gaussian process occupancy maps[J]. The International Journal of Robotics Research, 31(1): 42–62.

O'Callaghan S T, Ramos F T. 2016. Gaussian process occupancy maps for dynamic environments[C] // Experimental Robotics. Springer, Cham. 791–805.

Qin T, Li P, Shen S. 2018. Vins-mono: A robust and versatile monocular visual-inertial state estimator[J]. IEEE Transactions on Robotics, 34(4): 1004–1020.

Olson E B. 2009. Real-time correlative scan matching[C] // 2009 IEEE International Conference on Robotics and Automation. IEEE. 4387–4393.

Rao N S V, Stoltzfus N, Iyengar S S. 1991. A'retraction'method for learned navigation in unknown terrains for a circular robot[J]. IEEE Transactions on Robotics and Automation, 7(5): 699–707.

Reynolds C. 1987. Flocks, herds and schools: A distributed behavioral model[C] // Proceedings of the 14th Annual Conference on Computer Graphics and Interactive Techniques, 25–34.

Rippa S. 1999. An algorithm for selecting a good value for the parameter c in radial basis function interpolation[J]. Advances in Computational Mathematics, 11(2): 193–210.

Rituerto A, Murillo A C, Guerrero J J. 2014. Semantic labeling for indoor topological mapping using a wearable catadioptric system[J]. Robotics and Autonomous Systems, 62(5): 685–695.

Rosen D, Kaess M, Leonard J. 2012. An incremental trust-region method for robust online sparse least-squares estimation[C] // 2012 IEEE International Conference on Robotics and Automation. IEEE, 1262–1269.

Sahr K, White D. 1998. Discrete global grid systems[J]. Computing Science and Statistics, 269–278.

Sahr K, White D, Kimerling A J. 2003. Geodesic discrete global grid systems[J]. Cartography and Geographic Information Science, 30(2): 121–134.

Sengupta S, Sturgess P, Ladický L, et al. 2012. Automatic dense visual semantic mapping from street-level imagery[C] // 2012 IEEE/RSJ International Conference on Intelligent Robots and Systems. IEEE. 857–862.

Shi J B, Tomasi C. Good features to track[C] // 1994 Proceedings of IEEE Conference on Computer Vision and Pattern Recognition, 593–600.

Smith R, Self M, Cheeseman P. 1987. Estimating uncertain spatial relationships in robotics[C] // 1987 IEEE International Conference on Robotics and Automation, 850-850.

Strasdat H, Montiel J, Davison A J. 2010. Scale drift-aware large scale monocular SLAM[J]. Robotics: Science and Systems VI, 2(3): 73–80.

Strasdat H, Davison A J, Montiel J M M, et al. 2011. Double window optimisation for constant time visual SLAM[C] // 2011 International Conference on Computer Vision. IEEE, 2352–2359.

Thrun S, Burgard W, Fox D. 2005. Probabilistic Robotics[M]. Cambridge, MA: MIT Press.

Tsuboi S, Komatitsch D, JI C. 2008. Computations of global sisimic wave propageation in three dimensional Earth mode[J]. High Performance Computing, 434–443.

Usenko V, Engel J, Stückler J, et al. 2015. Reconstructing street-scenes in real-time from a driving car[C] // 2015 International Conference on 3D Vision. IEEE. 607–614.

Vasudevan S, Gächter S, Nguyen V, et al. 2007. Cognitive maps for mobile robots—an object based approach[J]. Robotics and Autonomous Systems, 55(5): 359–371.

Vasudevan S, Siegwart R. 2008. Bayesian space conceptualization and place classification for semantic maps in mobile robotics[J]. Robotics and Autonomous Systems, 56(6): 522–537.

Vince A , Zheng X. 2009. Arithmetic and Fourier transform for the PYXIS multi-resolution digital Earth model[J]. International Journal of Digital Earth, 2(1): 59–79.

Whelan T, Kaess M, Fallon M, et al. 2012. Kintinuous: spatially extended kinectfusion[J]. Robotics and Autonomous Systems, 69(3):3–14.

Whelan T, Salas M R F, Glocker B, et al. 2016. ElasticFusion: Real-time dense SLAM and light source estimation[J]. The International Journal of Robotics Research, 35(14): 1697–1716.

White D. 2000. Global grids from recursive diamond subdivisions of the surface of an octahedron or icosahedrons[J]. Environmental Monitoring and Assessment, 64(1): 93–103.

Wilson J P, Gallant J C. 2000. Terrain Analysis: Principles and Applications[M]. New York: John Wiley & Sons.

Wolfgram S. 1983. Statistical mechanics of cellular automata[J]. Reviews of Modern Physics, 55(3):601–644.

Wood J D. 1996. The Geomorphological Characterisation of Digital Elevation Model [D]. United Kingdom : University of Leicester.

Xing G, Zhou B, Wang Y, et al. 2012. Genetic components and major QTL confer resistance to bean pyralid (Lamprosema indicata Fabricius) under multiple environments in four RIL populations of soybean[J]. Theoretical and Applied Genetics, 125(5): 859–875.

Yong D, Perry P. 2003. A hexagonal coordinate system based on comprehensive 2-D balanced ternary[J]. International Journal of Geographical Information Science, 1–12.

Zhang J, Singh S. 2015. Visual-lidar odometry and mapping: Low-drift, robust, and fast[C] // 2015 IEEE International Conference on Robotics and Automation (ICRA). IEEE, 2174–2181.

Zhang J, Xu L, Bao C. 2021. An adaptive pose fusion method for indoor map construction[J]. ISPRS International Journal of Geo-Information, 10(12): 800.

Zhang J, Wang X, Xu L, et al. 2022. An occupancy information grid model for path planning of intelligent robots[J]. ISPRS International Journal of Geo-Information, 11(4): 231.

作者简介

张锦明 1976年8月出生，浙江金华人。浙江工商大学计算机与信息工程学院副教授、中国科学院遥感与数字地球研究所博士后、博士生导师。现主要从事虚拟地理环境、计算机图形学等领域的教学与科研工作；获国家科技进步奖二等奖2项，省部级科技一、二、三等奖10项；已出版专著8部、教材2部，已发表学术论文30余篇。

张 欣 1985年3月出生，河南夏邑人。信息工程大学地理空间信息学院讲师、工学博士。现主要从事作战环境学领域的教学与科研工作；获军队科技进步奖一等奖1项，二等奖1项；已出版译著1部、教材1部，已发表学术论文30余篇。

王 勋 1967年6月出生，浙江平阳人。浙江工商大学计算机与信息工程学院教授、博士生导师，电子科技大学兼职博士生导师；计算机科学与技术浙江省一流学科带头人，入选国家百千万人才工程，国家级有突出贡献中青年专家，享受国务院特殊津贴专家，浙江省新世纪"151人才工程"第一层次，并获重点资助。现主要从事计算机图形学、计算机视觉、智能信息处理与可视分析等领域的教学与科研工作。获省部级科技一、二等奖6项，国家教学成果奖二等奖1项和省一等奖2项；已出版专著3部、教材3部，已发表学术论文100余篇，授权发明专利60余项。

蒋秉川 1984年10月出生，河南镇平人。信息工程大学地理空间信息学院副教授。现主要从事地理时空大数据可视分析、地理知识图谱等领域教学与科研工作。主持国家自然科学基金等项目4项，获军队科技进步奖二等奖2项、三等奖2项；已出版专著3部，已发表论文20余篇。